AF543668

Geldhauser / Gerstner

Der Teichwirt

Franz Geldhauser / Peter Gerstner

Der Teichwirt

Karpfen und Nebenfische

10., aktualisierte Auflage

108 Fotos
67 Zeichnungen
15 Tabellen

Inhalt

Vorwort zur 10. Auflage

Der Bitte des Verlages zur Neufassung dieser Auflage sind wir gerne nachgekommen, haben sich doch seit der letzten Auflage zahlreiche neue Erkenntnisse der Forschung, aber auch eine Reihe praktischer Erfahrungen eingestellt. Wir haben sie in allen Kapiteln eingearbeitet, Texte ergänzt, auch überholte Vorschriften entnommen und durch aktuelle ersetzt. Die EU-Kommission erließ in den letzten zehn Jahren bezüglich der Aquakultur eine Fülle von Vorschriften, die entweder direkt oder nach Umsetzung in deutsches Recht gelten. Das hat unmittelbaren Einfluss auf die teichwirtschaftliche Praxis, bis hin zur Vermarktung. Unter anderem haben wir daher Hinweise zum Tierschutz, zur Wasserrahmenrichtlinie, zur Fischseuchenverordnung, zum Transport oder zu Hygiene und Verpackung der Erzeugnisse eingebracht; immer dort, wo sie bei der praktischen Arbeit zu beachten sind. Damit die Beschreibung von Vorschriften nicht allzu viel Platz einnimmt, haben wir jeweils auf weiterführende Links und Leitfäden verwiesen. Natürlich stand das Fachliche im Vordergrund. So wurden z. B. neue Erkenntnisse zum Sauerstoffverlauf oder zur Kohlensäureproduktion im Teichwasser eingebracht, ebenso wurden die Pflege der Naturnahrung und des Teichschlamms ergänzt. Umfassend gingen wir auf das Management von Biber, Kormoran und Fischotter ein. Letzterem wurde ein völlig neuer Abschnitt gewidmet. Das Kapitel der Vermarktung und Rentabilität aktualisierten wir grundlegend.

Dabei hatten wir immer zwei große Anliegen, zum einen die Verständlichkeit. „Der Teichwirt“ soll ein umfassendes und tief gehendes Fachbuch bleiben, das aber klar und deutlich formuliert ist.

Zum anderen ist es unser großes Anliegen, die Arbeitsweise der traditionellen und über tausend Jahre alten Karpfenteichwirtschaft zu beschreiben. Gleichzeitig erklären wir dabei die biologischen Hintergründe der Bewirtschaftungsmethoden und wollen so deren Sinn darlegen. Das Buch richtet sich damit nicht nur an den interessierten Neuling, sondern auch an den erfahrenen Teichwirt, an Studenten und an Auszubildende des Berufsbildes Fischwirt bzw. an Fischwirtschaftsmeister. Das Gleiche gilt für Bewirtschafter von Angelgewässern, insbesondere für Gewässerwarte, die für Still- und Fließgewässer große Verantwortung tragen und die fachliche Kompetenz im Kreis der Vereinsmitglieder aufweisen müssen.

Unser herzlicher Dank gilt Dr. Erik Bohl, der das Kapitel über Krebsaufzucht schrieb. Bei der Abhandlung des Säurebindungsvermögens (SBV) half uns Dipl.-Biol. Kurt Schiemenz (vorm. Bauer). Ebenso danken wir für ihre Mithilfe Dr. Christian Proske, Walter Jakob, Dr. Martin Oberle, Rita Geldhauser, Dr. Florian Heyder und Helmut Reil. Weiterhin danken wir Christian Drechsler, Martin Maschke, Herrn Förster und Thomas Beer, dem Institut für Fischerei sowie dessen Außenstelle für Karpfenteichwirtschaft und der ARGE Fisch/Herrn Fürst für die Überlassung einiger Fotos. Abbildungen mit der Bezeichnung LfL/IFI wurden von der Bayerischen Landesanstalt für Landwirtschaft, Institut für Fischerei, zur Verfügung gestellt.

P. Gerstner, Obervolkach
Dr. F. Geldhauser, München

Ein idealer Ausgangspunkt für weitere Informationen ist die Homepage: www.portal-fischerei.de.

Herausgeber ist das Bundesministerium für Ernährung und Landwirtschaft, das diese Homepage regelmäßig aktualisiert. Auf ihr sind neben den für Fischerei zuständigen Bundes- und Landesbehörden auch alle Verbände, Institute und Beratungseinrichtungen aufgeführt, die Bezug zur Fischerei haben. Hinweise auf zahlreiche weitere Links finden sich an den fachlich zutreffenden Stellen in den jeweiligen Kapiteln.

Fischereiliche Fachkürzel

Zum täglichen Gebrauch haben sich in der Teichwirtschaft und auch im Satzfischhandel u. a. nachstehende Kürzungen eingebürgert und als sehr praktisch erwiesen. Sie kommen deshalb auch in nahezu allen Kapiteln dieses Buches vor. Hier die wichtigsten:

Die am häufigsten aufgezogenen Fischarten werden mit einer Buchstabenabkürzung bezeichnet, so z. B. K = Karpfen, S = Schleie, H = Hecht, W = Wels, Z = Zander, B = Bachforelle, R = Regenbogenforelle.

Um das Alter der Fische kenntlich zu machen, wird der Artbezeichnung, z. B. K, eine arabische Zahl, die das Alter angibt, angehängt, z. B. K_2. Diese Altersklassenziffer bedeutet bei den karpfenartigen Fischen, dass sie in diesem Beispiel 2 Wachstumsperioden (Sommer) hinter sich gebracht haben. In diesem Fall also bedeutet K_2 einen zweisömmerigen Karpfen. Bei den Salmoniden erstreckt sich das Wachstum normalerweise über das ganze Jahr. Man spricht deshalb auch von zum Beispiel zweijährig. R_2 ist danach eine zweijährige Regenbogenforelle.

Wird statt der arabischen Ziffer ein L der Fischart angehängt, z. B. K_L, so ist das ein Karpfenlaichfisch. K_0 (sprich Null) wird ein soeben aus dem Ei geschlüpfter Karpfen genannt. K_v ist ein vorgestreckter Karpfen.

$K_{2/3}$ wird „K_2 auf K_3“ oder „K_2 zu K_3“ ausgesprochen und steht für einen zweisömmerigen Karpfen im dritten Jahr, also auf dem Weg zu einem K_3.

FQ = Futterquotient. Heißt es z. B. FQ 4, so muss der Fisch 4 kg Futter fressen, um 1 kg an Körpergewicht zuzunehmen.

Korpulenzfaktor K = Fischgewicht in g / (Fischlänge in cm)^3 · 100

Der Faktor K ist ein Anhaltspunkt für die Körperfülle des Fisches. Er ist von Art, Alter und Ernährungszustand abhängig. Näheres zu den K-Faktoren der einzelnen Fischarten siehe Kapitel 9, Karpfenpolykultur mit Nebenfischen.

1 Teichwirtschaft

1.1 Geschichtliches

Die Bewirtschaftung von Karpfenteichen hat eine lange Tradition. Erste schriftliche Nachweise darüber liegen in der Wirtschaftsordnung Karls des Großen (795 n. Chr.) vor. Für den Aischgrund bestätigt eine Urkunde Konrad I. aus dem Jahr 912 erstmalig die Existenz von Teichen. Als Ausgangspunkte der teichwirtschaftlichen Entwicklung z. B. in Bayern gelten die Zisterzienserklöster Waldsassen in der Oberpfalz und Heilsbronn in Franken, Maulbronn im Kraichgau oder „Reynevelde" in Reinfeld.

Zur damaligen Zeit wurden Teiche hauptsächlich auf Flächen angelegt, die durch Rodung des einst sehr großen Waldbestandes freigelegt worden waren. Der Bau von Teichen diente jedoch nicht allein der Erzeugung von Fischen. Häufig standen die Sicherung von Trinkwasser für den Menschen bzw. Tränkwasser für das Vieh im Vordergrund. Auch war es zu dieser Zeit sehr wichtig, für einen ausreichenden Löschwasservorrat zu sorgen. Noch heute zeugen Namen wie Tränk-, Gänse- oder Brandweiher von der Funktion dieser Teiche. Darüber hinaus mussten in Gegenden, die kaum über Fließwasser verfügten, zum Betrieb zahlreicher Mühlen Wasserspeicher angelegt werden. Versorgte der Teich eine Lohmühle mit Wasser, so bekam er beispielsweise den Namen Lohweiher.

In Bayern, Sachsen, Böhmen, Schlesien und Lothringen erreichte die Karpfenteichwirtschaft bis zum 15. und 16. Jahrhundert ihren vorläufigen Höhepunkt. Dieser Aufschwung wird zum einen mit dem für den Fischer damals günstigen Preisverhältnis zwischen Karpfen- und Warmblüterfleisch erklärt. So entsprach ½ kg Karpfenfleisch dem Wert von 3 kg Schweinefleisch bzw. 12 Maß Bier. Zum anderen war der Karpfen, nach Aufzeichnungen des Bischofs Dubrav (1486–1533) beim Verbraucher überaus beliebt und die Nachfrage entsprechend groß. Die Eignung des Karpfens als Fastenspeise, aber auch seine Frische und gute Verfügbarkeit spielten hierbei eine große Rolle. Bis zur Mitte des 16. Jahrhunderts war der Karpfen bezüglich Sicherheit und Kontinuität allen anderen Eiweißquellen für die menschliche Ernährung überlegen. Weit blickende Landesherren legten daher Teichflächen im großen Umfang an. Für Dresden wurden z. B. die Teichanlage „Moritzburg" und die Hälterung „Hoffischgarten" geschaffen, sodass für die Einwohner der Stadt jeweils 2 kg Karpfen pro Jahr ständig zur Verfügung standen. Spätestens ab dem 15. Jahrhundert war dann die Bewirtschaftung in getrennten Altersklassen bekannt. Bis dahin gab es nur den Femelbetrieb, also ein buntes Gemisch aller Altersklassen im selben Teich. Mit Besatzzahlen von 75–150 zweisömmerigen Karpfen pro ha wurden Zuwachsraten von 50–100 kg pro ha erzielt. Eine direkte Zufütterung gab es damals noch nicht, man wusste allerdings, dass sich der Ertrag durch Zugabe von Mist steigern lässt.

Bis zur Mitte des 19. Jahrhunderts verlor die Teichwirtschaft immer mehr an Bedeutung. Besonders in der ersten Hälfte des 19. Jahrhunderts wurde ein Großteil der Teichflächen wieder ausschließlich mit Getreide bebaut. Dies hatte seine Ursache im Bevölkerungszuwachs und der damit verbundenen stärkeren Nachfrage nach Getreide. In den 80er-Jahren des 19. Jahrhunderts gab es in der Karpfenteichwirtschaft jedoch wieder einen erneuten Aufschwung. Die Einfuhren billigen Getreides aus Übersee und wachsender Wohlstand bedingten schon eine deutliche Zunahme der Teichflächen, und hier ist auch der Beginn einer wissenschaftlichen Bearbeitung von Fragen der Karpfenteichwirtschaft zu suchen. Erst nach dem Zweiten Weltkrieg jedoch wurden die Teichflächen durch Bauprogramme wieder entscheidend vergrößert. Gleichzeitig fand bis in die 60er- und 70er-Jahre des 20. Jahrhunderts eine laufende Intensivierung der Bewirtschaftung statt. Anfänglich waren durch Steigerung z. B. der Besatzdichten und der Fütterung wirtschaftliche Erfolge auch an der Tagesordnung. Nach Erreichen von Besatzdichten, die durch vielerlei Faktoren, z. B. Krankheiten, ihre natürlichen Grenzen haben, stiegen jedoch Aufwand und Risiko merklich an, während der Karpfenpreis gegenüber den Erzeugungskosten immer mehr zurückfiel. Diese Verschlechterung der wirtschaftlichen Bedingungen, aber auch Einschränkungen durch den Naturschutz und das Fehlen weiterer Flächen-und Wasserressourcen, verhindern zzt. eine Ausweitung der Karpfenteichwirtschaft. Aktuell kommt es infolge zunehmender Verluste durch Kormorane, Grau- und Silberreiher, Biber und Fischotter vereinzelt sogar zu Betriebsaufgaben.

1.2 Marketingfragen in der Teichwirtschaft

Fischereistatistiken sind sowohl weltweit als auch länderintern seit jeher ungenau und schwankend. Statistisch hat der durchschnittliche Fischverzehr in Deutschland von jährlich 11 kg bis zum Maximum von 16 kg pro Einwohner im Jahr 2011 deutlich zugenommen. Doch fiel er in den letzten Jahren wieder auf ca. 14 kg ab. In der EU liegt dieser Wert bei 22,5 kg, weltweit bei 20 kg. Der Anteil der Süßwasserfische am deutschen Pro-Kopf-Verzehr beträgt mit 26 % ca. 3,61 kg, davon ca. 2,3 kg Lachs, 0,8 kg Forellen und 0,07 kg Karpfen. Vom Pangasius wurden ca. 0,23 und vom Zander 0,22 kg pro Kopf verzehrt. Der Karpfenverbrauch landet zwar deutlich hinter dem der allseits bekannten Aquakulturfische, doch muss die Karpfenteichwirtschaft sich nicht daran messen. Ihre Stärke sind die Alleinstellungsmerkmale der naturnahen Haltung und der absoluten Frische als Folge kurzer Wege.

Der Fang aus den Weltmeeren liegt seit vielen Jahren bei rund 90 Mio. t. Da die Nachfrage permanent steigt, haben sich die Großhandelspreise in wenigen Jahren verdoppelt, teilweise verdreifacht. Neu beschlossene Fangbeschränkungen in der Meeresfischerei werden die Preise noch stärker anheben. Daher nimmt der Anteil der Aquakulturprodukte weltweit zu und liegt aktuell erstmalig auch bei 90 Mio. t; insbesondere, da dort der Preisanstieg langsamer verläuft. Seit 2010 sind auch die Importpreise für Karpfen und Forellen deutlich höher. Dies begünstigt die Eigenproduktion der Teichwirte. Aktuelle internationale Marktstudien weisen darauf hin, dass gerade deutsche Verbraucher großen Wert auf natur- und tierschutzgerechte Aufzucht legen und die Massenproduktion mithilfe von Chemotherapeutika etc. ablehnen. Besonders geschätzt wird unbehandeltes, naturnahes Futter und die Schonung der natürlichen Ressourcen. Diese Forderungen entsprechen genau den Bedingungen der Karpfenteichwirtschaft und sind eine ideale Ausgangsposition.

Die gleichen Studien weisen darauf hin, dass zukünftig der größte Absatzzuwachs für Fische außer Haus stattfindet. Großer Wert wird dabei auf fettarme gesunde Ernährung gelegt. Leider wissen Verbraucher häufig noch nicht, dass Karpfen nicht einmal halb so viel Fett wie Schweinefleisch haben und dass Karpfenfette überwiegend die erwünschten ungesättigten Fettsäuren enthalten. Diese Verbraucheraufklärung muss durch geschicktes Marketing rasch vermittelt werden. Wird zusätzlich beste Karpfenqualität ganzjährig angeboten, steigen die Erlöse und Marktanteile.

Ein weiterer Vorteil der heimischen Erzeugnisse ist die Frische aufgrund kürzester Transportwege. Es gilt folgender Grundsatz:

- Frisch geschlachtete deutsche Karpfen schmecken, aber riechen nicht –
- vorgeschlachtete Karpfen auf Eis oder in der Folie riechen, aber schmecken nicht.

Durch die Etikettierungspflicht mit Angabe von Herkunft und Produktionsweise wird der Markt endlich transparent. Diese Qualitätsmerkmale helfen den Direktvermarktern, insbesondere in den Hauptproduktionsgebieten der Oberpfalz, Frankens, Sachsens und Brandenburgs. Wir müssen uns mit kontrollierter nachprüfbarer Qualität von den Billigprodukten des Handels abgrenzen, dann können wir unsere Fischprodukte gewinnbringend verkaufen. Hilfreich ist, dass der Karpfenimportpreis frei Grenze in wenigen Jahren um über 50 % gestiegen ist. Importierte Karpfen mit gleichem Qualitätsstandard, also lebend angeboten, stören wenig. Von Händlern vermarktete Karpfen auf Eis oder in Schalen mit Schutzgas sind häufig nicht mehr frisch und haben dann mindere Qualität.

Die Möglichkeit, Karpfenteiche gut an Angler zu verpachten, verringert das Massenaufgebot an Speisefischen und schafft Nachfrage nach teuren Satzfischen. Gleichzeitig wird dadurch der Druck der Angler auf schützenswerte Biotope an Flüssen, Bächen und naturnahen Seen verringert. Bei der Wahl der Pächter muss man immer darauf achten, dass die Substanz der Teiche durch eine richtige Bewirtschaftung gesichert bleibt.

Nach dem Krieg gab es in West- und Ostdeutschland etwa 250000 Angler, heute ist die Zahl auf über 1,7 Millionen gestiegen. Da die Fläche der möglichen Angelgewässer durch Naturschutzauflagen abnimmt, insbesondere aber da sich der mögliche Fangertrag durch die Kormoranplage und andere geschützte Schadtiere reduziert, wird die Nachfrage nach großen Besatzfischen zunehmen. Entgegen den bisherigen vernünftigen Besatzempfehlungen für Jungfische werden zunehmend fangfähige Fische eingesetzt. Teichwirte sollten die Entwicklung beobachten und bei Bedarf hochpreisige Speisefische in Besatzfischqualität anbieten. Ist der Fang auf Dauer zu gering, nimmt die Zahl der Angler ab oder das Angeln wird noch mehr mit dem Urlaub im Ausland verbunden. Bei Abwägung der Interessen der Fischer mit den Interessen der Tierschützer sollte bei Gesetzesänderungen berücksichtigt werden, dass bereits jetzt für Angelurlaube mehrere Hundert Millionen € jährlich ins Ausland fließen. Konflikte werden dadurch nicht bereinigt, sondern verlagert. Bei gesamtwirtschaftlicher Betrachtung kostet dies zusätzlich viele Arbeitsplätze. Angeltourismus ist auch ökologisch bedenklich.

Haupthindernis für höhere Erzeugerpreise ist bisher das Fehlen einer breit angelegten ansprechenden positiven Karpfenwerbung, denn das Produkt ist viel besser als der Ruf. Feinschmecker bevorzugen die Spezialität frischer naturnaher Karpfen gegenüber dem Massenprodukt Farmlachs. Besonders wichtig ist es, dabei auch junge Käufer zu gewinnen.

In den alten Bundesländern wird wegen der hohen Produktionskosten, die durch die klein strukturierte Teichwirtschaft vorgegeben sind, nur die Direktvermarktung möglichst küchenfertiger Karpfen erfolgreich sein. Der Verkauf an den Handel ist und bleibt ein Verlustgeschäft – oder eben ein schönes teures Hobby. In den neuen Bundesländern produzieren Großbetriebe etwas billiger, dafür ist wegen der Marktferne nur teilweise eine Direktvermarktung möglich. Die fehlenden Markterlöse wurden bisher durch Zuschüsse für Naturschutzleistungen kompensiert. Darauf kann man nicht langfristig vertrauen, weshalb Sachsen die ganzjährige Belieferung von Supermärkten, Catering, Kantinen, Gaststätten usw. anstrebt. Die Entwicklung von ganzjährig verfügbaren Karpfenfertigprodukten ist zu begrüßen, da viele neue Kunden gewonnen werden können. Dies setzt allerdings voraus, dass über das ganze Jahr Karpfen in verlässlicher Menge und Sortierung geliefert werden können; letztlich ist das eine Frage der teichwirtschaftlichen Strukturen. Früher lehnten die Teichwirte importierte, spottbillig angebotene Frostforellen in Supermärkten ab. Durch großflächige Dauerangebote zu günstigen Preisen hat der Forellenkonsum aber sehr rasch zugenommen. Das Festessen Forelle wandelte sich in ein preiswertes Tagesgericht, das auch eine mit Fischen unerfahrene Hausfrau anspricht. Plakative Werbung und gelungene Rezepte beschleunigen diesen Prozess. Die gleichen Marktgesetze erleben wir mit dem rasanten Anstieg des Lachsverzehrs. Dass der Karpfen sich ebenfalls erfolgreich durchsetzt, ist zu wünschen. Doch wird er infolge der natürlichen Bewirtschaftungsbedingungen überwiegend ein Saisonprodukt mit all seinen Vor- und Nachteilen bleiben.

Grätenfreie Karpfenfilets, frisch oder geräuchert, sind mit das Beste, was die Küche bietet. Beim Karpfen wird es aber aufgrund seiner extensiven Produktionsweise immer heißen „Klasse vor Masse“.

Durch Fleischskandale verunsichert, auch durch ein neues Qualitätsbewusstsein wie „Slow Food“, kaufen viele Verbraucher erstmals bei Direktvermarktern frisch geschlachtete Fische und stellen erstaunt fest, dass diese viel besser sind als gefrostete Fische, Fische auf Eis oder plastikverpackte Fische. Ein Haltbarkeitsdatum für Lebensmittel ist nämlich kein Qualitätssiegel. Zudem sind viele Verbraucher bereit, für unverfälschte frische Lebensmittel aus der Region 10–20 % mehr zu bezahlen. Wir müssen aber den Qualitätsstandard durchgehend einhalten und auch zum Räuchern die Fische immer frisch schlachten, da nur beste Rohware optimale Räucherqualität ermöglicht.

Mit der Verordnung Nr. 710/2009 schuf die EU erstmalig eine einheitliche Grundlage für die Zertifizierung von Ökofischen. Allerdings gilt darin eine Karpfenproduktion von bis zu 1 500 kg/ha immer noch als ökologisch; ein Wert, der unter deutschen Verhältnissen als hoch intensiv zu sehen ist. Darüber hinaus ist es aber fragwürdig, für Karpfen ein Ökosiegel anzustreben. Tatsächlich haben unsere Karpfen bereits bei maßvoller Getreidefütterung und der üblichen traditionellen, extensiven Bewirtschaftungsweise beste Ökoqualität. Das Ökosiegel würde die Masse der Teichwirte ungerechtfertigt diskreditieren. Wie fragwürdig die Ökosiegel mancher Verbände sind, zeigt das Beispiel des Pangasius. Er wird in Vietnam „ökologisch“ erzeugt, dort filetiert, dann mit dem Flugzeug nach Europa gebracht und hier mit Ökosiegel angeboten.

Das Marketing des Karpfens muss sich davon deutlich abheben. Es gilt, die Besonderheiten dieses Naturproduktes hervorzuheben. Dazu zählen seine naturnahe und nachhaltige Erzeugung, die hohe Lebensmittelqualität und absolute Frische, die Pflege der Teiche als Lebensraum für viele bedrohte Pflanzen- und Tierarten und nicht zuletzt der Erhalt schöner alter Kulturlandschaften und ihrer Bräuche. Vielerorts haben Teichwirte und ihre regionalen Organisationen dies schon in publikumswirksamen Aktionen umgesetzt. Beispielhaft seien hier genannt das Anbieten von Radwanderwegen, oft in Verbindung mit Lehrpfaden zur Teichwirtschaft, öffentliche Abfischungen, wie bei der Dinkelsbühler Fischerntewoche, dem Horstseefischen, den Lausitzer Fischwochen oder den Erlebniswochen Fisch im Landkreis Tirschenreuth, die stets auch mit Kunst, Musik und Kulinarischem verbunden sind. In der Oberpfalz werden in der ganzen Region große, bunt bemalte Karpfenplastiken aufgestellt, die sogenannten Phantastischen Karpfen. In Neustadt/Aisch und in Tirschenreuth gibt es ein Karpfenmuseum und in einigen Regionen werden alte, geschichtsreiche Teiche öffentlich als Kulturgut Teich ausgezeichnet, manche davon sind gut 500 Jahre alt. Häufig werden solche Veranstaltungen auch von jungen hübschen Damen eröffnet und begleitet, den Karpfenköniginnen oder Teichnixen. 2021 wurde die „Traditionelle Karpfenteichwirtschaft Bayerns“ in das Bundesweite Verzeichnis des Immateriellen Kulturerbes aufgenommen; ein Hinweis, wie hoch ihre Bedeutung für die Landeskultur einzuschätzen ist, was zugleich auch für alle Karpfenregionen gleichermaßen gilt.

Nach den Bedingungen der EU-Verordnung Nr. 1151/2012 können Name und Herkunft eines für eine Region typischen Produktes gesichert werden. Sie tragen die Bezeichnung g. g. A. für geschützte geografische Angabe und sind z. B. für Allgäuer Emmentaler oder Nürnberger Bratwürste vergeben worden, aber eben auch schon für Karpfen aus der Oberpfalz, dem Aischgrund und aus ganz Franken. Und letztlich ist darauf hinzuweisen, dass die Einkaufsführer sowohl von Greenpeace als auch vom WWF den Karpfen wegen seiner absolut nachhaltigen Produktionsweise im Grunde als einzig empfehlenswerten Speisefisch einstufen.

2 Das Teichwasser

Karpfenteiche sind stehende Gewässer. Im Gegensatz zu Forellenzuchtanlagen, wo es ständigen Zufluss von Frischwasser gibt, findet im Karpfenteich kein oder nur ein unbedeutender Wasseraustausch statt. Das heißt, der lebensnotwendige Sauerstoff muss im Teich selbst produziert werden. Gleichzeitig sollen auch ein erheblicher Teil der Fischnahrung im Teich erzeugt und sämtliche Abfallprodukte dieses Geschehens abgebaut und wieder verwendet werden. Zudem darf keiner dieser Vorgänge überhandnehmen, sonst wäre das biologische Gleichgewicht im Karpfenteich gestört. Die Folge davon können z. B. Sauerstoffmangel, Wachstums- und Gesundheitsstörungen oder im Extremfall Fischsterben sein. In den meisten Fällen wird der Teichwirt erst auf eine Störung aufmerksam, wenn bereits kranke oder tote Fische sichtbar werden. Die Behebung dieser fortgeschrittenen Schäden ist dann in der Regel nur in unbefriedigender Weise möglich und zudem kostspielig. Wesentlich günstiger ist es, den Teich regelmäßig zu beobachten und das Teichwasser zu untersuchen. Auf diese Weise können vorbeugende Maßnahmen getroffen werden, die sich noch im Bereich der Teichpflege bewegen und nicht bereits als „Reparaturmaßnahmen“ anzusprechen sind.

Der Teichwirt sollte daher das Wasser in regelmäßigen Abständen untersuchen, etwa alle 2 Wochen. Darüber hinaus sind solche Untersuchungen unbedingt notwendig bei besonderen Ereignissen. Das können u. a. Änderungen des Fischverhaltens, einschließlich Häufungen kranker bzw. toter Fische sein, oder plötzliche Klarwasserstadien. Wasserproben sollten ca. 10 cm unter der Oberfläche und ca. 20 cm über dem Boden genommen werden, um Einschwemmungen von Schwimmschichten oder von Schlamm zu vermeiden. Muss die Wasserprobe zur Untersuchung nach Hause gebracht werden, empfiehlt es sich, eine saubere Mineralwasserflasche vollständig zu füllen; ein Luftraum würde den Sauerstoffwert verfälschen. Die Flasche ist dunkel und kühl zu transportieren und ohne Verzögerungen zu untersuchen. Im Folgenden werden nun die wichtigsten Eigenschaften des Teichwassers und seine Veränderungen besprochen.

2.1 Grundlagen der Wasserchemie

2.1.1 Sauerstoff

Sauerstoff, mit der chemischen Bezeichnung O_2, ist notwendige Grundlage allen Lebens. Abbildung 73 zeigt deutlich, in welchem Maße dabei die Tierwelt von der Sauerstoffproduktion der Pflanzen abhängt. Sauerstoff löst sich im Wasser und ist damit auch für Fische verfügbar. Karpfen, Schleien und andere Nebenfische benötigen einen Mindestsauerstoffgehalt von etwa 4 mg pro l Wasser. Unter 4 mg Sauerstoff pro l ist die Gesundheit der Fische gefährdet, ab 1–2 mg pro l beginnt die Notatmung an der Oberfläche. Erst wenn die Sauerstoffwerte 6 mg/l längere Zeit nicht unterschreiten, sind Gesundheit, gute Futterverwertung und damit ein befriedigendes Wachstum gewährleistet. Die Fähigkeit des Wassers, Sauerstoff aufzunehmen, ist begrenzt. Wenn diese Aufnahmekapazität erreicht ist, spricht man von „Sättigung“ bzw. 100 % Sättigung.

Eine 100%ige Sättigung ist im Karpfenteich normalerweise kaum gegeben. Sie sollte jedoch möglichst hoch sein. Bei 20 °C entsprächen 40 % nur 3,5 mg Sauerstoff/l. Das wäre suboptimal; 60 bis 80 % sollten es – mit Tagesschwankungen – mindestens sein.

Nur unter besonderen Bedingungen, z. B. bei Anwendung von Druck, unter einer Eisdecke oder bei rascher Sauerstoffbildung durch Algen, kann die Sättigung kurzzeitig 100 % übersteigen; in oberen Wasserschichten bis über 200 %. Bei niederen Wassertemperaturen kann sich

Tab. 1 Vollständige Sauerstoffsättigung bei verschiedenen Temperaturen und Normaldruck.

Wassertemperatur	Sauerstoffsättigung (100 %)
0 °C	14,16 mg/l
10 °C	10,92 mg/l
15 °C	9,76 mg/l
20 °C	8,80 mg/l
25 °C	8,10 mg/l
30 °C	7,53 mg/l

Wasser mit mehr Sauerstoff anreichern als bei hohen Temperaturen.

Die Werte in Tabelle 1 garantieren nicht, dass 20 °C warmes Wasser 8,8 mg Sauerstoff pro l enthält. Es handelt sich nur um Höchstwerte, die maximal erreicht werden können. Deutlich wird dabei, dass mit steigender Temperatur immer weniger Sauerstoff gelöst und für den Fisch verfügbar sein kann. Gleichzeitig nimmt beim Fisch der Stoffwechsel und damit der Sauerstoffverbrauch zu. Bei Nahrungsaufnahme, im Laichgeschäft, bei Bewegung oder Stress, wie Abfischung, Beunruhigung durch Kormorane o. Ä., kann sich der Sauerstoffverbrauch auf 500 mg und mehr pro Stunde und pro1 kg Fisch erhöhen.

Beispiel: Ein ruhender Karpfen von 100 g Körpergewicht verbraucht, umgerechnet auf 1 kg Körpergewicht, pro Stunde
bei 10 °C 17 mg Sauerstoff,
bei 30 °C 105 mg Sauerstoff.

Weil die Stoffwechselintensität bei kleinen Fischen deutlich höher ist, verbrauchen sie auch mehr Sauerstoff pro kg Lebendgewicht als große. Rümmler und Pfeiffer haben festgestellt, dass bei einer Temperatur von ca. 25 °C ein 1 g schwerer Karpfen mit 1100 mg Sauerstoff pro kg etwa das Dreifache verbraucht wie ein 300 g schwerer Artgenosse.

Unter normalen Bedingungen benötigt ein Karpfenteich weder Frischwasserzulauf noch Belüftung, denn auf zwei natürlichen Wegen reichert sich das Wasser laufend mit Sauerstoff an:

- Wasser nimmt an der Oberfläche ständig Sauerstoff aus der Luft auf. Dieser Vorgang wird durch Wind und Wellenbewegung noch verstärkt. Je größer ein Teich ist und je weniger Windschatten vorhanden ist, umso mehr Sauerstoff geht auf diese Weise ins Wasser über. In 24 Stunden können damit etwa 1–5 mg Sauerstoff pro l eingetragen werden.
- Wasserpflanzen und Mikroalgen (Phytoplankton) erzeugen mithilfe des Sonnenlichts und unter Verbrauch von Kohlensäure (CO_2) Sauerstoff. Dies wird als Photosynthese oder Assimilation bezeichnet. An der pflanzlichen Sauerstoffproduktion haben die Algen den weitaus größten Anteil. Wie alle Pflanzen geben sie nur bei Licht Sauerstoff ab. In der Dunkelheit verbrauchen sie dann wie tierische Lebewesen Sauerstoff und geben Kohlensäure ab (Dissimilation). Durch diesen Tag- und Nachtwechsel ergeben sich Schwankungen im Sauerstoffgehalt des Wassers.
  Je mehr Algen sich im Wasser befinden, desto extremer sind diese Schwankungen. Sauerstoffmangel ist also besonders ein Risiko nährstoff- und algenreicher Teiche. Auch sind solche Schwankungen im August meist größer als in den anderen Monaten, wie z. B. im Juni (siehe Abb. 1).
  In der Sommerzeit sind sowohl Temperatur- als auch Sauerstoffwerte in den oberen Wasserschichten deutlich höher und schwanken im Tag-Nacht-Rhythmus dort auch stärker als in Bodennähe. In den Stunden nach Mitternacht, so stellte die Arbeitsgruppe von M. Oberle et al. fest, gleichen sich für beide Wasserparameter die jeweiligen Werte nahe der Oberfläche bzw. des Bodens infolge der Durchmischung fast völlig an. Sie beobachteten auch, dass erst mit leichter Verzögerung nach Sonnenaufgang, in der Zeit der Morgenstunden von etwa 6 bis 10 Uhr, die Sauerstoffwerte ihren Tiefpunkt erreicht haben.

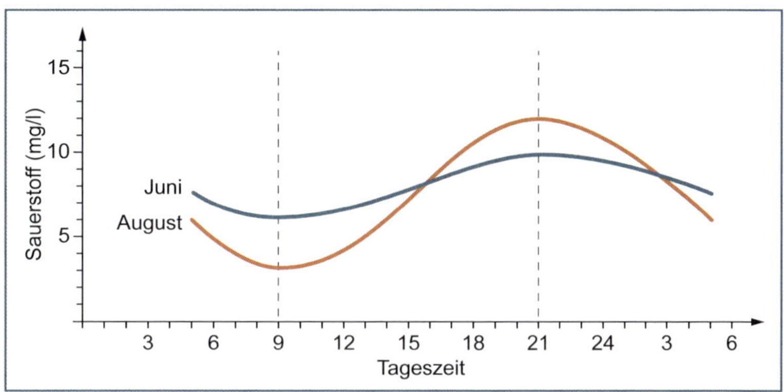

Abb. 1 Sauerstoffgehalt im Verlauf eines Tages im Juni und August (schematisch).

Dem Sauerstoffeintrag steht natürlich eine Reihe von Sauerstoffverbrauchern gegenüber. Diese Sauerstoffzehrung ist wie folgt zu erklären:

- Fische und alle anderen tierischen Wasserbewohner verbrauchen Sauerstoff. Hohe Dichte an Zooplankton (Wasserflöhe u. a.) z. B. kann den Sauerstoffgehalt des Wassers durch Atmung erheblich reduzieren. Darüber hinaus ist es möglich, dass eine sehr große Zahl von Zooplanktontieren das Sauerstoff produzierende Phytoplankton (Mikroalgen) durch Fraß fast völlig beseitigt. Das dadurch nahezu algenfreie Teichwasser wird deutlich klarer und sauerstoffärmer („Klarwasserstadium").
- Hohe Algendichte kann sich wegen des erhöhten nächtlichen Sauerstoffverbrauchs, insbesondere bei Abnahme der Tageslänge nach der Sommer-Sonnenwende, gefährlich auswirken. Abend- und Morgennebel verkürzen den Tag zusätzlich, sodass die Gefahr eines Sauerstoffmangels dann besonders groß ist. Überhaupt führt jede Form der Beschattung zur Abnahme der Sauerstoffproduktion. Beschattung tritt z. B. ein bei dichter Wolkendecke oder Bedeckung des Teiches mit Wasserlinsen. Von einer großflächigen Bedeckung der Karpfenteiche mit Photovoltaikplatten ist daher abzuraten.
- Ebenso wie bei erhöhter Temperatur kommt es beim Abfall des Luftdruckes zu einer Ausgasung des bis dahin im Wasser gelösten Sauerstoffs. Dieser Effekt des abnehmenden Luftdruckes tritt besonders bei Gewitter auf. Er wird durch die starken Windturbulenzen und aufgrund des Eintrags von kaltem Regenwasser verstärkt. Hierbei sterben mehr Algen ab als unter normalen Verhältnissen.
- Nicht zu vergessen ist die ständig fortlaufende Mineralisation (Oxidation) organischer Stoffe. Im Teich sterben ständig Zooplankton, Mikroalgen und Wasserpflanzen ab. Diese Organismen werden von Bakterien zersetzt, die hierbei Sauerstoff in größeren Mengen verbrauchen. In Bodennähe sind die Sauerstoffwerte daher meist geringer als nahe der Oberfläche, auch wegen der geringeren Lichteinstrahlung. Weitere Ursachen für Sauerstoffzehrungen im Teich sind Futterreste, Fischkot, organischer Dünger und in besonderem Maß eingeschwemmte Gülle oder Silosickersaft.

Regelmäßige Kontrollen des Sauerstoffgehaltes sind auf jeden Fall anzuraten.

Mit den vom Fachhandel angebotenen Wasseruntersuchungskästen ist dies ohne Probleme möglich. Sauerstoffanalysen sollten in den Morgenstunden durchgeführt werden. Zu dieser Zeit ist der Sauerstoffgehalt am geringsten (siehe Abb. 1), die Belastung der Fische also am deutlichsten erkennbar. Führt der Teichwirt eine zweite Sauerstoffanalyse in den Abendstunden durch, kann das Ausmaß der täglichen Sauerstoffschwankungen gut erfasst werden. Es sollte in kritischen Zeiten immer an derselben Stelle zur selben Zeit gemessen werden; am besten oberflächen- und auch bodennah. Besonderes Augenmerk muß auf sichtbaren Änderungen des Teichwassers liegen. Algenreiche Teiche neigen bei hohen Luftdruckschwankungen bzw. einhergehendem Starkregen zum spontanen Absterben aller Algen, dem sogenannten „Umkippen". Der vormals grüne Teich befindet sich plötzlich im Klarwasserstadium. In manchen Fällen nimmt man vorher noch eine Braunfärbung der abgestorbenen Algen war. Dabei sind nicht nur die Sauerstoffproduzenten ausgeschaltet, sondern zusätzlich verbraucht auch der sofort anschließende Abbau der toten Algen sehr viel Sauerstoff.

2.1.2 pH-Wert

Der pH-Wert gibt mathematisch den Gehalt an Wasserstoffionen (H^+), also den Säure- bzw. Laugengrad eines Wassers, an. Man bedient sich dazu einer Skala von 0 bis 14 (Abb. 2). Wasser mit dem pH-Wert 7 wird weder zu Säure noch zu Lauge (Base) gerechnet, ist also neutral. Doch jede Änderung des pH-Wertes um eine Stufe bedeutet einen Schritt um das Zehnfache in Richtung Säure bzw. Lauge. Steigt der pH-Wert z. B. von 8 auf 9, so ist das Wasser nun zehnmal laugenartiger. Schon ab pH 8 können bei Karpfen Kiemenschädigungen beginnen, ab pH 9 ist die Gesundheit massiv gefährdet; dieser pH-Wert entspricht schon dem von Seifenlauge. Forellenartige und Hechte ziehen den neutralen bis leicht sauren Bereich vor, basisches Wasser schädigt sie schnell. Bei den Karpfenartigen ist es eher umgekehrt.

Abb. 2 Skala der pH-Werte, die den Säure- bzw. Laugengrad des Wassers angibt.

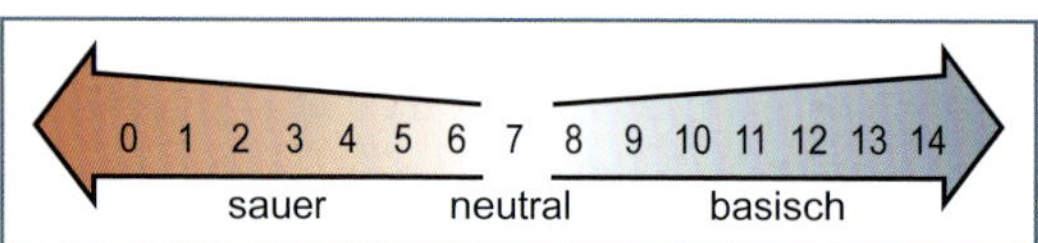

Für die Karpfenteiche sind pH-Werte von 7–8 am günstigsten. Im leicht basischen Bereich ist die Nährstoff-Freisetzung aus dem Boden optimal. Auch ist das Milieu für Bakterien zum Abbau des Bodenschlamms optimal. Der pH-Wert des Wassers wird von vielen Faktoren beeinflusst. Wasser, das z. B. aus Waldgebieten kommt, ist in der Regel leicht sauer. Beim Verrotten der Nadeln entstehen Säuren, die den pH-Wert des Wassers senken. In der Hauptsache bestimmen jedoch Kohlensäure, Kalkgehalt und Algenmenge den pH-Wert.

Je höher der Kalkgehalt eines Wassers ist, mit anderen Worten, je härter es ist, umso langsamer steigt und fällt der pH-Wert beim Eintrag von Laugen oder Säuren. Das Wasser ist „gepuffert". Gewässer in Regionen, deren Böden Kalk nur in geringem Maß enthalten, zeigen daher besonders starke pH-Schwankungen. Ein leider aktuelles Beispiel hierfür sind die Gewässerversauerungen der kalkarmen Mittelgebirgslagen: Wasser und Boden sind hier wegen des Kalkmangels nicht in der Lage, den sauren Regen abzupuffern.

Mikroalgen und Unterwasserpflanzen erzeugen am Tag Sauerstoff und verbrauchen dabei Kohlensäure (CO_2). In der Nacht verbrauchen sie, wie schon erwähnt, Sauerstoff und setzen Kohlensäure frei. Kohlensäure, dies lässt schon der Name erkennen, drückt den pH-Wert in den sauren Bereich. Auf diese Weise entsteht also eine Tag-Nacht-Schwankung des pH-Wertes im Teich.

Je kalkärmer und algenreicher das Wasser ist, umso extremer fallen die pH-Schwankungen aus.

Da die höchsten pH-Werte am späten Nachmittag erreicht werden können, sollten pH-Untersuchungen zu dieser Zeit durchgeführt werden (Abb. 3). Auch für pH-Analysen steht eine Reihe von Untersuchungskästen zur Verfügung. Sie arbeiten nach dem Prinzip des Farbvergleichs von Flüssigkeiten und sind ausreichend genau. Zu ungenau für teichwirtschaftliche Belange sind dagegen Papier-Teststreifen.

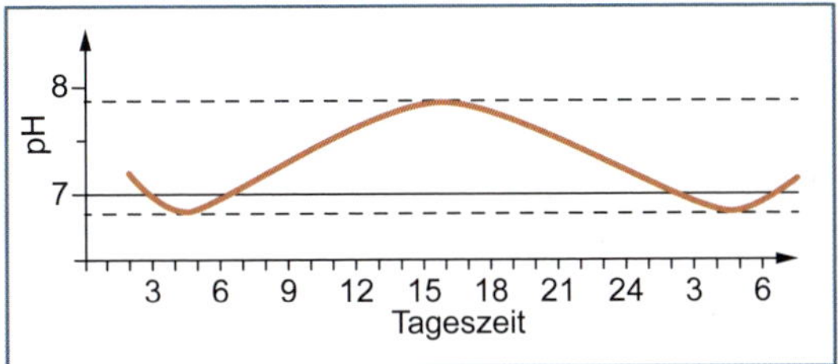

Abb. 3 „Normale Schwankungen" des pH-Wertes in Teichen. Im August steigt die Kurve noch weiter an.

2.1.3 Säurebindungsvermögen (SBV)

Das SBV ist ein wasserchemischer Messwert, der in der Fischerei seit vielen Jahrzehnten eine wichtige Stellung einnimmt, häufig aber falsch verstanden wird. Kurt Schiemenz (vorm. Bauer), damals Limnologe beim Bayerischen Fischgesundheitsdienst, trug einiges zum genaueren Verständnis seiner Wirkung im Teich bei. Chemisch bedeutet „SBV" das Salzsäure-Bindungsvermögen des Wassers. Damit ist die Menge Salzsäure gemeint, die man einem Liter Wasser zusetzen muss, um den pH-Wert auf 4,3 zu senken. Angegeben wird das SBV in „mval" (Millival) je Liter.

In der klassischen Fischereilehre galt das SBV als pH-Puffer und als Maß für die „Fruchtbarkeit" (siehe Kap. 8, Besatz und Bewirtschaftung) eines Teiches. Ein optimales SBV von 2–4 mval/l sollte stabile, fischverträgliche pH-Werte garantieren, da es pH-Veränderungen entgegenwirken, sie also „puffern" könne. Damit sei auch eine gute natürliche Ertragskraft, also Fruchtbarkeit, des Teiches gewährleistet.

Zu Beginn der 1970er-Jahre wurde jedoch deutlich, dass Teichwasser infolge starker Algenentwicklung sehr wohl pH-Werte um 9 oder 10 aufweisen konnte, obwohl ein SBV von z. B. 3 mval/l vorlag. Die Theorie von der Pufferwirkung war also unvollständig.

Zum besseren Verständnis ist vorauszuschicken, dass Kohlensäure, der wichtigste Nährstoff der Algen, in verschiedenen Formen im Wasser vorliegt. Ihr Mengenverhältnis hängt streng mit dem pH-Wert zusammen. Im Wasser (H_2O) gelöstes Kohlendioxid (CO_2) und die daraus entstandene eigentliche Kohlensäure H_2CO_3 werden als „freie Kohlensäure" zusammengefasst (Abb. 4). Diese überwiegt im sauren Bereich der pH-Werte unter 7. Je höher der pH-Wert ist, desto mehr überwiegt die „gebundene Kohlensäure" in den Formen von Hydrogencarbonat HCO_3^- und schließlich Carbonat CO_3^{2-}: Dabei spaltet sich immer ein positiv geladenes Wasserstoffatom (H^+) ab.

Für die Algen ist die freie Kohlensäure am leichtesten zu verwerten. Wenn sie diese Vorräte im Wasser aufbrauchen, steigt der pH-Wert. Spezialisten unter den Algen können nun auch die im basischen Wasser vorliegende Hydrogencarbonat-Kohlensäure verwerten. Dabei steigt der pH-Wert weiter, manchmal bis nahe 11. Die als Carbonat vorliegende Kohlensäure ist von den Algen dagegen nicht verwertbar. Sie verbindet sich fast ausschließlich mit dem im Teichwasser vorhandenen Kalzium (Ca) zu Kalziumkarbonat, also Kohlensaurem Kalk, der bei diesem pH-Wert unlöslich als kleinste Kristalle vorliegt, die frei schweben, zu Boden sinken oder Wasserpflanzen mit einer hellen Schicht belegen. Man bezeichnet diesen Vorgang als biogene Entkalkung.

Die Messung des SBV beruht darauf, die im Wasser vorliegenden gebundenen Kohlensäure-Formen, Hydrogencarbonat und Kalziumcarbonat, in freie Kohlensäure umzuwandeln. Hohe SBV-Werte bedeuten theoretisch viel verwertbare Kohlensäure. Bei gleichem pH-Wert bedeutet

Abb. 4 Chemische Reaktionen.

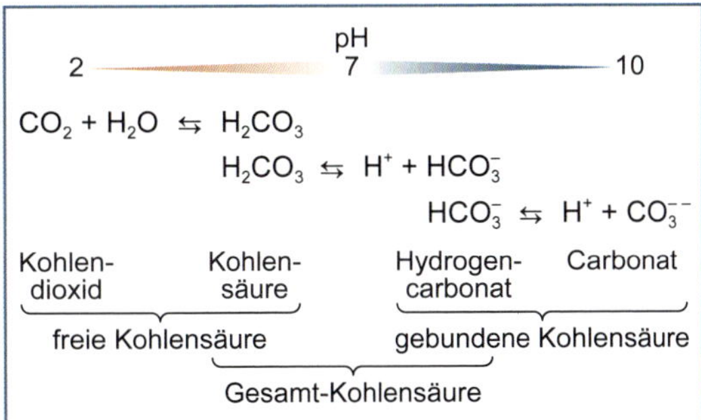

ein höheres SBV auch mehr leicht verwertbare freie Kohlensäure. Nach herkömmlicher Auffassung dürfte wegen der Pufferwirkung der pH-Wert kaum steigen, wenn die Algen Kohlensäure aus einem Wasser mit hohem SBV verbrauchen. Dennoch wird ein deutlicher pH-Anstieg beobachtet.

Dies hat zweierlei Gründe. Zum einen, dass das herkömmliche Messverfahren mit Salzsäure auch andere Puffersubstanzen im Wasser anzeigt, wie z. B. Phosphat und Ammoniak, sowie feine Kalkkristalle, die bei der biogenen Entkalkung oder durch das Ausbringen von Kalk entstanden sind. Ebenfalls täuschen die im Teichwasser schwebenden Schlammteilchen einen hohen SBV-Wert vor, der mit den gezeigten Kohlensäurereaktionen nichts zu tun hat. Zum anderen machte K. Bauer deutlich, dass die voneinander abhängigen Komponenten freie Kohlensäure, Hydrogencarbonat, Carbonat und pH-Wert eine strenge, berechenbare Beziehung zueinander haben. Der Entzug einer bestimmten Menge Kohlensäure durch Algen hebt demnach den pH-Wert immer um den gleichen Betrag, unabhängig davon, wie groß das SBV ist. Die Höhe des SBV legt aber fest, in welchem pH-Bereich diese Schwankungen auftreten. Und der liegt umso höher, je höher das SBV ist. In der Praxis bedeutet dies, dass der pH-Wert in einem kalkarmen Wasser mit einem SBV um 1 und darunter im leicht sauren Bereich liegt. In nährstoffreichen und gekalkten Karpfenteichen mit einem SBV von 2,5 bis 4 mval/l liegt dagegen der pH-Wert meist über 8 und kann deutlich höher steigen.

Eine weitere pufferähnliche Wirkung des SBV liegt in der biogenen Entkalkung, die nach dem Erreichen höherer pH-Werte und somit erhöhter Carbonatkonzentrationen eintritt. Dabei wird SBV abgebaut und zugleich der pH auf ein neues Gleichgewichtsniveau gesenkt. Dieser Vorgang ist aber um viele Größenordnungen langsamer als die pH-Steigerung durch den Kohlensäureverbrauch der Algen. Deshalb kann er seine „schützende" Wirkung nicht entfalten. Aber durch das Ausbringen von Branntkalk auf bereits basisches Teichwasser wird die Kalkfällung bei der biogenen Entkalkung um ein Vielfaches beschleunigt und führt dadurch zu dieser paradoxen, aber erwünschten pH-Senkung, während gleichzeitig die vom Branntkalk bewirkte Zerstörung der Algen die weitere pH-Steigerung durch fotosynthetischen Kohlensäureverbrauch beendet. Zusätzlich entsteht bei der Zersetzung der abgetöteten Algen langfristig die pH senkende Kohlensäure.

2.1.4 Ammoniak

Ammoniak, es hat die chemische Bezeichnung NH_3, ist ein stark wirkendes Fischgift. In kleinsten Mengen ist es auch im Blut des Fisches vorhanden. Ammoniak wird beim Stoffwechsel als Abfallprodukt der Eiweißverdauung ans Blut abgegeben und von dort aus über Kiemen und Haut ausgeschieden. Darüber hinaus gibt es aber noch weitere Möglichkeiten, über die Ammoniak ins Wasser gelangen oder dort gebildet werden kann:

Gülle

Häufig treten erhöhte Ammoniakwerte im Wasser auf, nachdem im Winter auf gefrorenem Boden Gülle ausgebracht wurde. Die Gülle fließt dann direkt oder über einen Vorfluter in den Teich. Die Gefahr des Gülleeintrags ist auch im Sommer gegeben, wenn es kurz nach dem Gülleausbringen zu starken Regenfällen kommt.

Pflanzen, Algen, Zooplankton

Absterbende Pflanzen, Algen und Tiere zersetzen sich. Die organische Substanz, die dabei abgebaut wird, enthält auch Eiweiß. Bei dem Abbau von Eiweiß entsteht wiederum Ammoniak. Auch Futterreste auf dem Teichboden bilden auf diese Weise Ammoniak, wenn sie längere Zeit dort liegen.

Der Ammonium- und Ammoniakgehalt eines sehr algenreichen Wassers erhöht sich auch schlagartig nach einem Umkippen des Teiches, z. B. als Folge eines Starkregens. Bei der Zersetzung der abgestorbenen Algen wird viel Ammonium freigesetzt.

Dicke Schlammschicht

Die Praxis zeigt, dass Teiche mit einer hohen Schlammschicht häufig erhöhte Ammoniakgehalte im Wasser aufweisen. Besonders in Winterungen steigt hier der Ammoniakwert in kritische Bereiche. Meist wurden diese Teiche über mehrere Jahre hinweg nicht trockengelegt bzw. nicht gekalkt.

Ammoniak bildet sich also, mehr oder weniger stark, ständig im Teich. Normalerweise bauen Bakterien das angefallene Ammoniak weiter zu Stickstoff ab, der als Gas dem Wasser entweicht, oder zu Nitrat, einem Pflanzennährstoff, der weiterverarbeitet wird. Bei extrem sauerstoffarmen Verhältnissen im Teichschlamm und im Wasser kann dieser Vorgang auch rückwärts verlaufen, aus vorhandenem Nitrat also das Fischgift Ammoniak gebildet werden. Dies ist einer der vielen Gründe, weshalb Teichböden möglichst oft trockengelegt und so mit Sauerstoff angereichert werden sollten.

Ein Anstieg des Ammoniakgehaltes im Teichwasser ist also auf verstärkten Eintrag bzw. Bildung von Ammoniak und/oder auf eine Hemmung des bakteriellen Abbaus zurückzuführen. Häufig sind hohe Ammoniakwerte in den Monaten Juli und August festzustellen.

In dieser Zeit werden in der Regel die größten Futtermengen verabreicht. Beim Abbau des Fischkotes und der Futterreste bildet sich daher viel Ammoniak. Auch sterben im August bereits einige Wasserpflanzen ab, bei deren Zersetzung ebenfalls Ammoniak frei wird.

Die Belastung der Fische durch Ammoniak ist eines der bedeutendsten Gesundheitsprobleme. Der Teichwirt sollte stets Wasseruntersuchungen auch auf Ammoniak hin durchführen. Es gibt dafür einfach zu handhabende Untersuchungskästen, die Ergebnisse mit hinreichender Genauigkeit bringen. Das Ergebnis einer solchen Untersuchung gibt nicht sofort den reinen Ammoniakgehalt des Wassers an. Im Wasser befindet sich nämlich neben Ammoniak noch ein naher Verwandter, das Ammonium. Dieses Ammonium, es ist nicht fischgiftig, wird in der Untersuchung miterfasst. Man erhält einen Analysewert, der die Summe von Ammoniak und Ammonium angibt. Da beide Stoffe in enger Beziehung zueinander stehen, kann nur in Verbindung mit einer pH-Wert-Bestimmung der Gehalt an reinem Ammoniak abgeleitet werden.

Die Beziehung zwischen Ammonium und Ammoniak ist relativ einfach:

Abbildung 5 zeigt, dass sich bei steigenden pH-Werten, also über 7,0, Ammonium in Ammoniak umwandelt. Hohe Temperaturen begünstigen diesen Vorgang. Umgekehrt wird dieses Ammoniak zu Ammonium umgebildet, wenn der pH-Wert fällt. Weil diese Umwandlungen nie ganz vollständig ablaufen, sind im Teichwasser bei pH-Werten über 7,0 stets Ammonium und Ammoniak gleichzeitig vorhanden. Je nach pH-Wert und Temperatur stehen Ammonium- und Ammoniakgehalt in einem bestimmten prozentualen Verhältnis zueinander.

Bei 24 °C Wassertemperatur und einem pH-Wert von 8,5 besteht z. B. das Ammonium-Ammoniak-Gemisch im Teichwasser zu etwa 86 % aus Ammonium und zu etwa 14 % aus Ammoniak. Der Weg, den Gehalt des Ammoniaks zu ermitteln, wird im folgenden Beispiel gezeigt.

Beispiel:

1. Gemessen: pH 8,5; Temperatur = 24 °C
   Ammonium-Ammoniak-Gemisch = 2 mg/l.
2. Aus Tabelle 2 abzulesen:
   Bei pH 8,5 und Temperatur = 24 °C spalten sich Ammonium und Ammoniak auf in 86 % bzw. 14 % (gerundete Werte).

Abb. 5 Beziehungen zwischen Ammonium und Ammoniak.

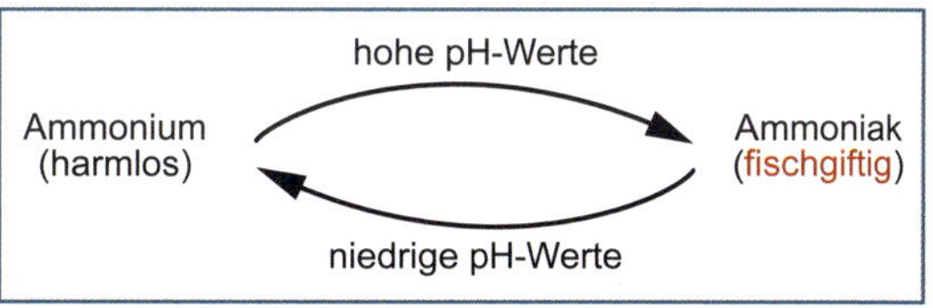

Tab. 2 Prozentanteil des Ammoniaks am gemessenen Ammonium-Ammoniak-Gemisch.

pH	Temperatur in °C						
	14	16	18	20	22	24	26
7,0	0,3	0,3	0,3	0,4	0,5	0,5	0,6
7,5	0,8	0,9	1,0	1,2	1,4	1,7	1,9
8,0	2,5	2,9	3,3	3,8	4,4	5,0	5,8
8,5	7,4	8,5	9,8	11,2	12,7	14,4	16,2
9,0	20,0	22,8	25,5	28,4	31,5	34,6	37,9
9,2	44,5	48,3	52,0	55,7	59,2	62,6	65,9
10,0	71,7	74,7	77,4	79,9	82,1	84,1	85,9

1 gerundete Werte

3. Bestimmung des Ammoniaks:
   gemessen:
   Ammonium + Ammoniak
   86 % 14 % = 100 % = 2 mg/l
   Ammoniak = 14 % von 2 mg/l
   = 0,14 × 2 mg/l = 0,28 mg/l

Das untersuchte Teichwasser enthält also 0,28 mg/l (rund 0,3 mg/l) Ammoniak.

Hinweis: Zur Bestimmung des Ammoniakgehaltes ist also erforderlich:

- Messen von pH-Wert, Temperatur und Ammonium-Ammoniak-Gemisch;
- Tabelle mit dem Prozentanteil des Ammoniaks bei verschiedenen Temperaturen und pH-Werten.

Im vorangegangenen Beispiel belief sich der Ammoniakanteil bei 24 °C und pH 8,5 auf 14 %. Der exakte Wert von 14,4 % wurde auf 14,0 % abgerundet, weil diese Genauigkeit noch völlig ausreicht. Daraus wurde nun ein Ammoniakgehalt von 0,2 mg/l abgeleitet. Für Karpfen stellen Konzentrationen über 0,2 mg/l bereits eine akute Gefährdung der Gesundheit dar. Mit starken Kiemenschädigungen und Absterben der Kiemen ist zu rechnen. Wurde die Wasserprobe am Morgen entnommen, so ist zu erwarten, dass der pH-Wert durch die Algenaktivität im Lauf des Tages noch weiter ansteigt, der Ammoniakgehalt noch größer wird. Es ist daher ratsam, pH-Messungen zur Ammoniakbestimmung am Nachmittag, zwischen 13–17 Uhr, durchzuführen. Bereits ab einer Konzentration von 0,02 mg/l belastet Ammoniak den Fisch. Jugendstadien sind dabei noch empfindlicher. Meist treten die ersten sichtbaren Schäden an den Kiemen auf (siehe Kap. 11.3.2, Kiemennekrose).

2.2 Behandlung des Teichwassers

Eine Zusammenfassung aller Pflegemaßnahmen findet sich im Kapitel 4, Teichpflege. Dort sind auch die Kalkarten und ihre Wirkung näher beschrieben. Es erscheint aber nötig, die gerade geschilderten Vorgänge im Teichwasser auch in direkten Zusammenhang mit Bewirtschaftungsmaßnahmen zu bringen.

Der überwiegende Teil unserer Teiche ist mit Nährstoffen ausreichend, häufig sogar übermäßig versorgt. Die dadurch entstehenden Algenmassen verursachen extreme pH- und Sauerstoffwerte. Es gilt also, die Bildung größerer Algenmengen zu verhindern bzw. vorhandene abzubauen.

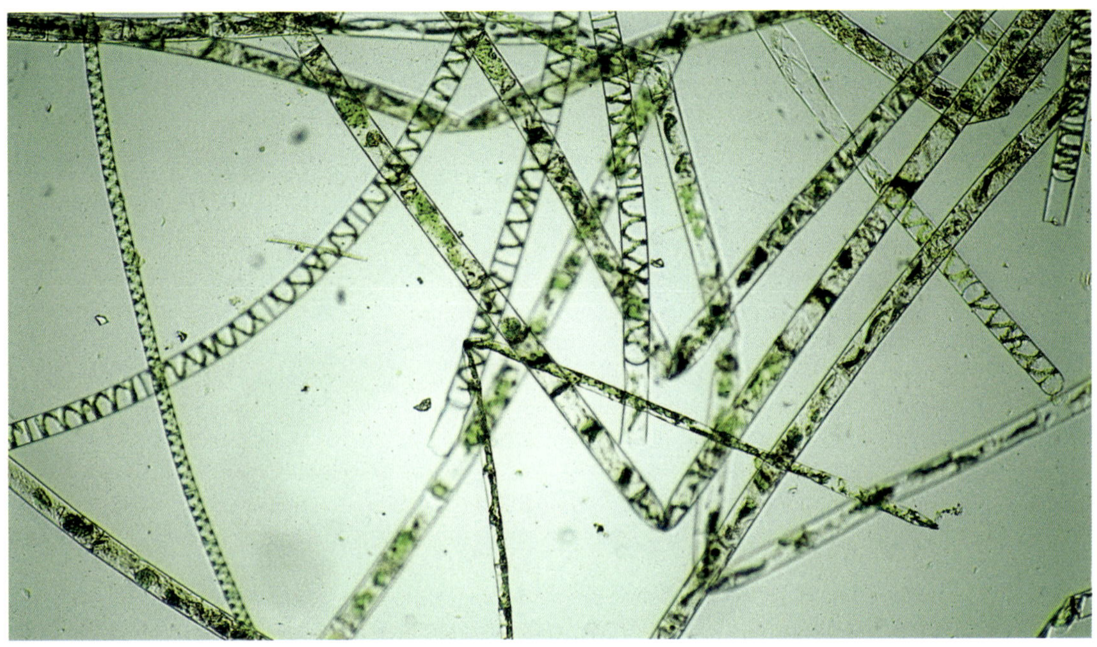

Abb. 6 Fadenalgen unter dem Mikroskop (Foto: LfL/IFI).

Gut mit Nährstoffen versorgte Teiche sollten in der warmen Jahreszeit 2- bis 4-mal mit gemahlenem Branntkalk gekalkt werden. Mit je einer Dosis von 100–150 kg pro ha wird das SBV verbessert. Viel wichtiger ist dabei aber das Dezimieren der Algen durch den Branntkalk. Unmittelbar nach dem Streuen des fein gemahlenen Branntkalks lagern sich die mikroskopisch kleinen Algen an die Branntkalkteilchen an und sinken mit diesen zusammen auf den Teichboden ab.

In der relativ dunklen Tiefenzone stellen die Algen ihre unerwünschte pH-Anhebung ein und werden von der sich bildenden Kalklauge teilweise zerstört. Zwar wird durch die Lauge kurzfristig der pH-Wert angehoben, doch fällt er anschließend wieder ab. Die Verursacher für den langfristig hohen pH-Wert, die Algen, werden zum Teil ausgeschaltet. Beim Zerfall der toten Algen wird Kohlensäure frei, die wiederum pH-stabilisierend wirkt. Hinzu kommt, dass Branntkalk den Abbau weiterer Schlamm- und Schwebeteilchen fördert.

Die Branntkalkgabe kann bis zu pH-Werten von 8,5 bis 9,0 durchgeführt werden. Liegt der pH-Wert jedoch bereits morgens darüber, sollte davon abgesehen werden. Sind die hohen pH-Werte, durch die Grünfärbung des Wassers sichtbar, auf Mikroalgen (Phytoplankton) zurückzuführen, sollte gemahlener Kohlensaurer Kalk gleichmäßig ausgebracht werden. Auch er kann diese Algen zum Absinken in die Tiefe bringen. 200 bis 300 kg pro ha werden am besten in Verbindung mit den unten beschriebenen Belüftungsmethoden ausgebracht.

Nach Bauer breiten sich bestimmte Algen, z. B. Fadenalgen, ab pH 8,5 aufwärts aufgrund ihrer Stoffwechselvorteile gegenüber anderen Algen explosionsartig aus. Sie erhöhen dann den pH-Wert in Bereiche bis zu 10 und 11.

Im Fall der Fadenalgen (Abb. 6) gibt es nur noch zwei Möglichkeiten der Abhilfe. Zum einen sollen, zumindest bei sehr kleinen Teichen ist dies möglich, die Fadenalgen mit Rechen o. Ä.

entfernt werden. Zum anderen bewirkt eine Beschattung der Algen durch Trübung einen Rückgang der Algen, auch der Fadenalgen, und als Folge davon das erwünschte Absinken des pH-Wertes. Trübung entsteht normalerweise, wenn Fische wie Karpfen oder Schleien den Teichboden durchwühlen. Ungenügende Trübung und damit das Aufkommen von Phytoplankton (Mikroalgen) und Fadenalgen kann mehrere Ursachen haben. So wühlen kleine Altersklassen der Fische wie Vorgestreckte oder kleine Einsömmerige den Boden bei der Futtersuche nur wenig auf. Durch die geringe Trübung wird die Bildung von Fadenalgen sogar sehr begünstigt. Fadenalgen bringen gerade bei kleinen Fischen den weiteren Nachteil, die Abfischung erheblich zu behindern. Zusätzlicher Besatz mit einigen mehrsömmerigen Karpfen kann hier für die nötige kräftige Trübung sorgen. Bei den weiteren möglichen Ursachen für unzureichende Trübung, nämlich niedere Wassertemperaturen oder Krankheit der Fische, vergehen meist mehrere Tage, ja Wochen, bis sich Besserung einstellt. Hier ist als letzte Abhilfe an mechanische Trübung zu denken. Billig und zugleich wirkungsvoll ist das Aufwühlen der Bodensedimente mithilfe einer zapfwellenbetriebenen Pumpe oder eines Außenbordmotors. Die beste Einsatzzeit dafür liegt zwischen Vor- und Nachmittag. Je nach den Bodenverhältnissen kann es zu unterschiedlichen Sauerstoffzehrungen kommen. Ständige Sauerstoffkontrollen sind daher anzuraten.

Kaltes Zulaufwasser schichtet sich direkt über dem Teichboden. Fische meiden diese kalten Wasserzonen und wühlen daher ungern im Boden. Unter solchen Bedingungen kommt es ebenfalls nicht zur notwendigen Trübung. Das Teichwasser bleibt klar, und es bilden sich Fadenalgen. Die Mineralisierungsprozesse im Schlamm werden stark gehemmt; dadurch verliert der Teich an natürlicher Ertragsfähigkeit. Um die Effekte zu vermeiden, sollte kaltes Zulaufwasser gestoppt oder um den Teich herumgeleitet werden. Tritt dagegen kaltes Quell- oder Hangdruckwasser im Teich selbst aus, muss der Mönch so eingestellt werden, dass kaltes Tiefenwasser abgezogen wird (siehe Kap. 13.3, Damm und Mönch). Je länger der Teich fischleer steht und klares Wasser zeigt, umso eher können sich Fadenalgen entwickeln. Streck- und Abwachsteiche sind daher möglichst rasch nach dem Füllen (Bespannen) mit Fischen zu besetzen. In nährstoffreichen Teichen ist es durchaus von Vorteil, großblättrige Wasserpflanzen nicht vollständig zu entfernen, sondern teilweise stehen zu lassen. Dadurch werden ebenfalls eine Beschattung der Algen sowie eine geringfügige Nährstoffentnahme erreicht.

Hauptsächlich im Frühjahr ist an eine weitere Ursache für auffallend klares Teichwasser zu denken. Es hat sich in der kühlen Zeit, in der die Karpfen inaktiv sind, eine große Menge Zooplankton, also Nährtiermasse, entwickelt. Dann sieben die Fische bevorzugt diese aus dem Wasser, trüben dabei den Teich nicht ein und gehen eventuell auch kaum an das Futtergetreide. Das Phytoplankton wird von den Zooplanktern kurzgehalten; allerdings können sich am Teichboden Schichten der Fadenalgen bilden. Es kann sich die scheinbar kuriose Situation einstellen, dass zumindest in tieferen Schichten trotz des Klarwassers sehr hohe pH-Werte herrschen. In solchen Fällen, und wenn Trübung überhaupt notwendig wird, kann der Teichwirt diese auch mechanisch erzeugen, indem er eine Egge, Kette o. ä. über den Teichboden zieht.

Wird das Teichwasser wegen sehr starker Algenentwicklung extrem grün, kann dies seine Ursache in einem hohen Fraßdruck von Fischen auf das Zooplankton haben. Nicht selten kommen Blaubandbärblinge *(Pseudorasbora parva)* mit Besatzfischen oder über das Zulaufwasser in den Teich und vermehren sich dort massenhaft. Sie fressen das wertvolle Zooplankton, das eigentlich die Algen vertilgen würde. In diesem Fall müssen Raubfische gesetzt werden.

Freier Windzutritt bewirkt neben gutem Sauerstoffeintrag auch stärkere Turbulenzen im Wasser. Zumindest bei stärkerem Wind oder Sturm entstehen auf diese Weise die erwünschte Trübung und Beschattung.

Bei intensiver Verwendung von Futterautomaten und bei relativ geringer Besatzdichte nimmt die Futtersuche der Fische im Schlamm ab. Ein Wechsel von der Automaten- zur Bodenfütterung oder gar das Einstellen jeglicher Futtergabe kann die Fische veranlassen, ihre Aktivität am Boden zu verstärken. Das Futter sollte dazu breit gestreut werden. Fertigfutter oder nährstoffreiche Eigenmischungen sind dafür nicht zu verwenden, sondern nur Getreide. Dadurch wird größerem Nährstoffeintrag und weiterer Algenbildung vorgebeugt.

Seit einigen Jahren kursiert die aus England kommende Empfehlung, Stroh zur Senkung des pH-Wertes in den Teich einzubringen. Speziell Gerstenstroh sei am wirksamsten. Untersuchungen an der Außenstelle für Karpfenteichwirtschaft und die Erfahrungen der Praxis brachten allerdings widersprüchliche Ergebnisse; in manchen Fällen sank der pH-Wert, in anderen wieder nicht. Die ursächlichen Zusammenhänge sind noch nicht geklärt. Für eigene Versuche sollte eine Menge von etwa 100 kg Gerstenstroh pro ha in den Teich gegeben werden. Es empfiehlt sich, die Strohballen zu öffnen und das Stroh etwas zu verteilen. Denn auf der großen Gesamtoberfläche aller Strohhalme siedeln sich Bakterien und Einzeller an, die bei ihrer Zersetzungstätigkeit Kohlendioxid erzeugen.

All diese Maßnahmen sind nicht nur geeignet, die Fadenalgen, sondern auch die Mikroalgen zu dezimieren. Im Übrigen kann bereits beim Bau des Teiches den extremen Sauerstoff- und pH-Schwankungen etwas vorgebeugt werden. In tieferen Wasserzonen ist die Algenaktivität aufgrund der abnehmenden Lichtintensität geringer. Tiefe Teiche haben daher den Vorteil stabilerer Wasserverhältnisse.

Außer durch Kalken und Dezimieren der Algen kann der pH-Wert auch durch „Kohlensäure-Düngung" reguliert werden. Darunter ist nichts anderes zu verstehen als die Düngung mit organischer Substanz, im üblichen Fall Festmist oder Gründüngung. Bei der Zersetzung dieser organischen Substanz im Wasser wird Kohlensäure frei, die den pH-Wert senkt. Genaue Angaben für das Ausbringen organischer Dünger siehe S. 51 ff. Organischer Dünger hat den weiteren Vorteil, dass er die Entwicklung von Wasserflöhen u. a. Zooplankton fördert. Der Großteil dieser Tierchen lebt vom Verzehr der Mikroalgen, sodass auch auf diesem Weg der pH-Wert positiv beeinflusst wird.

Bewährt, pH stabilisierend und sogar als ertragssteigernd hat sich folgende Methode erwiesen: Etwa einmal pro Woche wird etwa ein Viertel der Dammböschung gemäht und die abgemähte Pflanzenmasse in den Teich geworfen. Auch dadurch entwickeln sich Kohlensäure und Naturnahrung. Das Einbringen verrotteter Wasserpflanzen oder frisch gemähten Böschungsgrases hat gegenüber der organischen Düngung mit Mist den Vorteil, zwar auch Kohlensäure und Naturnahrung zu erzeugen, dafür aber weitaus weniger Nährstoffe ins Wasser zu bringen. Das Grundübel, nämlich die hohe Algendichte, ist ja gerade auf ein Übermaß an Nährstoffen zurückzuführen. Erneuter Eintrag von Nährstoffen sollte besser vermieden werden. Damit werden über die Jahre der Dammkrone Nährstoffe entzogen, was wiederum den Mähaufwand verringert.

Bei kurzfristig auftretendem Sauerstoffmangel – besonders nach dem Umkippen des Teiches mit nachfolgendem Klarwasser – können Bewirtschaftungs- und Pflegemaßnahmen nicht mehr helfen. So ist es unwirksam und gefährlich, in einer solchen Situation zu kalken. Derart akuter Sauerstoffmangel kann nur durch Belüften des Teiches oder durch Zulauf größerer Mengen guten Frischwassers behoben werden. Da ein Stromanschluss bei Karpfenteichen in der Regel nicht vorhanden ist, eignen sich zur Belüftung hauptsächlich zapfwellengetriebene Geräte oder solche mit eigenem Kraftstoffmotor, also benzingetriebene Motorpumpen. Größere Pumpen, auch Güllepumpen, sind ebenfalls verwendbar und haben meist Zapfwellenantrieb. Beim Betrieb von Pumpen zur Belüftung darf jedoch kein Schlamm vom Teichboden angesaugt werden. Der Saugkorb der Pumpe muss etwa in halber Wassertiefe hängen.

Abb. 7 Zapfwellengetriebener Belüftungspropeller „Patsche" (Ruhestellung) (Foto: Bayer. Landesanstalt für Landwirtschaft, Institut für Fischerei [LfL/IFI]).

Abb. 8 Zapfwellengetriebener Belüftungspropeller in Betrieb (Foto: LfL/IFI).

Weiterhin gibt es zwei grundsätzliche Formen des Wasseraustritts: zum einen das feine Zersprühen, zum anderen den gebündelten Strahl.

Durch feines Zersprühen hat das Wasser eine gute Möglichkeit, sich mit Sauerstoff anzureichern. Versuche der Außenstelle für Karpfenteichwirtschaft haben allerdings gezeigt, dass der gebündelte Strahl den Teich noch besser mit Sauerstoff versorgt. Unbedingte Voraussetzung hierfür ist, dass der Strahl parallel zur Wasseroberfläche und so ausgerichtet ist, dass möglichst die ganze Teichoberfläche in langsame Kreisbewegungen gerät. Dabei steigen die sauerstoffarmen Tiefenschichten sanft nach oben und werden an der Teichoberfläche mit Luftsauerstoff angereichert. Der ständige Kontaktwechsel von Teichwasser und Luft ist sehr effektiv. Die gleiche Wirkung ist mit zapfwellengetriebenen Belüftungspropellern, auch „Patsche“ genannt, zu erzielen. Im Prinzip handelt es sich dabei um etwa 3 m lange Wellen, an deren Ende ein Propeller mit etwa 0,5 m Durchmesser angebracht ist (Abb. 7).

Die Propellerschaufeln des Gerätes, das sich bereits viele Teichwirte selbst gebaut haben, ragen nur etwa 10 cm ins Wasserr (Abb. 8).

Eine ebenfalls kreisende Strömung erzielt man bei der Belüftung mit Schaufelrädern (Abb. 9).

Pro ha Teichfläche ist mit einem durchschnittlichen Strombedarf von 0,75 KWh zu kalkulieren. 2020 waren es bei einem Versuch mit ca. 1000 Betriebsstunden bei 0,75 KWh/ha und 0,30 €/KWh ca. 225 € an Stromkosten. Abschreibung und Reparatur liegen bei etwa 150 €/ha; die gesamten Belüftungskosten liegen damit bei rund 375 € pro ha und Jahr. Viele Teiche haben keinen Stromanschluss und sollten nach und nach mit Photovoltaik versorgt werden. Dieser Strom kann an Land oder auf schwimmenden Photovoltaik-Inseln erzeugt werden. Beim Dauereinsatz von Schaufelrädern an Futterstellen ist zu beobachten, dass kleine und große Fische sich in der Strömung konzentrieren, sodass die Kiemen angeströmt werden. Trotz ständigem Schwimmen ist der Energieaufwand geringer als der Pumpaufwand zum Gasaustausch im stehenden Wasser. Auch der Parasitendruck ist erträglich, da das Wasser an den Futterstellen ständig erneuert wird. Alle Fische finden ihre bevorzugte Strömungsgeschwindigkeit. Offensichtlich werden das leichtere Atmen und die sanfte Bewegung genossen, denn sehr viele Fische konzentrieren sich auch ohne Fütterung in der Strömung. Die gute Kondition ermöglicht es, dass Getreide bis 27 °C Wassertemperatur ohne Einschränkung gefüttert werden kann. Normal wird die Fütterung ab 25 °C stark reduziert.

In der Zeit zwischen 6 und 10 Uhr in der Frühe enthält das Wasser am wenigsten Sauerstoff und kann auch wegen der Kühle am leichtesten Sauerstoff aufnehmen. Bei nährstoff- und algenreichen Teichen ist eine Belüftung bzw. die schon beschriebene Kreisbewegung in den Nachmittagsstunden, ca. 15 bis 18 Uhr, am effektivsten. So wird eine Durchmischung der sauerstoffreichen oberen mit den sauerstoffarmen unteren Wasserschichten erreicht und der gesamte Wasserkörper mit Sauerstoff angereichert. Da die

Abb. 9 Schaufelradbelüfter (Foto: Geldhauser).

Fische bei der Verdauung mehr Sauerstoff benötigen, muss in Sauerstoffmangelsituationen die Fütterung stark reduziert oder völlig eingestellt werden.

Überhöhte Ammoniakwerte entstehen, wenn die bakterielle Tätigkeit im Teich verringert ist und ein relativer Sauerstoffmangel besteht. Auf der Grundlage dieser Zusammenhänge wurde an der Außenstelle für Karpfenteichwirtschaft ein einfaches Verfahren zur Senkung des Ammoniakgehalts entwickelt, das sich mittlerweile bewährt hat. Dabei muss der gesamte Wasserkörper des Teiches, also auch die ammoniakbildende Tiefenzone, bewegt, dabei durchmischt und so mit Sauerstoff angereichert werden. Dies geschieht am besten mit dem Belüftungspropeller oder einem parallel zur Wasseroberfläche gerichteten Wasserstrahl. Um die Lebensbedingungen der Ammoniak bzw. Ammonium verarbeitenden Bakterien weiter zu verbessern, kann am Propeller bzw. am Strahl täglich und über einige Tage hinweg gemahlener Branntkalk zugegeben werden, insgesamt etwa 100 kg pro ha. Nach wenigen Tagen ist eine deutliche Verringerung des Ammoniaks festzustellen. Die Bakterien, die für ihre Tätigkeit optimal ein leicht basisches Umfeld benötigen, wandeln Ammonium bzw. Ammoniak in harmloses Nitrat. Für diesen Vorgang (Nitrifikation) wird Sauerstoff benötigt.

Sicher ist mit keiner der beschriebenen Maßnahmen ein rascher, gar sensationeller Erfolg zu erzielen. Viel wichtiger erscheint es, durch vernünftige und regelmäßige Pflege der Teiche erst gar nicht in dramatische Situationen zu kommen. Das Teichwasser muss eben laufend untersucht werden. Dann und erst dann wird über die eventuell darüber hinaus erforderlichen Eingriffe nachgedacht.

Die Anwendung von Chlorkalk, Kupfersulfat oder Herbiziden ist gesetzlich verboten. Im Handel angebotene Spezialkalke zur Stabilisierung der Wasserwerte und zur Bekämpfung von Fadenalgen sind für die Teichwirtschaft uninteressant. Für eine einmalige Anwendung entstehen Kosten von ca. 10 000 € pro ha.

3 Pflanzen im und am Teich

In diesem Kapitel werden lediglich die häufigsten und wichtigsten Wasserpflanzen sowie deren fischereiliche Bedeutung beschrieben. Streng genommen fallen unter den Begriff der Wasserpflanzen auch die Mikroalgen, das sog. Phytoplankton, jene Pflanzen also, die mit dem bloßen Auge kaum noch oder nicht mehr zu erkennen sind. Da hauptsächlich sie für viele Eigenschaften des Teichwassers verantwortlich sind, wurden sie bereits im vorhergehenden Kapitel „Das Teichwasser“ besprochen.

Die höheren Wasserpflanzen lassen sich in drei Hauptgruppen einteilen:

- Überwasserpflanzen,
- Schwimmblattpflanzen,
- Unterwasserpflanzen.

3.1 Überwasserpflanzen

Sie werden auch als Gelege oder als harte Wasserpflanzen bezeichnet und sind in Ufer- bzw. Flachwasserzonen stehender Gewässer anzutreffen. Typische Eigenschaften sind, dass diese meist hartstängeligen Pflanzen beim Absterben auf dem Teichboden sogenannte Zellulosematratzen bilden, die den fruchtbaren Teichboden vom Wasserkörper und den Fischen isolieren. Auch saugen sie förmlich das besonders in den Himmelsteichen knappe Wasser auf und geben es an die Luft ab. Dafür aber bieten sie jungen Fischstadien, z. B. der Hechtbrut, guten Unterschlupf und sie nehmen CO_2 nicht aus dem Wasser, sondern aus der Luft auf.

Rohr *(Phragmites australis)* ist eine grasartige Pflanze, die bis zu 4 m hoch werden kann. Sie wächst oft auf großen Flächen eines Teiches und ist eine typische Verlandungspflanze (Abb. 10).

Abb. 10 Schilfrohr *(Phragmites australis)*, auch „Schilf“ oder „Rohr“ (Foto: Geldhauser).

Abb. 11 Rohrkolben *(Typha latifolia)* (Foto: Geldhauser).

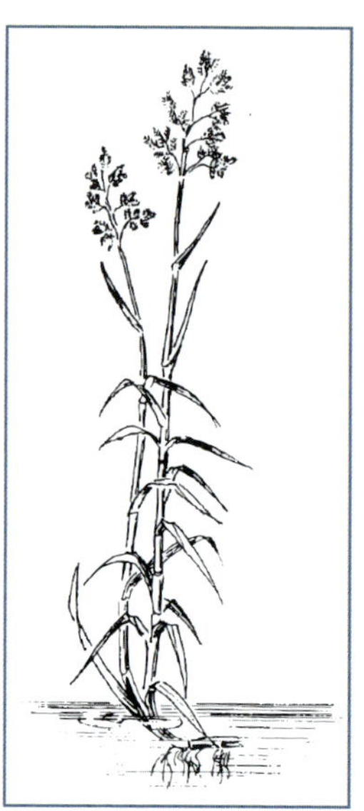

Abb. 12 Rohrglanzgras *(Phalaris arundinacea)*.

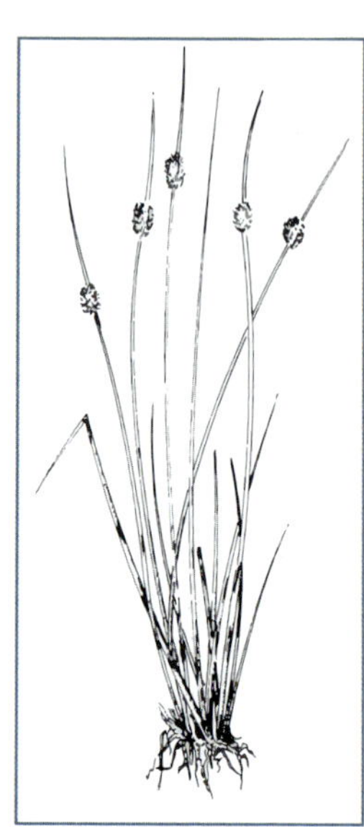

Abb. 13 Binsen *(Juncus spec.)*.

Schilf *(Typha spec.)* ist an den dunkelbraunen kolbenartigen Fruchtständen zu erkennen (Abb. 11). Die Blätter gehen alle vom Fuß der Pflanze aus.

Rohrglanzgras *(Phalaris arundinacea)*, ein volumenreiches Süßgras von saftgrüner Färbung mit großer Blütenrispe, wächst weniger im Wasser als am unmittelbaren Ufer. Als natürlicher Schutz der Teichdämme ist es deshalb gut geeignet (Abb. 12).

Binsen *(Juncus spec.)* werden je nach Art 0,5–1,0 m hoch. Sie sind an ihren drehrunden Blütenstängeln und Blättern zu erkennen. Das Innere der Stängel besteht aus einem Gewebe vieler Luftkanäle. Die Blüten stehen nicht am Halm-(Rispen-)ende (Abb. 13).

Simsen *(Scirpus lacustris* und *Heleocharis palustris)* ähneln den Binsen. Auch sie besitzen runde Stängel, tragen ihre Blütenstände jedoch an der Spitze des Stängels (Abb. 14).

Seggen *(Carex spec.)* bilden typische Horste, die wie Inseln aus dem flachen Wasser ragen und als „Pfauden" oder „Kaupen" bezeichnet werden. Die Stängel der Seggen sind im Querschnitt dreikantig, ihre Blätter schneidenscharf. Dies ist eine sehr unangenehme und schwer zu bekämpfende Wasserpflanze (Abb. 15).

Gemeiner Froschlöffel *(Alisma plantago)* hat, wie der Name bereits sagt, löffelförmige, aufrecht stehende Blätter (Abb. 16). Die hoch ragende Rispe trägt kleine weißliche oder rötliche Blüten.

Abb. 14 Simsen (Foto: Geldhauser).

Abb. 15 Seggen.

Abb. 16 Froschlöffel.

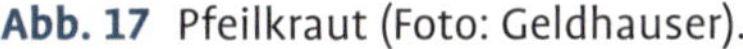

Abb. 17 Pfeilkraut (Foto: Geldhauser).

Pfeilkraut *(Sagittaria sagittifolia)* ist an den pfeilartigen Blättern gut zu erkennen. Es überwintert mit haselnussgroßen Knollen, die sich am Ende unterirdischer Ausläufer bilden. Beim Austreiben im Frühjahr entstehen zunächst bandförmige Wasserblätter, dann lang gestielte Schwimmblätter und schließlich die charakteristischen pfeilförmigen Blätter, die über das Wasser hinausragen. Die Blüten sind rot und weiß (Abb. 17).

Gemeiner Zweizahn *(Bidens tripartita)* wächst an den Ufern der Teiche. Er wird etwa 1 m hoch und besitzt drei- oder fünfteilige Blätter, die, ähnlich wie die Brennnessel, gesägte Ränder besitzen. Diese Pflanze produziert Samen, die an einem Ende zwei Stacheln aufweisen (Abb. 18). Das Samenkorn, in Franken als „Bubenlaus" bezeichnet, kann die Kiemen der Fische verletzen. Man sollte den Zweizahn daher vor Beginn seiner Blütezeit (Juli), am besten schon im Frühjahr abmähen.

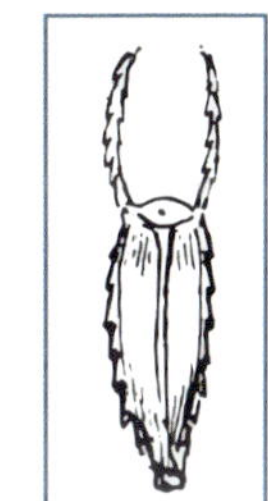

Abb. 18 Samen des Zweizahns, natürliche Größe 1 cm.

Abb. 19 Wasserknöterich (Foto: Geldhauser).

Abb. 20 Wasserhahnenfuß.

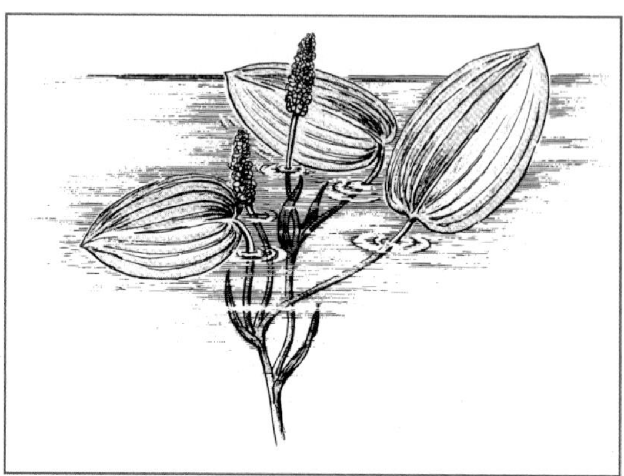

Abb. 21 Schwimmendes Laichraut.

3.2 Schwimmblattpflanzen

Ihre gemeinsame und typische Eigenschaft besteht darin, dass ihre Blätter flach auf dem Wasser liegen. Diese Schwimmblätter besitzen auf der Blattoberfläche eine wasserabstoßende Wachsschicht. Grundsätzlich beschatten sie den Teich; im Extremfall senken sie damit die Sauerstoffproduktion und auch die Temperatur.

Wasserknöterich *(Polygonum amphibium)* ist zwar eine typische Schwimmblattpflanze unserer Teiche, kann aber auch auf trockenem Boden gedeihen. Die Blätter sind dunkelgrün und lanzettförmig. Der Blütenstand entspricht einer Ähre und trägt leuchtend rosafarbene Blüten (Abb. 19).

Der **Gemeine Wasserhahnenfuß** *(Ranunculus aquatilis)* besitzt zum einen drei- oder fünfteilige Schwimmblätter, zum anderen sehr fein gefiederte Unterwasserblätter (Abb. 20). Die Blüten sind weiß und ähneln etwas denen der Erdbeere.

Schwimmendes Laichkraut *(Potamogeton natans)* sieht dem Wasserknöterich prinzipiell sehr ähnlich. Die Blätter des Laichkrauts sind allerdings etwas gröber, an der Blattspitze rundlicher. Zudem sind die Blüten aller Laichkräuter kleiner und farblich unscheinbar (Abb. 21).

Weiße Seerose *(Nymphaea alba)* und **Gelbe Teichrose** *(Nuphar lutea)* sind typische Pflanzen schlammreicher, ständig bespannter Teiche. Sie sind leicht an ihren ausgeprägten Schwimmblättern und an den kräftigen Blüten zu erkennen. Beide stehen unter Naturschutz (Abb. 22 und 23).

Schwimmblattpflanzen besonderer Art sind die **Wasserlinsen** *(Lemna spec.)*, auch „Meerlinsen" oder „Entengrütze" genannt. Sie haben keine Verbindung mit dem Teichboden, sondern schwimmen frei treibend auf der Wasseroberfläche. Ihre kreisrunden Blätter haben je nach Art

Abb. 22 Weiße Seerose.

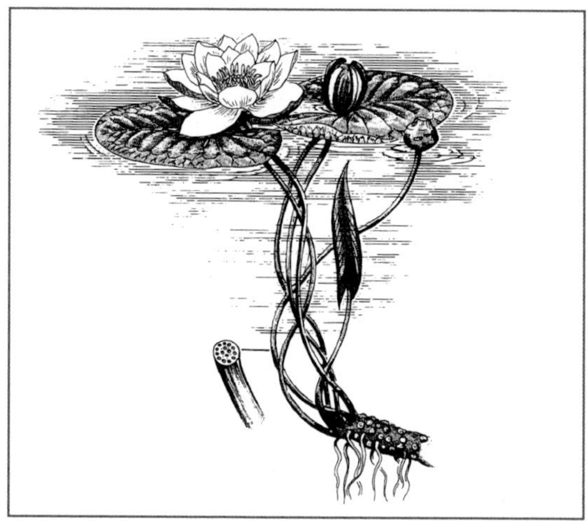

Abb. 23 Gelbe Teichrose.

Abb. 26 Krauses Laichkraut.

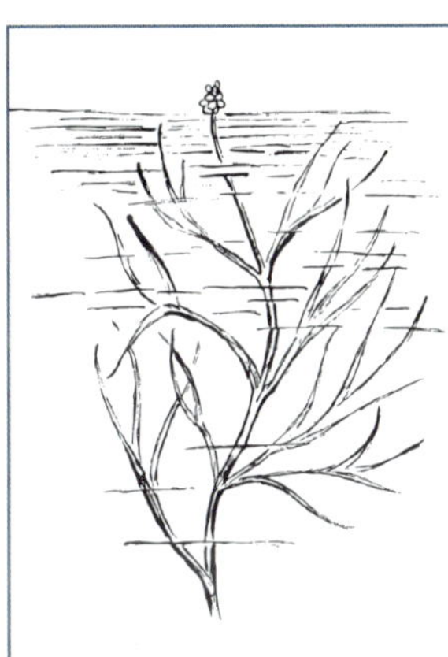

Abb. 27 Feines Laichkraut.

einen Durchmesser zwischen 2 und 5 mm. Bis auf eine Ausnahme tragen sie an der Blattunterseite Wurzeln, die wenige Zentimeter lang sind und die Nährstoffe aus dem Wasser entnehmen (Abb. 24). Wasserlinsen kommen besonders in sehr nährstoffreichen Teichen vor. Sie bedecken häufig die gesamte Wasseroberfläche und beschatten dadurch den Teich sehr stark (Abb. 25). Das Was-

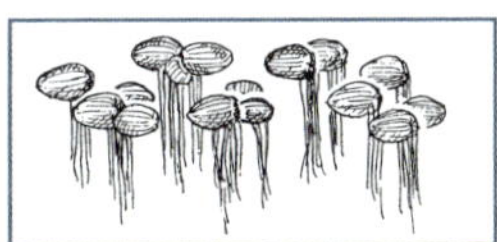

Abb. 24 Wasserlinsen.

Abb. 25 Wasserlinsenschicht (Foto: Geldhauser).

ser bleibt kühl, die Entwicklung der Naturnahrung gering, und es kommt leicht zu O_2-Mangel.

3.3 Unterwasserpflanzen

Diese weichstängeligen Pflanzen können von Pflanzen fressenden Fischen aufgenommen werden. An ihnen entwickelt sich auch eine artenreiche Welt von Naturnahrung (Aufwuchs) für junge Fischstadien. Doch behindern dichte Pflanzenbestände die Abfischung kleiner Fische.

Die **Laichkräuter** *(Potamogeton spec.)* zählen, mit Ausnahme des Schwimmenden Laichkrautes, zu den Unterwasserpflanzen, da sie meist untergetauchte Blätter entwickeln. Unter den etwa 20 Arten sind die bekanntesten das Schwimmende, das Krause (Abb. 26), das Spiegelnde, das Durchwachsene und das Kammförmige (Feine) Laichkraut (Abb. 27). In der Blütezeit entwickeln sie Blütenstände, die über die Wasseroberfläche ragen. Laichkräuter blühen relativ früh, etwa Juni bis August, und sterben nach der Blüte ab. Dem Namen des Laichkrautes ist bereits zu entnehmen, dass es hervorragend der Laichablage mancher Teichfische dienen kann. Im Anschluss an die Laichzeit wird es dann gern von Fischbrut als Unterstand benutzt. Auch große Karpfen weiden diese Laichkräuter nach Schnecken u. Ä. ab.

Abb. 28 Armleuchter.

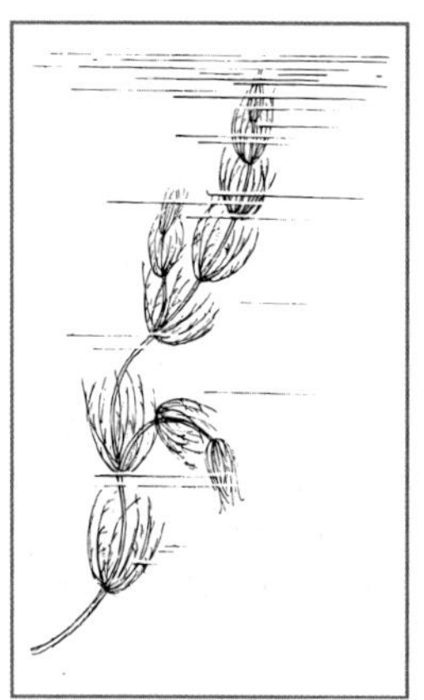

Abb. 29 Wasserpest.

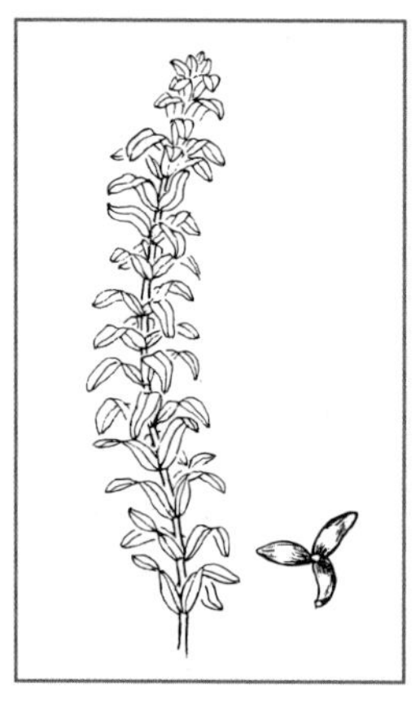

Armleuchtergewächse *(Chara spec.)* sind sehr feinstielig und zartgliedrig gebaut. Ihr Aufbau ähnelt dem eines Leuchters (Abb. 28). Sie entwickeln keine Blüten im herkömmlichen Sinn und sind den Algen zuzuordnen. Stirbt die Pflanze ab, so zerfällt sie wegen des reichlich eingelagerten Kalks zu weißem, mehlartigem Staub. Die Armleuchtergewächse gedeihen bevorzugt in kaltem Wasser.

Die **Wasserpest** *(Elodea canadensis)* ist leicht an den drei Blättern zu erkennen, die jeweils quirlartig um den Stängel stehen (Abb. 29). Diese Wasserpflanze, die im 19. Jahrhundert aus Nordamerika eingeführt wurde, vermehrt sich bei uns nur durch Bruchstücke und Winterknospen. Ihr enormes Ausbreitungsvermögen wird durch Kalkung noch unterstützt. Sie tritt auch besonders häufig in Teichen auf, die nicht vollständig austrocknen und ausfrieren können. Wie die meisten Wasserpflanzen gedeiht sie hauptsächlich in klarem, ungetrübtem Wasser. Fischereiliche Schäden treten bei massenhafter Vermehrung auf, wenn die Pflanze beim Ablassen des Teiches zum Abfischen den Teichboden wie ein dickes Polster bedeckt und viele Fische verbirgt. Im Übrigen wird gerade durch die Wasserpest dem Fisch der Zugang zum nahrungsreichen Teichboden versperrt (Beseitigung s. S. 36 ff.).

3.4 Verlandungszonen

Im flachen Uferbereich stehender oder langsam fließender Gewässer siedeln sich von Natur aus Überwasserpflanzen an, wie z. B. Schilf oder Rohr. Wird zur Teichmitte hin das Wasser etwas tiefer, so folgen entsprechend der Wassertiefe Seesimsen, Schwimmblattpflanzen und schließlich Unterwasserpflanzen. Diese Gliederung einer Verlandungszone (siehe Abb. 30) ist überall dort anzutreffen, wo der Mensch nicht in den natürlichen Vorgang der Verlandung eingreift.

Abb. 30 Aufbau einer Verlandungszone.

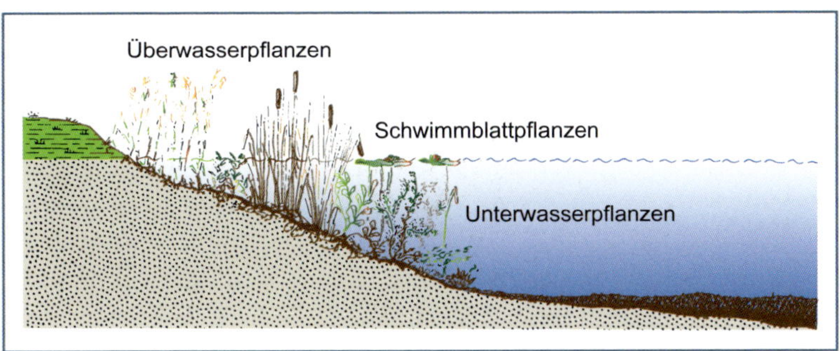

Teiche sind künstlich angelegte Gewässer, im Durchschnitt 1, maximal 2 oder 3 m tief. Wegen dieser gleichmäßigen, geringen Wassertiefe ist die gesamte Teichfläche verlandungsgefährdet. Verlandungen beginnen in den flachen Uferzonen auf der dem Mönch gegenüber liegenden Seite, bzw. in strömungsberuhigten Zonen wie Ecken oder schmalen Seitenausläufern und würden im Extremfall den ganzen Teich erfassen (siehe Abb. 31). Bereits vorhandene Verlandungszonen begünstigen ihre weitere Ausbreitung. Im Bereich der Überwasserpflanzen sind Wasserbewegungen kaum noch vorhanden. Auch unterbleibt hier die Wühltätigkeit der Fische. Dadurch lagern sich besonders leicht abgestorbene Algen und andere tote Organismen ab und verstärken die Schlammbildung. Der Teich wird hier flacher. Dies wiederum schafft neue Möglichkeiten zur Ansiedlung weiterer Wasserpflanzen.

Die Vor- und Nachteile von starkem Pflanzenwuchs sollen im Folgenden klar genannt werden.

3.4.1 Nachteile

- Sowohl Überwasserpflanzen als auch Schwimmblatt- und Unterwasserpflanzen beschatten das Teichwasser. Nach Schäperclaus verringert sich dadurch die Temperatur des Wassers je nach Pflanzenbewuchs um einige Grad Celsius. Jeder Temperaturabfall bewirkt aber eine Verringerung der Teichproduktivität.
  Rohr erreicht eine Höhe von bis zu 3 m über dem Wasserspiegel. Dichter Uferbewuchs bildet so einen Windschatten von etwa 30 m Länge. Gerade durch Wind wird aber normalerweise ständig frische, sauerstoffreiche Luft dem Teich zugeführt. Auch entstehen durch Wellen Turbulenzen im Wasserkörper, die sauerstoffarmes Wasser aus der Bodennähe zur Sauerstoffanreicherung nach oben wirbeln. Bei größeren Teichen hat der Windschatten von Rohrgürteln allerdings kaum Bedeutung.
- Abgestorbene Pflanzenteile lagern sich am Teichboden ab. Das grob strukturierte, rohfaserreiche Material zersetzt sich dort kaum und bildet im Laufe der Jahre eine dichte Matratze. Diese Schicht wird als „Zellulose-Schlamm“ bezeichnet und ist für teichwirtschaftliche Nutzung wertlos. Vielmehr isoliert sie die Nährstoffvorräte des Teichbodens vom Wasser und versperrt außerdem den Fischen den Zugang zu den Nährtieren des Bodens.
- Die Pflanzen der Verlandungszonen benötigen zu ihrem Wachstum Nährstoffe. Diese entziehen sie dem Teichboden bzw. dem Wasser und speichern sie in Stängeln und Blättern. Wie wirkungsvoll dieser Nährstoffentzug ist, zeigt die Tatsache, dass größere Flächen mit Überwasserpflanzen bereits gezielt als biologische Kläranlagen zur Reinigung von Abwässern benutzt werden. Für den Karpfenteich sind aber die Nährstoffe überaus wichtig. Das zeigt u. a. Abbildung 56.
- Weitere, nur kurz erwähnte Nachteile von Verlandungszonen sind: Produktionsflächen-

verlust, Erschwerung der Abfischung, Sauerstoffzehrung im Bereich absterbender Pflanzen, erschwertes Erkennen kranker oder toter Fische und Behinderung von Pflegemaßnahmen wie Austrocknen und Kalken. Sehr häufig dienen Verlandungszonen zudem als Basis für Möwen-Brutkolonien.

3.4.2 Vorteile

Höhere Wasserpflanzen bringen dennoch Vorteile mit sich, insbesondere bei naturnaher, wenig intensiver Teichnutzung. Die Betonung liegt hier weniger auf hohen Erträgen als vielmehr auf der Erzeugung wertvoller Fischarten und Artenvielfalt am und im Teich.

- Je vielfältiger ein Landschaftsteil gestaltet ist, umso artenreicher kann er besiedelt werden. Im Sinne von Vogelschutz, Amphibienschutz, Erhaltung seltener Pflanzen, aber auch seltener Fischarten, birgt eine Verlandungszone in größeren Teichen gute Möglichkeiten für artenreiche Besiedlung.
- Wie auch an anderen Stellen dieses Buches ausgeführt wird, ist die Wirtschaftlichkeit der alleinigen Produktion von Karpfen seit einigen Jahren sehr gering geworden. So kann u. U. durch die Einbeziehung von Nebenfischen hier noch eine Ertragsverbesserung erzielt werden. Gerade für Vermehrung und Aufzucht von Hecht und Schleie sind Teiche mit Wasserpflanzen unbedingte Voraussetzung.
- Ein schmaler Gürtel aus Rohr *(Phragmites)*, noch besser aber aus Schilf *(Typha)*, bietet gerade bei starker Brandung in großen Teichen guten Dammschutz.
- In sehr nährstoffreichen Teichen kann die Beschattung durch Wasserpflanzen auch positive Auswirkungen auf das Teichwasser haben. Weitere Erläuterungen im Kapitel 2, Das Teichwasser.

Diese generellen Vor- und Nachteile von Verlandungszonen sind nicht kritiklos auf jeden Teich zu übertragen. So spielt z. B. die Teichgröße hier eine wichtige Rolle. In einem kleinen Teich von z. B. 0,5 ha kann der Windschatten erheblich größere Schäden verursachen als in einem Teich von 5,0 ha Größe. Auch werden in kleineren Teichen meist K_V oder ähnliche Arten und Altersklassen aufgezogen. Hier sind Verlandungszonen am wenigsten zu tolerieren. Für die Artenvielfalt bieten kleine Teiche sicher schlechtere Voraussetzungen als größere. Aus rein teichwirtschaftlicher Sicht bringen Verlandungszonen in der Regel mehr Nachteile als Vorteile mit sich.

3.5 Naturschutz

Karpfenteiche stellen mittlerweile fast die einzigen Flachwasserzonen in der Kulturlandschaft. Dort erwärmt sich das Wasser im Frühjahr zur Laich- oder Vermehrungszeit vieler Tierarten sehr rasch; es herrscht ein starkes und vielseitiges Nahrungsangebot, und die abwechslungsreichen Strukturen der Verlandungszonen dienen als idealer Lebensraum. Manche Zugvögel rasten in Teichgebieten auf ihrer Wanderung; gerade die Fisch fressenden Vögel finden in den Teichen besonders leichte Beute. Alle Amphibien suchen flache Gewässer oder Uferstreifen zur Laichablage auf. Dort findet auch die gesamte Entwicklungsphase der Kaulquappen statt.

Ohne zu übertreiben bieten Karpfenteiche also die wertvollsten Biotope. Sie sind häufig Kern vieler Landschafts- und Naturschutzgebiete.

Behörden und Verbände des Naturschutzes stellen u. a. folgende Forderungen an die Teichwirtschaft:

- möglichst frühzeitiges Bespannen, damit der Teich rechtzeitig zur Amphibienlaichzeit als Laichplatz dienen kann;
- Kalken nicht zu deren Laichzeit und nicht direkt auf den Laich;
- keine totalen Entlandungen, sondern Erhaltung von Teilen der Verlandungszonen;
- Duldung von Wasser- und Ufervegetation.

Eine Reihe dieser Punkte wird ohnehin von den meisten Teichwirten berücksichtigt. Es ist auch völlig im Interesse der Teichwirtschaft, möglichst früh zu bespannen und mit dem Teichwasser möglichst sparsam umzugehen. Mancher Wunsch des Naturschutzes nach einer ganzjährigen Bespannung, die nur wenige Tage zur Abfischung unterbrochen ist, schadet jedoch langfristig dem Teich, da sich so über mehrere Jahre tiefe Faulschlammschichten bilden (siehe hierzu Kap. 2, Das Teichwasser, und Kap. 4.3, Pflege des Teichbodens).

Auch sollte der Teich möglichst bald nach der Bespannung mit Fischen besetzt werden, um die starke Entwicklung von Wasserpflanzen zu verhindern. Bodenkalkungen, nur diese wären von einschneidender Wirkung auf Lebewesen wie z. B. Amphibien, werden in den allermeisten Fällen nur im Herbst oder im zeitigen Frühjahr durchgeführt.

Mäharbeiten am und im Teich sind sehr arbeitsaufwendig bzw. kostenintensiv. Der Teichwirt wägt in der Regel Nutzen und Aufwand genau ab. Daher findet übertriebenes Mähen der Wasser- und Uferpflanzen, etwa „der Sauberkeit“ wegen, allein aus Arbeitskräfte- und Arbeitszeitmangel nicht statt. Die Forderung, Teile von Verlandungszonen zu belassen, ist wirtschaftlich nachteilig, wenn sie sich auf große Flächenanteile eines Teiches bezieht. Die Effektivität der Entlandung wird stark verringert, wenn Reste der Verlandung oder des Rohrgürtels erhalten bleiben. Auch die Kosten für Entlandungsmaßnahmen erhöhen sich drastisch, wenn sie in mehreren Schritten stattfinden. Hier muss bisweilen eine tragbare Lösung im sachlichen Gespräch zwischen Teichwirt, Naturschutzbehörde und Fischereifachleuten gefunden werden.

In den letzten Jahren hat sich der Interessenkonflikt zwischen Teichwirtschaft und Naturschutz etwas entschärft. Seitens der Teichwirtschaft lassen die Relation zwischen Karpfenpreis und Produktionskosten, die Naturschutzauflagen, aber auch die Verbraucherwünsche Massenproduktion nicht zu. Es wäre widersinnig, die Wirtschaftsweise zu intensivieren, denn der finanzielle Ertrag würde dadurch nicht zunehmen. Den Billigimporten kann nicht durch Massenangebot auf niedrigem Preisniveau begegnet werden, sondern nur durch Qualität und Frische. Aus diesem Grund bleibt nur der Weg einer naturnahen, traditionellen Teichbewirtschaftung mit Getreide als Futtergrundlage. Den Teichwirten steht nun auch eine Reihe von Programmen zur Verfügung, die gern angenommen werden: Programm Teichpflege und naturschutzgerechte Teichwirtschaft (z. B. Sachsen), Kulturlandschaftsprogramm und Vertragsnaturschutzprogramm (z. B. Bayern). Allerdings sind die besonders hoch bezuschussten Varianten mit dem völligen Verzicht auf Fischbesatz kategorisch abzulehnen. Sie führen letztendlich zur totalen Verschlammung und Verlandung des Teiches, der dann für eine zukünftige Fischhaltung, aber auch den Artenschutz verloren ist.

Seitens des Naturschutzes wiederum hat sich weitgehend die Erkenntnis durchgesetzt, dass Teiche als wertvolle Lebensstätten nur erhalten bleiben, wenn sie auch bewirtschaftet werden. Dazu gehören Pflegemaßnahmen, wie z. B. das Mähen, das Austrocknen und Ausfrieren. Nicht zuletzt ist es eine Aufgabe dieses Buches, auch engagierten und interessierten Naturschützern den Sinn und die fachlichen Hintergründe der Bewirtschaftungsmaßnahmen nahezubringen und Verständnis dafür zu wecken.

4 Teichpflege

Teiche sind von Menschen geschaffene Bauwerke, die in erster Linie der Erzeugung von Fischen dienen. Sie unterscheiden sich von natürlichen Gewässern im Wesentlichen dadurch, dass sie über ihre gesamte Fläche möglichst gleichmäßig flach sind.

Wegen dieser natürlichen Flachheit siedeln sich schnell Wasserpflanzen an. Der Bodenschlamm nimmt rasch zu. Um den Teich in seinem Anfangsstadium und seiner Ertragsfähigkeit möglichst zu erhalten, ist daher ständige sinngemäße Pflege unumgänglich. Die Folgen jahrelang unterlassener Teichpflege zeigt z. B. Abbildung 31.

4.1 Pflanzenbeseitigung

Im Spannungsverhältnis zwischen Teichwirtschaft und Naturschutz spielen gerade die Wasserpflanzen eine bedeutende Rolle. Schon deshalb wurde im vorhergehenden Kapitel versucht, die Vor- und Nachteile von Verlandungszonen und größeren Pflanzenbeständen im Teich denkbar objektiv zu schildern. Es gibt aber auch ein Für und Wider bei der Pflanzenbeseitigung. Aus rein teichwirtschaftlicher Sicht ist die Bekämpfung von Wasserpflanzen in den meisten Fällen anzuraten. Zumindest sollte eine größere Ausbreitung verhindert werden. Vorstreckteiche, Hälterteiche, Winterungen und generell kleine Teiche müssen möglichst frei von Pflanzen sein. Die

Abb. 31 Völlig vernachlässigter Teich; eine gesunde Fischhaltung ist nicht mehr möglich (Foto: LfL/IFI).

Abb. 32 Mit solchen Mähbooten können verwachsene Teiche im Einmannbetrieb ausgemäht werden (Foto: Jakob).

Anwendung von Herbiziden oder z. B. Kupfersulfat, auch Kupfervitriol genannt, ist in Deutschland verboten.

Wasserpest und andere Wasserpflanzen können gut mit einem hohen Besatz starker K_2 und S_2 bekämpft werden, die den Bodenschlamm kräftig durchwühlen, das Wasser also verdunkeln. Voraussetzung ist allerdings ein relativ warmer Teich ohne kühle bodennahe Wasserschichten, etwa durch Quellwasseraustritt, damit die Fische gerne in Bodennähe bleiben. Hohe Besatzdichten haben aber eher vorbeugenden Charakter, weil die Wühltätigkeit der Fische durch einen schon bestehenden dichten Pflanzenbestand bereits behindert wird.

Die schnellste und wirksamste, doch leider anstrengendste Methode der Pflanzenbeseitigung ist das Mähen. Hierzu bieten sich die normalen Handsensen, Gliedersensen oder motorgetriebene Mäher an.

Für die Beseitigung kleinerer Pflanzenbestände eignet sich die Handsense gut. Hierzu bieten sich die üblichen Sensen mit Holzstiel oder die Rohrsensen mit einem Stiel aus Stahlrohr an. Sobald die ersten Spitzen der Pflanzen aus dem Wasser ragen, etwa im Mai, sollte zum ersten Mal gemäht werden. Wird nicht schon im Mai gemäht, werden in der fortschreitenden Vegetationszeit die Pflanzenstängel dicker und holziger und die Bestände dichter. Je früher also gemäht wird, umso leichter und kürzer fällt die Mäharbeit insgesamt aus. Es erleichtert die Mäharbeit, wenn nicht nur ein-, sondern zwei- oder dreimal im Jahr gemäht wird. Häufiges Mähen hat den weiteren Vorteil, dass die abgemähten Pflanzen im Teich liegen bleiben können. Dabei ist es vorteilhaft, einen Uferstreifen von Überwasserpflanzen stehen zu lassen. Die abgemähten Pflanzenteile werden jetzt nicht mehr unmittelbar ans Ufer getrieben. Sie beschatten den Teichboden und verhindern weiteres Ausbreiten der Uferpflanzen bzw. bewirken ein Absterben junger Pflanzen. Dadurch und durch die Zersetzung des Mähgutes kann sich gute Naturnahrung, wie z. B. Zuckmückenlarven, entwickeln.

Auf jeden Fall müssen die Pflanzen noch vor der Samenbildung geschnitten werden. Am wirksamsten ist der Schnitt, wenn die Pflanzen möglichst dicht über dem Grund abgemäht werden. Setzt außerdem dann noch die Wassertrübung

Abb. 33 Das mit Baggerhydraulik betriebene Doppelbalken-Mähwerk ermöglicht Mähen und Herausnehmen der Pflanzen in einem Arbeitsgang (Foto: Geldhauser).

durch im Boden wühlende Karpfen ein, wachsen die Pflanzen vielfach nicht mehr weiter. Meistens muss der Schnitt wiederholt werden. Größere Mengen abgemähter Pflanzen müssen aus dem Teich entfernt werden. Zum einen wachsen manche Pflanzen, wie das flutende Süßgras *(Glyceria fluitans)* und die Wasserpest *(Elodea canadensis)*, obwohl abgemäht, weiter. Zum anderen kommt es beim Verrotten großer Mengen abgemähter Pflanzen im Teich zu starker Sauerstoffzehrung. Laichkräuter sterben, das ist ein natürlicher Vorgang, etwa Mitte Juli ab. Da zu dieser Zeit meist noch stabile Wasserverhältnisse, etwa bei Sauerstoff und pH, vorhanden sind, treten durch das Absterben dieser Pflanzen kaum Probleme auf. Werden die Laichkräuter jedoch im Mai oder Juni gemäht, wachsen junge Pflanzen nach, die dann erst etwa im August oder im September absterben. Hier sind die Wasserverhältnisse wegen der geringeren Tageslichtlängen aber wesentlich ungünstiger. Es kann zu Sauerstoffmangel, Ammoniakentwicklung sowie zu Kiemenerkrankungen kommen. Deshalb ist es ratsam, Laichkräuter entweder überhaupt nicht oder ein zweites Mal im Juli zu mähen und dann aber alle Pflanzenteile restlos zu entfernen.

Eine Weiterentwicklung der Handsense war die Gliedersense. Sie hat jedoch kaum noch Bedeutung.

Motorgetriebene Wasserpflanzenmäher erleichtern die schwere Mäharbeit erheblich (Abb. 32). Meist handelt es sich um kostengünstige Eigenbaugeräte. Sie haben mit bis zu 1 ha pro Stunde eine hohe Mähleistung und benötigen nur eine Arbeitskraft zur Bedienung. Die Hauptarbeit besteht jedoch im Entfernen des Mähgutes aus dem Teich. Eine wesentliche Arbeitserleichterung bietet der in Abbildung 33 gezeigte Umbau einer korbartigen Baggerschaufel. An deren unteren Rand wurde ein Messerbalken montiert, der von der Hydraulik des Baggers getrieben wird. Damit können die Wasserpflanzen vom Damm aus abgeschnitten und gleich aus dem Teich gehoben werden.

Neben diesen schlagkräftigen, aber aufwendigen Methoden der Pflanzenbeseitigung stehen dem Teichwirt noch weitere Möglichkeiten zur Verfügung. Sie lassen sich unter dem leider allzu sehr strapazierten Begriff „biologische Methoden" zusammenfassen:

Der Besatz mit Graskarpfen, Grasfischen *(Ctenopharyngodon idella)*, hat sich bei der Bekämpfung unerwünschter Wasserpflanzen bewährt. Der Fisch ist darin jedoch derart erfolgreich, dass er in offene Gewässer und in viele unter Naturschutz stehende Teiche nicht ausgesetzt werden darf. Hauptgrund: Er dezimiert Laichkräuter, an denen Fische und Amphibien ablaichen könnten. Obwohl diese Fischart gut schmeckt, gibt es in Deutschland zurzeit kaum Absatzmöglichkeiten als Speisefisch. Sind also keine sicheren Abnehmer vorhanden, sollten Graskarpfen allein unter dem Gesichtspunkt der Teichpflege eingesetzt werden. Hierzu genügen folgende Stückzahlen als Besatz pro ha, sofern der Teich ganz erheblich verwachsen ist:

Altersklasse G_1/G_2:	300 Stück
Altersklasse G_2/G_3:	150–200 Stück
Altersklasse G_3/G_4:	50 Stück

Im Vergleich mit vielen Angaben in der übrigen Literatur erscheinen diese Stückzahlen gering. Der wesentliche Gesichtspunkt: Diese Fische können jahrelang ihren Dienst tun und dabei mit zunehmender Größe entsprechend mehr Pflanzen vertilgen. Der Grasfisch nimmt aber erst ab etwa 15 °C Wassertemperatur Pflanzen auf. Seine größte Fressaktivität erreicht er zwischen 20 °C und 30 °C. Er verzehrt dann täglich eine Pflanzenmasse, die etwa seinem Körpergewicht gleichkommt. 100 Exemplare mit einem Durchschnittsstückgewicht von 500 g können also pro Tag 50 kg Pflanzenmaterial umsetzen.

Nach Tölg und Vollmann-Schipper nimmt der Graskarpfen auch Problempflanzen wie Fadenalgen und Wasserlinsen auf. Darüber hinaus frisst er fast alle Pflanzen bis auf Teich- und Seerosen, Wasserhahnenfuß und nur sehr ungern Wasserknöterich sowie Schmalblättriges Schilf *(Typha angustifolia)*. Selbstverständlich schmecken ihm auch Fertigfutter-Pellets. Doch vertilgt er stets daneben auch Pflanzen. In einem völlig kahl gefressenen Teich sollten sogar Pflanzen zugefüttert werden. Am besten eignet sich hierzu der Bewuchs der Teichdämme.

Neben dem Graskarpfen können Karpfen und Schleie auch eine pflanzenhemmende oder -verdrängende Wirkung erzielen. Der von ihnen aufgewühlte Schlamm, der das Wasser trübt, hemmt nämlich nicht nur Fadenalgen beim Wachsen und Wuchern, sondern auch die untergetauchten Wasserpflanzen. Trüben Karpfen einen Teich nicht genügend, kann dies ein Hinweis auf ihre mangelnde Aktivität sein. Sie liegt in der Regel an sehr niedrigen Wassertemperaturen oder am schlechten Gesundheitszustand der Fische. Weiterhin wird die Trübung bei steigender Besatzdichte stärker. Besonders in einem sehr nährstoffreichen Teich besteht die Gefahr der Verlandung und der Algenbildung. Hier muss also die Besatzdichte angehoben werden, um eine ausreichende Trübung und auch entsprechenden Nährstoffentzug über die Fische zu erreichen. Ein weiterer Zusammenhang zwischen Trübung und Wasserqualität wird im Kapitel „Teichwasser“ behandelt.

Je größer Karpfen sind, desto eher sind sie in der Lage, den Teich zu trüben. Sollten Fische wegen zu geringer Größe, z. B. K_v/K_1, oder wegen ihrer Lebensweise, z. B. Zander oder Forellen in Naturteichen, nicht in der Lage sein, durch Wühlarbeit zu trüben, können Problemteiche zusätzlich mit einigen großen Karpfen besetzt werden. Bei kühlen Forellenteichen eignen sich hierzu Schuppenkarpfen besser als Spiegelkarpfen, da der Schupper bei niedrigen Wassertemperaturen aktiver ist. Schließlich lässt sich durch Teichbaumaßnahmen die Ansiedlung von Wasserpflanzen in den Randzonen erschweren. Ab 60 cm Wassertiefe im Teichrand siedeln sie sich kaum noch in größerem Umfang an.

Wasserpflanzenbeseitigung ist meist schwere Handarbeit. Umso mehr sollte der Bewirtschafter die ausführlich beschriebenen Maßnahmen ins Auge fassen, die zwar nicht die spektakuläre Wirkung eines Herbizids haben, bei konsequenter Anwendung über viele Jahre aber die vernünftigste Grundlage für Pflege und Erholung des Teiches bilden.

4.2 Dammpflege

Zur Gestaltung und Standsicherheit von Dämmen geben die „Empfehlungen für Bau und Betrieb von Teichen“, kurz „Teichbauempfehlungen“ Auskunft. Näheres dazu siehe Kapitel 12, Abfischen, und Kapitel 13, Teichbau. Der Pflegezustand und damit die Lebensdauer eines Teiches werden maßgeblich vom Zustand des Dammes bestimmt. Neben der Verlandung des ganzen Teiches ist in diesem Bereich auch das Auswaschen bzw. Auskolken des Dammes zu nennen. Darunter versteht man das Aushöhlen der wasserseitigen Dammpartie. Dieser Vorgang kann zum weitgehenden Abrutschen des Dammes bis hin zu Undichtigkeiten und Dammbrüchen führen.

Bereits beim Dammbau sollte der Teichwirt darauf achten, dass zum Hochziehen der Dämme möglichst stabile Bodenarten verwendet werden. Hoher Lehm- oder Tonanteil ist hier

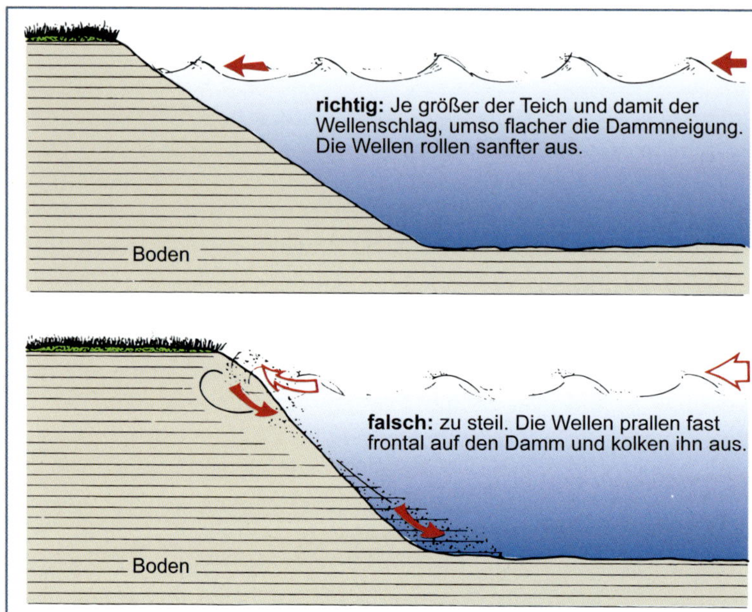

Abb. 34 Neigungswinkel des Dammes und Wellenschlag im großen Teich.

sandigen Böden vorzuziehen. Die wasserseitigen Dammflächen werden gleichmäßig gestaltet und gut angedrückt bzw. verdichtet. Die richtige Neigung des Dammes kann dem Auskolken ebenfalls entgegenwirken. In der Regel entspricht die Dammneigung dem Verhältnis 1:1,5 zum Wasser hin. Je größer Teiche sind, umso flacher sollte diese Neigung sein, also 1:2 bis 1:3. Die Wellen, die in großen Teichen stets massiver sind als in kleinen, treffen nun nicht frontal und mit voller Wucht auf den Damm auf. Sie rollen sanfter aus (Abb. 34). Eine zu flache Neigung beschleunigt allerdings die Verlandung.

Durch Wellenschlag besonders gefährdet sind Teiche, deren Längenausdehnung in Windrichtung steht. Der Wind kann über die lange Distanz große Wellen aufbauen, die auf den dem Wind zugewandten Damm prallen. Stellen sich dabei ernst zu nehmende Schäden ein, muss zumindest diese Uferseite geschützt werden. Die billigste und natürlichste Abwehrmaßnahme hierzu ist es, an diesem Ufer einen 1–2 m breiten Schilfgürtel stehen und gedeihen zu lassen. Mit der Durchwurzelung des Bodens und mithilfe seiner stabilen Stängel sorgt das Schilf *(Typha latifolia)* für die Festigung des Uferstreifens.

Eine weitere Möglichkeit, besonders bei massiven Schäden, ist das Anbringen eines Steinwurfs. Um das Nachrutschen der Steine zu verhindern, sollte der Steinwurf bis zur Teichsohle hinunterreichen (Abb. 35).

Dämme kleiner Teiche werden hin und wieder mit Rasengitterbausteinen, Betonplatten, Holzplatten oder Ähnlichem geschützt. Abgesehen von dem hohen Arbeits- und Materialaufwand sind dies nur relativ kurzfristige Lösungen. Auf lange Sicht erweisen sich aber großzügigere Maßnahmen wie das Verbreitern des Dammes oder das Hochziehen der Dammseiten mit dem Bagger als sinnvoll. Auf der gefährdeten Dammseite sollte anschließend ein Steinwurf angebracht werden. Der Steinwurf wächst bald mit Pflanzen zu, sodass er nicht mehr störend wirkt.

Der Bewuchs des Dammes mit größeren Bäumen muss verhindert werden. Sie beschatten den Teich und gefährden mit dem enormen Wachstum ihres Wurzelwerks das Dichthalten des Dammes. Laubbäume werfen darüber hinaus ihr Laub in

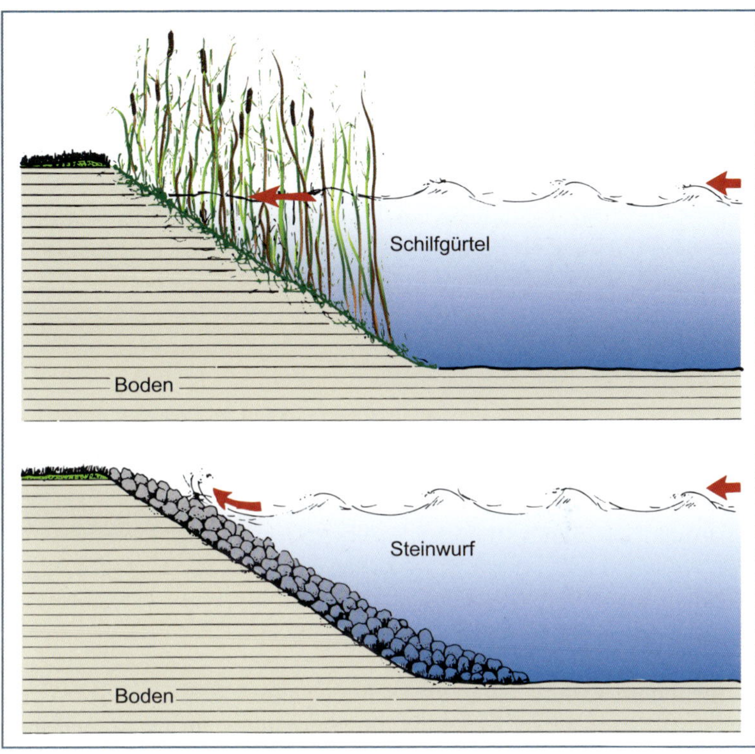

Abb. 35 Schutz des Dammes bei erhöhter Gefahr der Auskolkung.

den Teich ab. Es legt sich auf den Teichboden und zersetzt sich dort nur sehr langsam. Damit ist der Boden vom Wasserkörper nahezu abgeriegelt und von der teichwirtschaftlichen Nutzung ausgeschlossen. Besonders schlecht verrotten die Blätter von Eiche, Buche und Pappel, gut hingegen die von Obstbäumen, Erlen und Weiden (Thomas und Smija, mündliche Mitteilung). Große Bäume auf Zwischendämmen lockern den Damm bei starkem Wind und machen ihn undicht. Reißt der Sturm solche Bäume um, kann es zum Dammbruch mit unabsehbaren Folgen kommen.

Dämme sollten regelmäßig gemäht werden, damit sie befahrbar bleiben, der Teich von allen Seiten einzusehen ist und sich der Bisam weniger ansiedelt. Neben Balken- oder Kreiselmähgeräten eignet sich der Schlegelmäher sehr gut. Bei kurzen Zeitabständen des Mähens kann damit das zerhäckselte Mähgut auf dem Damm liegen bleiben (Abb. 36). Besser ist es allerdings, dieses in

Abb. 36 Mähen des Dammes mit Mulchgerät (Foto: LfL/IFI).

den Teich einzubringen. Zum einen fördert das Pflanzenmaterial dort die Bildung von Naturnahrung und CO_2. Zum anderen werden dem Damm dabei schrittweise die Nährstoffe entzogen und das Wachstum des Pflanzenbewuchses verringert.

Wie wichtig das Zusammenspiel von Boden und Wasser ist, kann in Kapitel 3.4, Verlandungszonen, nachgelesen werden.

4.3 Pflege des Teichbodens

Die Bildung von Schlamm im Karpfenteich ist ein ganz natürlicher Vorgang. Selbst in frisch ausgeschobenen Teichen stellt sich in wenigen Jahren auf dem anfangs sterilen Boden eine Schlammschicht ein, die durch ständiges Absinken toter Tierchen, z.B. Zooplankton, abgestorbener Algen und Pflanzenteile sowie von Kot und Futterresten entsteht Im groben Durchschnitt wächst die Schlammschicht um ca. 5 mm pro Jahr. Täglich sinkt rund ein Drittel des Phytoplanktons abgestorben auf den Boden. Den nicht mineralischen Anteil des Schlammes bezeichnet man auch als „organische Substanz". Wird keine Pflege des Teichbodens betrieben, sammelt sich immer mehr Schlamm an. Der Teich verlandet frühzeitig. Werden dickere Schlammschichten durch darüberliegendes, schwer verrottbares Material, wie z.B. Rohr- und Schilfreste, vom sauerstoffreichen Teichwasser isoliert, bildet sich Faulschlamm. Unter Sauerstoffmangel entwickeln sich jetzt spezielle Bakterien, die den Schlamm „verfaulen". Es entsteht unfruchtbarer Schlamm. Ein typisches Anzeichen solcher Vorgänge ist die Bildung von Sumpfgas, auch Faulgas genannt, das zur Hauptsache aus Methan und Schwefelwasserstoff, aber auch aus Kohlenstoffdioxid und Ammoniak besteht und in Blasen zur Oberfläche aufsteigt, die dort zerplatzen. Schwefelwasserstoff ist ein Fischgift und kann die Gesundheit der Fische beeinträchtigen. Besonders gilt dies für Winterungen. Sumpfgas steigt in großer Menge vom Boden auf, wenn man mit der Wathose durch den Teich stapft oder mit einem Stecken den Boden aufwühlt. Es riecht unangenehm.

Bodenpflege hat also u.a. das Ziel, die abgelagerte organische Substanz in Verbindung mit Sauerstoff zu fruchtbarem Schlamm abzubauen und die Abbauprodukte möglichst nutzbringend wieder zu verwenden. Diesen Vorgang nennt man „Mineralisierung", da nach dem Abbau der organischen Substanz des Schlammes Mineralstoffe, wie z.B. Phosphat und Nitrat, zur Verfügung stehen. Zur Bildung dieser natürlichen Mineraldünger ist Sauerstoff unbedingt erforderlich (Abb. 37).

Ein wichtiges Produkt, das ebenfalls hierbei anfällt, ist CO_2, also Kohlendioxid, auch Kohlensäure genannt. Wie im Kapitel 2, Das Teichwasser, dargestellt wird, ist es Voraussetzung für die Algenaktivität und damit für die Fruchtbarkeit des Teiches, aber auch für das Senken zu hoher pH-Werte.

Abb. 37 Prinzip der Mineralisierung. N = Stickstoff; P = Phosphor; C = Kohlenstoff.

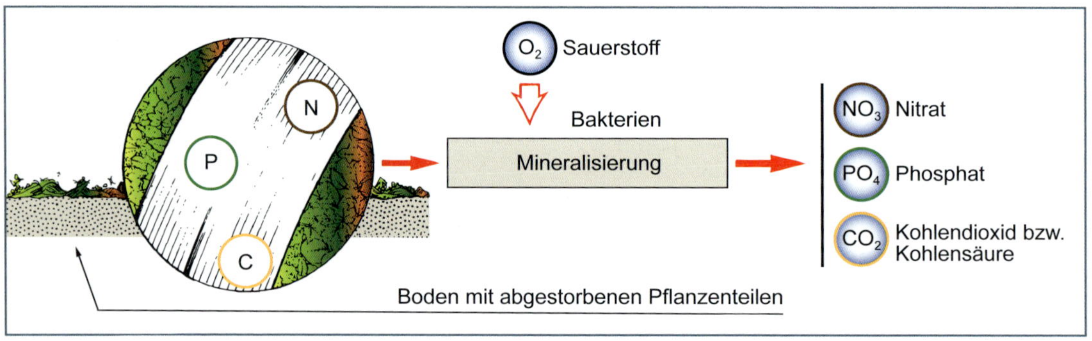

Abb. 38 Sandige Teichböden weisen im Herbst trichterförmige Vertiefungen auf. Sie sind ein Hinweis auf das Durchwühlen des Teichbodens durch die Karpfen (Foto:LfL/IFI).

In der Praxis finden die Pflegemaßnahmen normalerweise auch in der Reihenfolge wie in Abbildung 39 statt. Wesentlich unterstützt werden sie durch die Aktivität der Fische und anderer Teichbewohner, wie z. B. Schlammröhrenwürmer und Zuckmückenlarven. Durch ständiges Umschichten des Teichbodens fördern sie die Mineralisierung erheblich (siehe Abb. 38).

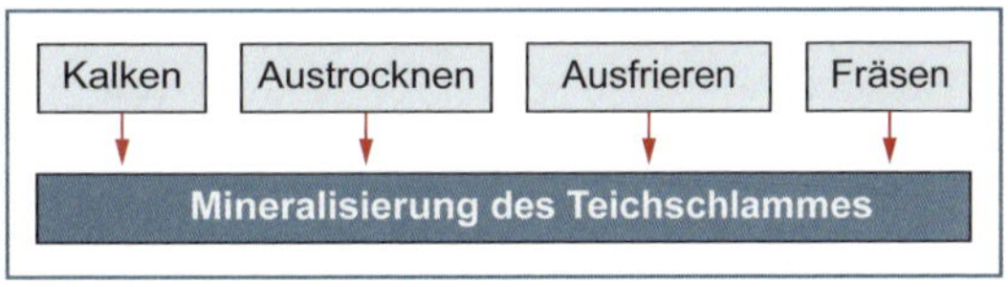

Kalken	Austrocknen	Ausfrieren	Fräsen
↓	↓	↓	↓
Mineralisierung des Teichschlammes			

Abb. 39 Die Mineralisierung wird durch mehrere Pflegemaßnahmen gefördert.

4.3.1 Kalken

Dem Teichwirt stehen unterschiedliche Kalksorten zur Verfügung. Um ein klares Bild zu vermitteln, sind sie hier sämtlich dargestellt, obwohl nicht alle zur Bodenpflege verwendet werden.

Zum Kalken, ob es allein der Bodenpflege oder anderen Zwecken dient, werden hauptsächlich Branntkalk oder Kohlensaurer Kalk verwendet (Tab. 3). Diese beiden Kalke wirken im Teich viel-

Tab. 3 Kalksorten und ihre Wirkung.

Formel	chem. Bezeichnung	übliche Bezeichnung	Funktion
CaO	Calciumoxid	Branntkalk	Mineralisierung Desinfektion Pufferung des Wassers Krümelung des Bodens
$CaCO_3$	Calciumcarbonat	Kohlensaurer Kalk Karbonatkalk, Kreidekalk	Pufferung des Wassers Krümelung des Bodens
$Ca(OH)_2$	Calciumhydroxid	Löschkalk, Hydratkalk	Pufferung

Calcium bzw. Kalzium und Carbonat bzw. Karbonat, beide Schreibweisen sind möglich.

seitig. Grundsätzlich sollten gemahlene Kalke verwendet werden, da sie schneller und direkter wirken. Bei Branntkalk sind der Arbeitsschutz und besonders die Windrichtung zu beachten.

Branntkalk

Seine Funktionen sind: **Desinfektion:** In Verbindung mit Wasser bildet sich eine Lauge und es entsteht kurzzeitig Hitze, die Krankheitserreger und Parasiten abtöten können. Die Desinfektionswirkung beginnt erst ab Ausbringmengen von 2000–3000 kg Branntkalk pro ha. Sie ist umso intensiver, je kälter es ist. Man muss sich bewusst sein, dass ein Karpfenteich nie 100 %ig desinfiziert werden kann. Eine keimhemmende Wirkung ist nur in den ersten ein bis zwei Zentimetern der Schlammschicht nachweisbar. Die Desinfektionskalkung sollte nur in Problemteichen durchgeführt werden. Im Allgemeinen genügt es, die Abfischgrube und Restwassermengen zu desinfizieren. Damit sich die Lauge bilden kann, wird nach dem Abfischen auf den feuchten Schlamm gekalkt. Der Teich wird dann etwa ein bis zwei Wochen etwas angestaut, damit die Lauge auf den Boden einwirken kann.

Auflösen der organischen Substanz: Durch die Lauge wird der Schlamm aufgeschlossen und der Mineralisierung zugänglich gemacht. Pflanzenreste, die sich normalerweise nur schwer zersetzen, werden abgebaut.

Optimales Bakterienmilieu – höhere Nährstoff-Verfügbarkeit: Branntkalk hebt den pH-Wert des Wassers. Im leicht basischen Bereich arbeiten die Bakterien optimal, die den Schlamm abbauen, mineralisieren und Kohlensäure produzieren. Gleichzeitig sind im leicht basischen Wasser die Nährstoffe für Algen und Bakterien in höherem Maße verfügbar.

Verbesserung der Bodenstruktur: Die Kalziumionen lagern sich zwischen die Tonteilchen und verkleben diese zu festeren Bodenpartikeln. Dabei wird Wasser abgeschieden, der Schlamm wird entwässert und auf diese Weise entsteht eine gute Krümelstruktur, die auch als „Bodengare" bezeichnet wird. Dies fördert die Mineralisierung.

Pufferung des Wassers: Kalkgaben können den pH-Wert des Wassers stabilisieren, siehe Kapitel 2, Das Teichwasser.

Kohlensaurer Kalk

Verbesserung der Bodenstruktur und Pufferung des Wassers: Kohlensaurer Kalk ist dem Branntkalk immer dann vorzuziehen, wenn die Laugenwirkung des Branntkalkes unnötig oder schädlich wäre. Dies ist in der Regel bei schlammarmen, nährstoffarmen Teichen der Fall. Meist handelt es sich auch um sandige Böden. Wasser, das aufgrund des geringen natürlichen Kalkgehaltes leicht sauer ist, kann dann mit Kohlensaurem Kalk sehr gut gepuffert werden. Je nach Bodenart und Wasserqualität (pH und SBV) streut man etwa 500–1000 kg/ha auf den Boden bzw. auf das Wasser aus.

Der Branntkalk ist also zum Dezimieren des Schlammes sehr gut geeignet. Da aber als Nährstoffdepot und als Grundlage für Naturnahrung stets eine Schlammschicht von etwa 5–10 cm im Teich vorhanden sein sollte, darf Branntkalk nur auf Schlammschichten über 10 cm Höhe ausgebracht werden. Auf sandigem, fast schlammlosem Boden ist Kohlensaurer Kalk besser geeignet. Kohlensaurer Kalk löst sich nur sehr langsam im Wasser. Er kann in klarem Wasser, etwa im Zulauf von Forellenteichen, gut als pH-Puffer in größeren Vorratsmengen eingebracht werden. Hier wäre die gekörnte Form vorzuziehen. In Karpfenteichen einmal im Jahr einen Vorrat von mehreren 100 kg Kohlensaurem Kalk pro ha anzulegen, ist jedoch nicht sinnvoll, da trotz des damit erzeugten hohen SBV-Wertes Algenmassen entstünden, die den pH-Wert stark verändern könnten. Branntkalk darf nicht in die Augen oder auf die Schleimhäute geraten. Auch ist Arbeiten mit nasser Kleidung gefährlich, da sich hier auch leicht Lauge auf der Haut bildet. Das Ausbringen von gekörntem Branntkalk ist zwar angenehmer, dennoch sollte die gemahlene Form vorgezogen werden, da sie wesentlich wirksamer und auch billiger ist.

Folgendes Schema veranschaulicht die möglichen Kalkungen im Lauf eines „Karpfenjahres":

Abb. 40 Bodenkalkung mit herkömmlichem Düngerstreuer (Foto: LfL/IFI).

Abb. 41 Boden- oder auch Wasserkalkung mit Gebläse (Foto: LfL/IFI).

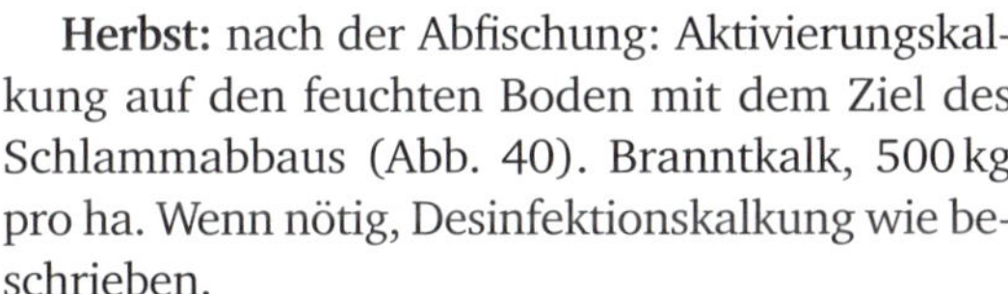

Herbst: nach der Abfischung: Aktivierungskalkung auf den feuchten Boden mit dem Ziel des Schlammabbaus (Abb. 40). Branntkalk, 500 kg pro ha. Wenn nötig, Desinfektionskalkung wie beschrieben.

Winter: Branntkalkgaben auf das Eis sind wirkungslos. Er kann dort auch nicht als Depot abgelegt werden, hierzu eignet sich nur Kohlensaurer Kalk. Saures Zulaufwasser, wie z. B. Wald- oder Schneeschmelzwasser für Winterungen, sollte mit Branntkalk oder Kohlensaurem Kalk gepuffert werden.

Frühjahr: Aktivierungskalkung, wenn nicht im Herbst schon durchgeführt. Entweder vor dem Bespannen auf den Boden oder nach dem Bespannen aufs Wasser (Abb. 41). Mindestens 4 Wochen müssen zwischen Boden- bzw. Wasserkalkung und Fischbesatz liegen. In kalkarmen Gegenden saures Zulaufwasser bzw. Teiche mit Kohlensaurem Kalk puffern.

Sommer: Wasserkalkung in kleinen Abständen (etwa 2 bis 4-mal) 50–150 kg Branntkalk pro ha mit dem Ziel geben, die Algen ständig zu reduzieren, damit gleichzeitig Nährstoffe zu mobilisieren und Kohlensäure zu produzieren (Abb. 42–44). Wichtige Nebeneffekte sind ständige Pufferung des Wassers und Verhindern extremer Wasserwerte (siehe Kap. 2, Das Teichwasser).

Abb. 42 Leichtes Kalkboot im Einmannbetrieb (Foto: Förster).

Abb. 43 Das ausgebrachte Kalk-Wasser-Gemisch erzeugt keinen Staub (Foto: Förster).

Abb. 44 Das Kalkboot „Streumax“ mit Gebläseschläuchen zum Verwirbeln des Kalkes im Wasser (Foto: Düngekalk GmbH).

4.3.2 Austrocknen

Das Austrocknen der Teiche ist wohl die älteste Pflegemaßnahme überhaupt. Bis zum Zweiten Weltkrieg etwa wurden manche Teiche alle paar Jahre im Sommer trockengelegt und mit Getreide bestellt. Dies nannte man „Sömmern“ oder „Habern“ (Haferanbau). Die Fischerträge waren im darauf folgenden Jahr hervorragend. Sicher ist das Sömmern in der heutigen Zeit umständlich und in vielen Fällen undurchführbar.

Das Austrocknen des Teichbodens bleibt den Winter über jedoch als wichtige Forderung bestehen. Teichwasser enthält weit weniger Sauerstoff als die Luft. So wird der Mineralisierungsprozess wesentlich beschleunigt, wenn Luftsauerstoff zum Schlamm gelangen kann (Abb. 45, 50 und 51).

Fast jeder Teichwirt kann in seinen Teichen wachsende Schlammschichten feststellen, war der Teich vorher mehrere Winter bespannt stehen geblieben. Weitere positive Effekte sind im hygienischen Bereich durch Trockenlegen zu erzielen. Durch Austrocknen werden z. B. die Eigelege der Karpfenlaus und des Fischegels teilweise zerstört. Weiterhin kann durch das Trockenlegen ungehindert UV-Licht der Sonne an den Teichboden gelangen. Es tötet in gewissem Umfang Krankheitserreger ab. Wenn eine sichere Befüllung des Teiches im Frühjahr gewährleistet ist, sollte der Teichboden zuvor in jedem Winter trocken liegen. Beispiel für Folgen ungenügender Bodenpflege siehe Abbildung 53.

Voraussetzung für vollständiges Trockenlegen des Teichbodens sind jedoch funktionsfähige Abzugsgräben im Teich. Grundsätzlich gibt es zwei Möglichkeiten, solche Gräben anzulegen: einen großen Hauptgraben mit kleineren, fischgrätenartig angeordneten Seitengräben oder einen Ringgraben, der etwa 1,5 m dammeinwärts verläuft (Abb. 46–49).

Der Ringgraben hat zum einen den Vorteil, dass er Hangdruckwasser oder Wasser, das von benachbarten Teichen hereindrückt, gleich am Damm abfängt und so die Teichfläche trocken

Abb. 45 Wirkung des Austrocknens von Teichböden. Bespannter und trockengelegter Teich.

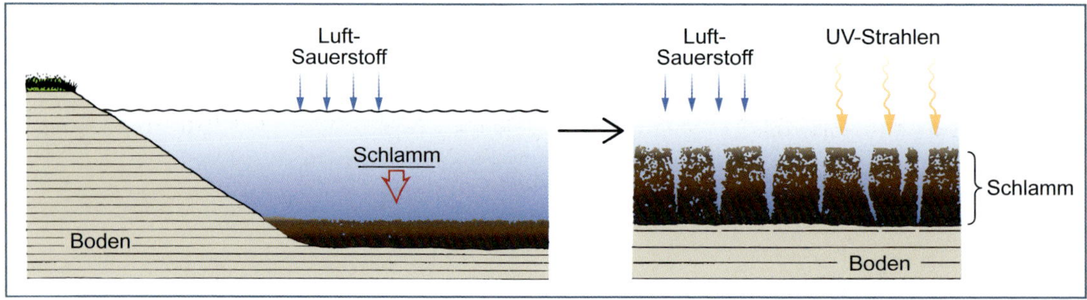

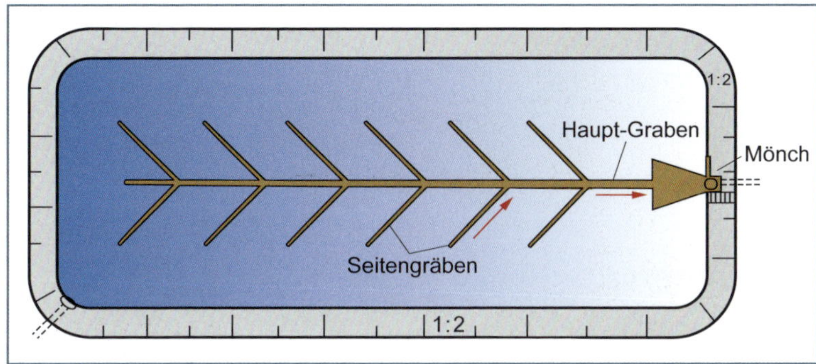

Abb. 46 Teich mit Hauptgraben und Seitengräben (Zeichnung: Städtler nach Reil).

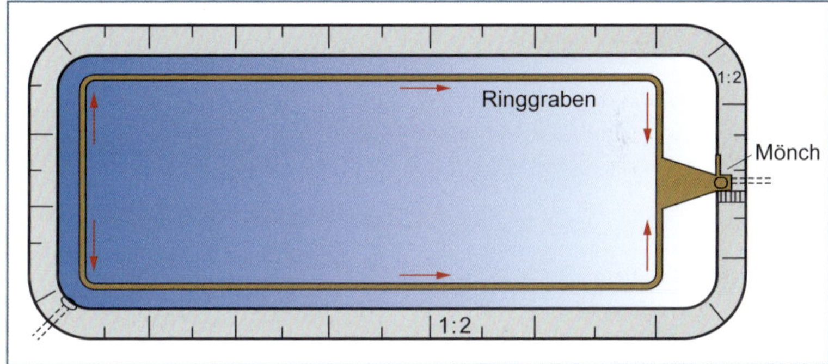

Abb. 47 Teich mit Ringabzuggraben (Zeichnung: Städtler nach Reil).

Abb. 48 Trockengelegter Teich mit Haupt- und Seitengräben (Foto: Geldhauser).

Abb. 49 Hochziehen des Dammes, Dränwirkung im Graben (Foto: LfL/IFI).

Abb. 51 Beim Austrocknen bildet der Teichschlamm Risse und Schollen (Foto: LfL/IFI).

Abb. 50 Der richtig trockengelegte Teichboden weist große und kleine Risse auf (Foto: Geldhauser).

Abb. 52 Im Innern dieser Schollen herrschen sauerstoffarme Verhältnisse (dunkle Zonen). Entlang der Wühlgänge von Zuckmückenlarven (Pfeile) kann aber Sauerstoff eindringen: helle Flecken als Zeichen der Mineralisierung (Foto: LfL/IFI).

hält. Zum anderen kann er leicht vom Damm aus mit dem Bagger immer wieder nachgezogen werden, selbst wenn der Teichboden nicht befahrbar ist (siehe Abb. 47 und 49). Eine trockengelegte Teichfläche mit Ringgraben ist außerdem wesentlich leichter mit der Fräse zu bearbeiten als eine mit fischgrätenartigen Gräben.

4.3.3 Ausfrieren

Parallel zum Austrocknen friert der Teichboden im Winter auch aus. Beim Ausfrieren werden grobe Bodenpartikel durch das Ausdehnen des kapillargebundenen Wassers in kleinere Krümel zerteilt (Abb. 54). Dadurch wird die Oberfläche der Bodenteilchen insgesamt größer. Nun hat der Luft-

Abb. 53 Entlanden eines Teiches. Die dunklen, sauerstoffarmen Schlammschichten sind sichtbar (Foto: Oberle).

Abb. 54 Wirkung des Ausfrierens.

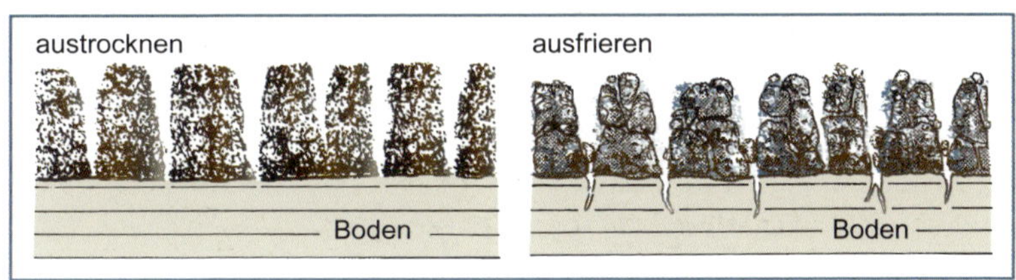

sauerstoff besseren Zutritt und die Mineralisierung wird um ein Weiteres beschleunigt (Abb. 52 und 54). Zudem werden durch den Frost Krankheitserreger und Zwischenstadien der Parasiten, z. B. des Nelkenkopfbandwurmes, zumindest teilweise ausgeschaltet. Darüber hinaus schädigt Ausfrieren unerwünschte Wasserpflanzen wie Wasserpest, Gemeines Hornblatt, Schwimmendes Laichkraut und Kammlaichkraut. Frost wirkt u. a. nicht gegen Wasserlinsen, Froschbein und Wasserschlauch.

4.3.4 Fräsen

Das Fräsen bewirkt durch das Zerkrümeln des Bodens eine Oberflächenvergrößerung, ähnlich der Wirkung des Ausfrierens oder Austrocknens. Fräsen erweist sich jedoch nur als sinnvoll, sofern der Boden zu Beginn völlig trocken ist und sich gut krümeln lässt (Abb. 55 und 58). Während bei Streck- und Abwachsteichen Fräsen oft nicht möglich und nicht unbedingt erforderlich ist, bringt es bei Vorstreck- und Brutstreckteichen sehr gute Erfolge in Form hoher Naturerträge und guter Gesundheit der Fische.

Für feuchtere Teichböden oder sehr feinkörnige Böden eignen sich Motorhacken besser als Fräsen, da sie etwas gröbere Schollen bilden und so den Sauerstoffzutritt eher ermöglichen.

Der Abschnitt der Bodenpflege mag manchem Leser überraschend ausführlich erscheinen. Doch stellen gerade diese Maßnahmen eine der billigsten und bedeutendsten Grundlagen für die Fischgesundheit und schließlich den teichwirtschaftlichen Erfolg dar. Aus vieljährigen Erfahrungen geht immer wieder hervor, dass gerade die Teiche Probleme bringen, die jahrelang nicht gekalkt und nicht ausgewintert wurden. Es baut sich zunehmend eine Schlammschicht auf, der Parasi-

Abb. 55 Fräsen eines kleineren Teiches mit der Handfräse (Foto: Gerstner).

ten- und Krankheitsdruck wächst. Starker Parasitenbefall mag durch einige Hilfsmittel bekämpft werden können, er ist aber durch Teichpflege von vornherein einschränkbar. Neben der Mineralisierung bringt Bodenpflege also auch steigende Erfolge für die Gesundheit der Fische.

Mit einer konsequenten Bodenpflege über Jahre können auch tiefere Schlammschichten wieder abgebaut werden. Doch sollte eine 10 bis 20 cm tiefe Schlammschicht als „produktive Schicht" erhalten bleiben. Sie ist ein wichtiger Mineralstoffpuffer und Aufenthaltsort von Nährtieren.

4.4 Düngung

Düngen des Teiches bedeutet nichts anderes, als dem Wasser Nährstoffe zuzuführen. Diese Nährstoffe, z. B. Phosphat oder Nitrat, auch Kohlensäure, bilden das erste Glied einer Nahrungskette, an deren Ende der Fisch steht (Abb. 56).

Diese Kette kann am Ende noch um eine Stufe, den Raubfisch, verlängert werden. Der Zusammenhang zwischen Nährstoffen und Fischertrag ist schon seit Langem bekannt. So wurden in der ersten Hälfte des 20. Jahrhunderts u. a. in der Teichanlage Wielenbach grundlegende Versuche zum Problemkreis Teichdüngung ange-

Abb. 56 Nahrungskette.

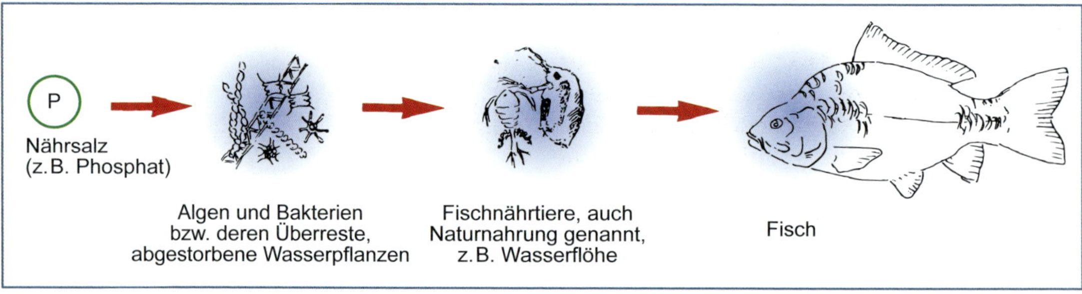

Abb. 57 Anbaufräse, Einarbeiten der Gründüngung (Foto: Geldhauser).

Abb. 58 Optimal gefräster Teichboden (Foto: Oberle).

stellt. Bis in die 1970er-Jahre wurden die ermittelten Zahlen als Grundlage von Düngungsempfehlungen verwendet. Mittlerweile stieg der Phosphor- und Stickstoffgehalt des Zulaufwassers, das über Gräben und Dränagen meist aus landwirtschaftlichen Nutzflächen kommt. Das Problem für die derzeitige Teichwirtschaft liegt also weniger in einem Mangel an Nährstoffen und der daraus abzuleitenden Düngung als vielmehr in einer sinnvollen Nutzung der zwangsweise im Überschuss eingetragenen Nährstoffe und einer Regulierung des dadurch verstärkten Algenwachstums.

Das Wissen über die Phosphor- und Stickstoffbilanz von Karpfenteichen wurde durch gemeinsame Untersuchungen des Instituts für Binnenfischerei Potsdam Sacrow und der Bayerischen Landesanstalt für Fischerei wesentlich verbessert. An 53 Teichen unterschiedlicher Größe und Bewirtschaftungsintensität wurde über mehrere Jahre u. a. festgestellt, dass pro Hektar und Jahr 0,28 kg Phosphor bzw. 53,6 kg Stickstoff mehr rein- als rausfließen. Karpfenteiche haben damit erwiesenermaßen eine wichtige Klärfunktion des Oberflächenwassers. Bei der Gesamtnährstoffbilanz, also dem Vergleich von Zufluss, Besatz, Fütterung und organischer Düngung auf der einen Seite sowie Abfluss und Abfischung auf der anderen Seite, konnte gezeigt werden, dass pro Hektar und Jahr 5,0 kg Phosphor bzw. 54,7 kg Stickstoff im Teich verbleiben.

Die Gabe mineralischer Dünger, z. B. Superphos, Tripelphosphat oder Hyperphos, ist daher bis auf wenige Ausnahmen überflüssig oder gar

Abb. 59 Ablagern eines Festmisthaufens im Uferbereich. In der Nähe bilden sich bald dichte Zooplanktonwolken (Foto: Geldhauser).

störend. Da sich der eingeschwemmte Phosphor in den oberen sechs Zentimetern der Schlammschicht anreichert, kann er aktiviert und genutzt werden, wie es im Kapitel 4.3, Pflege des Teichbodens, beschrieben ist.

4.4.1 Organische Düngung

Organischer Dünger ist eine der besten Nährstoffquellen im Teich. Vorzüge des organischen Düngers sind

- geringe Kosten,
- hohe Vielfalt an Mineralien und Spurenelementen,
- organische Teilchen und Bakterien, die als Futtergrundlage für Zooplankton dienen,
- Anreicherungsmöglichkeit sandiger Böden mit organischer Substanz und
- Ausgangsbasis und Depot für Kohlendioxidproduktion: damit Erhöhung der Fruchtbarkeit des Teiches, aber auch Stabilisierung des pH-Wertes.

Dem steht der Nachteil des schwierigeren Ausbringens organischen Düngers gegenüber, was größeren Arbeitsaufwand zur Folge hat. Auch kann bei Überdosierung schnell Sauerstoffmangel und/oder Ammoniak-Vergiftung eintreten. Die Wasserwerte sind zu beobachten.

Organische Düngung hat zweierlei Formen:

a) Einbringen toter organischer Substanz:
Heu, Gras, Stroh, Festmist, Gülle, Kompost etc.

b) Gründüngung:
Ansaat von Getreide, Raps, Erbsen, Bohnen, Wicken etc. (Abb. 57 und 60).

Festmist kann in Mengen von etwa 3–5 t pro ha ausgebracht werden. Auf sandigen oder frisch geschobenen, also noch sterilen Teichböden ist der Mist im Herbst gleichmäßig auszubreiten und nach Möglichkeit einzuarbeiten. Der Teichboden reichert sich so mit organischer Substanz an und gibt im folgenden Jahr die Nährstoffe gleichmäßig wieder ab. In der Regel werden

Tab. 4 **Inhaltsstoffe des Mistes der wichtigsten Haustierarten in kg je m³.**

Tierart	Stickstoff N	Phosphat P_2O_5	Kali K_2O
Rind	4	2	5
Schwein	5	2	6
Pferd	6	3	5
Schaf	8	2	7
Huhn	17	6	9

aber wenige große Haufen organischen Düngers direkt am Ufer ins Wasser gesetzt (siehe Abb. 59).

Hier werden die Nährstoffe langsam und gleichmäßig ausgespült und umgesetzt. Die Gefahr plötzlicher Sauerstoffzehrung wird vermindert.

Der Mist verschiedener Nutztierarten unterscheidet sich nur wenig in den Inhaltsstoffen (Tab. 4). Hühnermist hebt sich jedoch durch hohe Stickstoff- und Phosphatgehalte von den anderen Mistarten ab. Hier muss vorsichtig dosiert werden. Bank ermittelte in Versuchen empfehlenswerte Mengen von etwa 750 kg frischem Hühnermist pro ha. Von getrocknetem Hühnermist sollten nicht über 50 bis max. 100 kg pro ha gegeben werden.

Gülle ist organischer Dünger in flüssiger und sehr konzentrierter Form. Sie enthält das über Zehnfache an Ammonium-Stickstoff im Vergleich zu Festmist. Das Ausbringen aus Pumpfässern im Einmannverfahren ist eine arbeitssparende Lösung. Als Flüssigkeit verteilt sich Gülle rasch und gleichmäßig im Teich. Im Gegensatz zum Festmisthaufen stehen hier die Nährstoffe sofort und in voller Menge zur Verfügung. Es dürfen daher vor dem Besetzen des Teiches nicht mehr als 3, maximal 5 m³ Gülle pro ha ausgebracht werden. Nach Gülledüngung und vor dem Besetzen mit Fischen müssen pH-Wert, Sauerstoff- und Ammoniumgehalt bestimmt werden. In der Produktionsperiode gibt man, falls Düngung nötig ist und der pH-Wert nicht über 7,5 liegt, alle 1–2 Wochen pro ha 1 m^3 Gülle.

Für das Ausbringen von Mist oder Gülle gilt grundsätzlich ein vorsichtiges Herantasten in der Menge. Der Mönch muss in dieser Zeit absolut geschlossen bleiben; Wasserdurchlauf ist nicht gestattet.

Das Einbringen von Gras, Heu oder Stroh birgt weniger die Gefahr der Sauerstoffzehrung und des Ammoniak-Überschusses. Die enthaltende Zellulose und das Lignin zersetzen sich langsam. Die sich ansiedelnden Bakterien und Einzeller erzeugen Kohlensäure – senken also hohe pH-Werte – und sind wiederum Nährtiere für das sich vermehrende Zooplankton. Voraussetzung ist allerdings, dass Heu- und Strohballen geöffnet und zerstreut werden, damit eine große aktive Oberfläche an den Halmen entsteht.

Die klassische Form der Gründüngung besteht im Anbau landwirtschaftlicher Nutzpflanzen wie Getreide oder Erbsen und Wicken auf dem Teichboden (Abb. 60). Der Anbau von Getreide und anderen Pflanzen auf dem Teichboden kann unterschiedlich vorgenommen werden. Z.B. wird ein Vorstreckteich zeitig im Frühjahr mit Sommergetreide bestellt. Beim Bespannen des Teiches im Mai/Juni bildet sich durch den Zerfall der jungen Getreidehalme wertvolle Naturnahrung. Die Pflanzen sollten nicht auswachsen und hartstängelig werden, sondern bei einer Wuchshöhe von etwa 10 bis 20 cm überstaut werden. Größere und schon harte Stängel sind vor dem Bespannen einzufräsen.

Wird der Teich nach der Ansaat nicht bespannt, sondern den ganzen Sommer über bis zur Getreideernte im Herbst zum Getreideanbau benutzt, rechnet man das unter den Oberbegriff

Abb. 60 Beispielhafte Gründüngung. Die Saatreihen des angebauten Getreides sind erkennbar (Foto: Oberle).

Sömmerung. Deren Vorteil besteht in der ziemlich tief gehenden Durchwurzelung und damit Lockerung speziell des trockenen Teichbodens. Die Sömmerung ist zwar als wirtschaftlicher Ausfall zu sehen, doch werden Teiche aus Wassermangel in den zunehmend trockenen Sommerjahren zwangsweise wieder häufiger leer gelassen, um das gesparte Wasser anderen Teichen zuzuleiten.

Durch die Wurzeln der angebauten Nutzpflanzen gelangt Sauerstoff bis in tiefe Zonen des Bodens. Der Boden wird gelockert und mineralisiert. Außerdem wird die Kohlensäure der Luft in den Pflanzenteilen gespeichert und kann bei der folgenden teichwirtschaftlichen Nutzung wieder freigesetzt werden. Zwei besonders schöne Beispiele für Gründüngung sind in den Abbildungen 57 und 60 zu sehen.

5 Naturnahrung

5.1 Formen der Naturnahrung

Der Karpfen lebt bei uns fast ausschließlich in Teichen. Er genießt dort alle Vorteile einer natürlichen Lebensweise. Einen bedeutenden Anteil seiner Nahrung kann er sich dabei aus dem Lebensraum Teich selbst holen. Obwohl der Karpfen ab und zu Wasserpflanzen frisst, ist er nicht in der Lage, sie zu verdauen und sich davon zu ernähren. Die einzigen Pflanzenteile, die tatsächlich zur Nahrung gezählt werden können, sind die Früchte der Pflanzen, also Getreide-, Lupinen-, Maiskörner u. Ä. Da diese aber zu den Futtermitteln gerechnet werden, sind unter „Naturnahrung" hier die tierischen Lebewesen des Teiches zu rechnen, die der Karpfen aufnimmt. Um in die große Vielfalt dieser Organismen etwas Übersicht zu bringen, werden sie folgendermaßen eingeteilt:

Zooplankton:	Auch als Schwebetiere bezeichnet. Aufenthaltsort ist das freie Wasser.
Bodentiere:	Sie leben auf oder im Teichboden.
Pflanzenbewohner:	Ihr Lebensraum sind die Wasserpflanzen.

5.1.1 Das Zooplankton

Diese Teichbewohner sind sehr klein und treten in Massen auf. Am besten sind sie vor einem hellen Hintergrund, einem Blatt Papier oder der geöffneten Hand zu beobachten. Es genügt dabei die Beobachtung im Teich. Besser ist es aber, eine Probe Teichwasser in ein Glasgefäß zu nehmen und gegen das Licht zu halten. Eine weitere Möglichkeit ist die Entnahme mit einem speziellen Planktonnetz. Mikroalgen (Phytoplankton), Schwebeteilchen, Dung, Einzeller und Bakterien dienen dem Zooplankton, Würmern, Schnecken und anderen Fischnährtieren als Nahrung. Das Phytoplankton wird in der Hauptsache von Flagellaten und Mikroalgen, dem sogenannten Zwergplankton gebildet. Das Zooplankton der Teiche lässt sich zur Hauptsache in drei Hauptgruppen gliedern:

Rädertierchen (Rotatorien, Abb. 61): Wegen ihrer geringen Größe, sie erreichen im Höchstfall nur wenige Zehntel eines Millimeters, sind sie kaum oder gar nicht mit dem bloßen Auge erkennbar. Einige unter ihnen besitzen einen Kranz aus Wimpern, mit deren Hilfe sie sich fortbewegen. Die Rädertierchen haben innerhalb des Zooplanktons eine wichtige Funktion als Nährtiere für die Fischbrut. Diese kann nämlich in den ersten Lebenstagen nur Futterteilchen in der Größe der Rädertierchen aufnehmen.

Hüpferlinge (Copepoden, Abb. 62): Sie werden max. 1 mm groß und fallen besonders durch ihre ruckweise Fortbewegung auf, was in ihrem Namen zum Ausdruck kommt. Als einzige der drei Gruppen vermehren sich die Hüpferlinge ausschließlich geschlechtlich. Es werden also nur Nachkommen erzeugt, wenn Weibchen und Männchen vorhanden sind. Die Weibchen tragen die Eier gut sichtbar am Hinterleib. Es schlüpfen sehr kleine Naupliuslarven, die sich zu etwas größeren Copepoditlarven entwickeln, schließlich zu ausgewachsenen Copepoden. Im Winter können die Eier auch im Schlamm längere Frostperioden überleben. Hüpferlinge stellen für die frisch geschlüpfte Fischbrut eine große Gefahr dar. Sie fallen die Fischbrut an und verletzen sie so stark, dass mit hohen Verlusten zu rechnen ist. Im Brutstreck-, Streck- und Abwachsteich sind Hüpferlinge allerdings willkommene Fischnährtiere. Sie haben jedoch für die Nahrungsversorgung der Fische nicht die Bedeutung, die den Wasserflöhen zukommt.

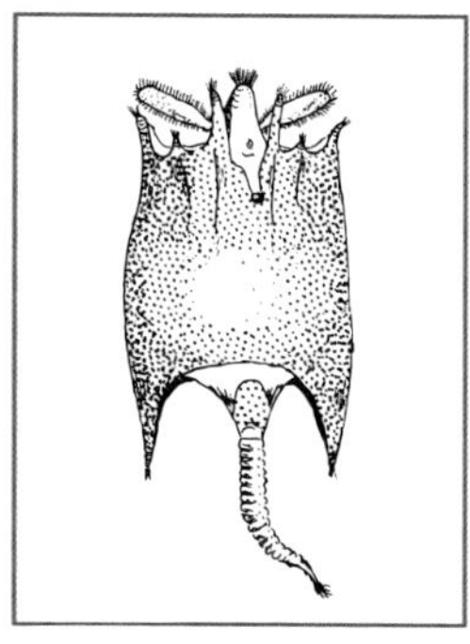

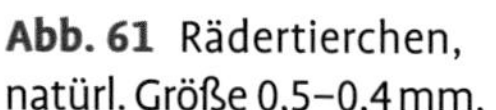
Abb. 61 Rädertierchen, natürl. Größe 0,5–0,4 mm.

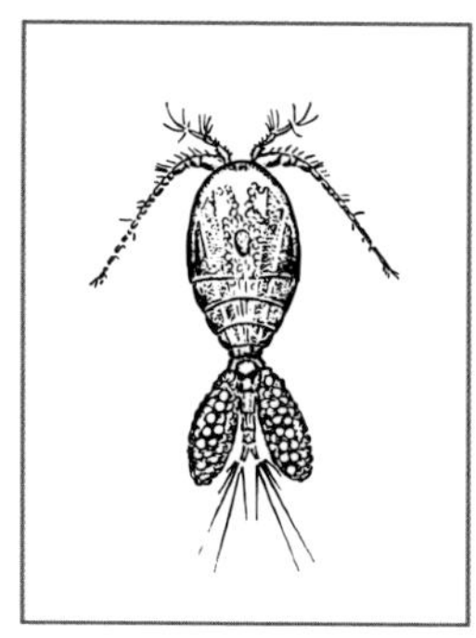

Abb. 62 Hüpferling, natürl. Größe 0,2–1,0 mm.

Wasserflöhe (Cladoceren, u. a. Daphnien, Abb. 63): Mit max. 5 mm Größe sind sie die größten Zooplankter; sie unterscheiden sich von den lang gestreckten Hüpferlingen durch ihre runde Gestalt und die relativ gleichmäßige Fortbewegung. Auch hier gibt es die geschlechtliche Vermehrung. Sie dient hauptsächlich zur Erzeugung winterungsfähiger Dauereier. Während der Sommerperiode überwiegt jedoch die ungeschlechtliche Vermehrung, also die Erzeugung von Nachkommen ohne das Mitwirken von Männchen. Die meist größeren Weibchen tragen die Eier innerhalb ihres Körpers in der Rückenpartie.

Abb. 63 Wasserflöhe (Daphnien) (Foto: LfL/IFI).

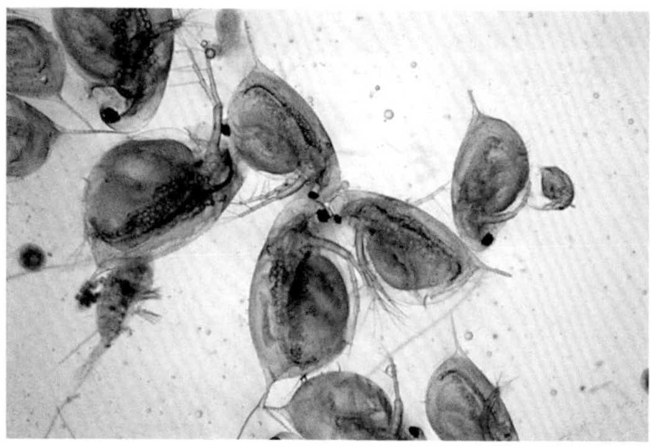

Darüber hinaus schweben im Teichwasser noch eine ganze Reihe verschiedener Zooplankter. Darunter sind die Muschelkrebse (Ostracoden) und die Wimpertierchen (Ciliaten, z. B. Pantoffeltierchen). Letztere sind mit 0,01 bis 0,5 mm sehr klein und nach K. und G. Schlott eine sehr wichtige Futtergrundlage für die Larvenstadien der Fische.

5.1.2 Bodentiere und Pflanzenbewohner

Das Leben in und auf dem Teichboden kann sehr artenreich sein. Für die Ernährung der Teichfische sind zwei Tiergruppen dabei von besonderer Bedeutung.

Die **Schlammröhrenwürmer** Tubifex gehören zu den sogenannten Borstenwürmern. Sie werden etwa 3–4 cm lang und leben in röhrenartigen Höhlen, die sie sich in den Schlamm bauen. Auffallend ist die kräftige rote Farbe dieser Tiere, ein Zeichen dafür, dass sie Blut mit roten Blutkörperchen besitzen. Schlammröhrenwürmer sind typische Bewohner nährstoffreicher, sauerstoffarmer Zonen. Die Tiere ragen zu einem Großteil ihres Körpers aus den Schlammröhren heraus und fördern durch schlängelnde Bewegungen ständig frisches, sauerstoffreiches Wasser heran. Sie verbessern dadurch die Wasserverhältnisse an der Grenzschicht Wasser – Teichboden, was wiederum die Mineralisierung der organischen Substanz fördert. Die Begriffe „organische Substanz“ und „Mineralisierung“ werden im Kapitel 4, Teichpflege, näher erläutert.

Die Larven der **Zuckmücken** (Chironomiden, Abb. 64) haben in der Regel die größte Bedeutung aller Bodentiere für die Ernährung des Karpfens. Sie leben im Schlamm und sind hier noch in 15 cm Tiefe zu finden. Darüber hinaus halten sich Zuckmückenlarven auch an höheren Wasserpflanzen auf. Ihre Färbung kann, je nach Art, vom grünen über braunen bis hin zum roten Farbton reichen, wobei die roten Zuckmückenlarven sicher die bekanntesten sind. Wegen ihrer Farbe und Größe ähneln sie den Schlammröhrenwürmern. Zuckmückenlarven unterscheiden sich von den Tubifexarten jedoch durch ihre deutliche

Abb. 64 Larve der Zuckmücke, natürl. Größe 0,5–2 cm (Foto: LfL/IFI).

Körpergliederung. Die Weibchen der Zuckmücken legen je nach Art ihre Eier im Frühjahr oder Herbst ab. Dadurch gibt es Larven fast über das ganze Jahr verteilt. Da die Zuckmückenweibchen große Schwärme bilden und auch in der Gemeinschaft Eier ablegen, spielt es für den späteren Anfall an Naturnahrung eine große Rolle, über welchem Teich sich Mückenschwärme bilden. Interessanterweise ist die Schwarmbildung nicht vorherzusehen und scheint lediglich von der „Laune" der Zuckmückenweibchen abzuhängen.

Eine große Zahl von Tieren ist überdies im gesamten Teichraum anzutreffen. Hierzu gehören die Larven der Eintagsfliege, der Stechmücke und der Köcherfliege (Abb. 65–67). Die Köcherfliege ist sicher am schwersten zu erkennen. Zur Tarnung und zum Schutz ihres Körpers baut sie sich aus kleinen Steinen und/oder Pflanzenresten ein köcherartiges Gehäuse.

Neben den genannten Larven sind gerade auf den Wasserpflanzen einige Schneckenarten zu finden, wie z. B. Schlammschnecken oder Tellerschnecken. Hierzu zählt auch die Schleienschnecke *(Bithynia tentaculata)*. Generell haben Schnecken und Muscheln untergeordnete Bedeutung für die Ernährung des Karpfens. Wie sehr der Karpfen der Bodennahrung insgesamt nachgeht, ist im Herbst nach der Herbstabfischung der Teiche zu erkennen. In manchen Teichen sind kleine trichterförmige Vertiefungen dicht an dicht im Boden zu sehen, die der Karpfen beim Gründeln ausgehoben hat (siehe Abb. 38).

Dass der Karpfen auch Wirbeltiere frisst, ist allgemein bekannt. Warum sollten größere Karpfen ihre kleineren und kleinsten Artgenossen verschmähen, wenn diese gerade die passende Größe von Naturnahrung haben?

Nahrung aus der Luft spielt für den Karpfen bei Weitem nicht die Rolle wie für die Forelle. Es ist verständlich, dass er das eine oder andere Tier nimmt, das sich an der Wasseroberfläche zeigt.

5.2 Nährwert der Naturnahrung für die Fische

Wie bereits erwähnt, besteht die Naturnahrung des Karpfens fast ausschließlich aus den oben genannten Lebewesen. Je nach Vorkommen dieser Nahrung und je nach Spezialisierung des Karpfens auf eine besondere Tiergruppe, fällt auch die Zusammensetzung der Karpfennahrungsration aus. Barthelmes hat den Darminhalt von 2-sömmerigen Karpfen untersucht und die Naturnahrung in drei Hauptgruppen eingeteilt, (Abb. 68). Den Gewichtsanteil jeder Gruppe, z. B. der Wasserflöhe, drückt er dabei als Prozentanteil an der Gesamtration aus. Die Wasserflöhe nehmen demnach bei den untersuchten Karpfen 50 % der Naturnahrung ein.

Abb. 65 Larve und Puppe der Stechmücke, natürl. Größe 1–2 cm.

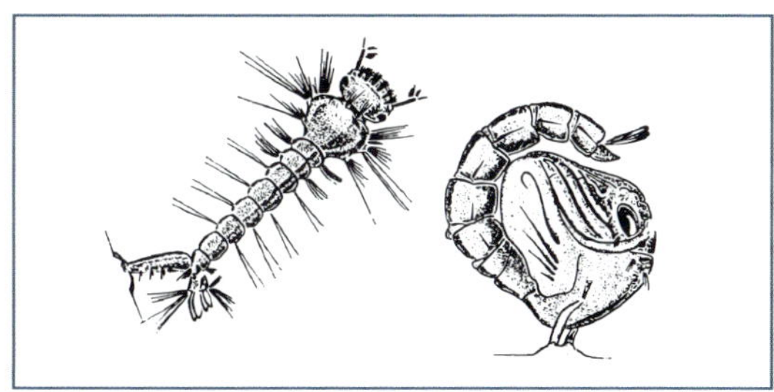

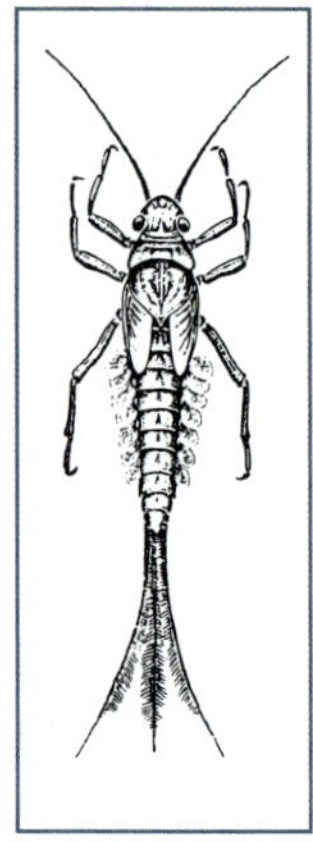

Abb. 66 Larve der Eintagsfliege, natürl. Größe 1–5 cm.

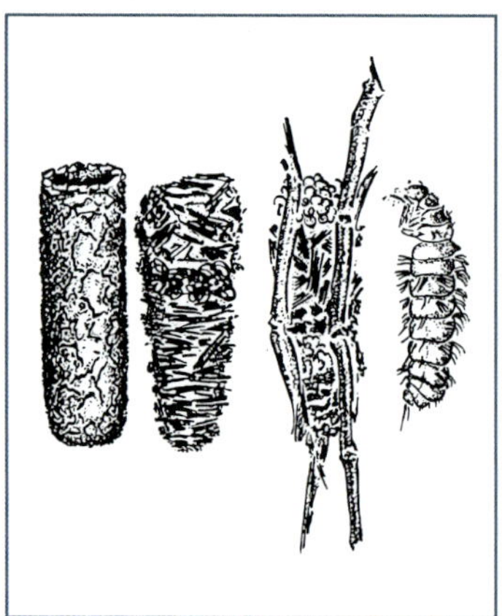

Abb. 67 Köcher verschiedener Arten der Köcherfliegenlarve und eine Larve (rechts außen).

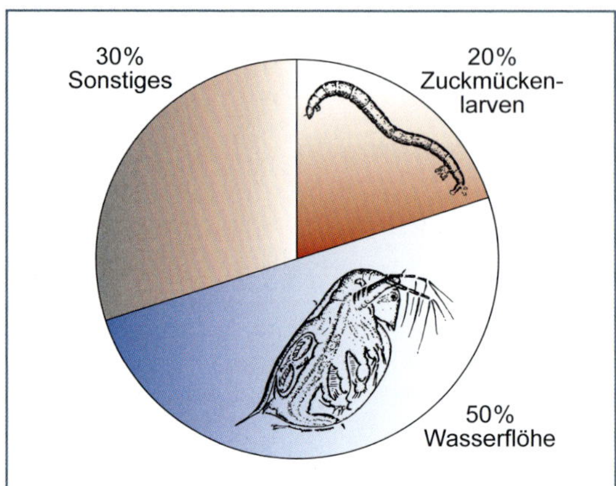

Abb. 68 Beispiel der Zusammensetzung der von $K_{2/3}$ aufgenommenen Naturnahrung (nach Barthelmes).

Es gibt auch Fälle, bei denen Karpfen nahezu ausschließlich Zuckmückenlarven oder fast nur Wasserflöhe aufgenommen haben. Karpfen fressen eben auch, was sie gerade gehäuft vorfinden. Die Qualität der Nährtiere hinsichtlich ihrer Eigenschaft als Nahrungsmittel für den Karpfen wird von ihren Bestandteilen bzw. Inhaltsstoffen bestimmt.

Von den wichtigsten Nährtiergruppen wurden die Inhaltsstoffe aus dem Durchschnitt mehrerer Untersuchungen ermittelt und in Tabelle 6 dargestellt.

Die Begriffe Trockensubstanz, Rohprotein und MJ sind in Kapitel 6, Ernährung des Karpfens, dargestellt und erläutert.

Naturnahrung ist also ein hervorragender Eiweißlieferant für die Ernährung des Karpfens. Die Natur bietet Futter mit hoher Eiweißkonzentration und auch guter Qualität nahezu kostenlos an. Diese hohe Qualität des Eiweißes in der Naturnahrung ergibt sich aus dem enormen Gehalt an essenziellen Aminosäuren (siehe Kap. 6, Ernährung des Karpfens). Folgender Vergleich zeigt, wie viel mehr dieser wertvollen Aminosäuren in der Naturnahrung (Beispiel Tubifex) im Vergleich zum Getreide (Beispiel Weizenkorn) enthalten sind (Tab. 5).

Tab. 5 Gehalt an essenziellen Aminosäuren in 100 g Trockensubstanz.

	Weizen	**Tubifex**
Leucin	1,0 g	4,9 g
Methionin	0,2 g	1,4 g
Arginin	0,7 g	2,5 g

(Angaben nach Corti und Kirchgeßner)

Betrachten wir nochmals den Darminhalt des Karpfens und den Anteil der einzelnen Nährtiergruppen daran. Wenn man die Verteilung von Abbildung 68 und die Inhaltsstoffe aus Tabelle 6 zugrunde legt, ergibt sich folgende Zusammensetzung einer Ration aus Naturnahrung: 100 g Trockensubstanz der Naturnahrung enthalten:

51 g Rohprotein und 500 kcal bzw. 2,1 MJ.

Versuche von Kirchgeßner, Schwarz und anderen haben ergeben, dass der Karpfen optimales Wachstum zeigt bei einer Gesamtration (pro 100 g TS) aus:

35–42 g Rohprotein und 480 kcal bzw. 2,0 MJ.

Tab. 6 Inhaltsstoffe der Naturnahrung.

	Trockensubstanz (%)	Rohprotein (g/100 g TS)	kcal bzw. MJ/pro 100 g TS
Wasserflöhe	8,9	50,0	423 kcal bzw. 2,19 MJ
Zuckmückenlarven	13,5	64,0	461 kcal bzw. 1,93 MJ
Sonstiges	10,0	44,0	495 kcal bzw. 2,07 MJ

Die Naturnahrung weist demnach einen leichten Überhang an Rohprotein auf. Ein kleiner Anteil dieses Rohproteins, der Chitinpanzer der Nährtiere, ist freilich unverdaulich. Herrschen im Teich gute Bedingungen für das Wachstum der Nährtiere, ist also viel Naturnahrung vorhanden, wie z. B. Zuckmückenlarven und Wasserflöhe. Jetzt hat der Teichwirt in erster Linie Energie, also Getreide oder billiges eiweißarmes Fertigfutter (20–25 % Rohprotein), zu verabreichen, um den höheren Energiebedarf auszugleichen, den der Karpfen bei der Nahrungssuche entwickelt.

Oberle wies in umfassenden Untersuchungen die positive Wirkung der Naturnahrung auf die Fleischqualität der Karpfen nach. Zooplankton führt zu festem, magerem Fleisch. Auch bewirkt Zooplankton dadurch, dass es sich auch von Algen ernährt, einen hohen Gehalt der für die menschliche Ernährung so wertvollen Omega-3-Fettsäuren.

Es treten jedoch rasch Situationen auf, in denen die Naturnahrung nicht mehr ausreicht. Dies ist z. B. im Herbst und Frühjahr, bei langanhaltender kalter Witterung, bei nährstoffarmen Teichen oder bei relativ hohem Fischbesatz der Fall. Dann muss das fehlende Eiweiß der Naturnahrung durch höhere Eiweißkonzentrationen im Futter ausgeglichen werden.

5.3 Pflege und Förderung der Naturnahrung

Der Teichwirt sollte die Eigenschaft der Naturnahrung, gutes und preiswertes Eiweiß zu liefern, ausnutzen und versuchen, so viel wie möglich davon zu erzeugen.

Jede der angesprochenen Teichpflegemaßnahmen (ab S. 36), insbesondere die Pflege des Teichbodens, dient einer guten Plankton- und Bodentierproduktion. Auch erhöht das Fräsen des trockenen Bodens die natürliche Fruchtbarkeit des Teiches. Vor jeder Maßnahme muss sich der Teichwirt überlegen, welches Ziel er mit dem Teich erreichen will. Sollen z. B. Karpfen vorgestreckt werden, dann muss der Teich möglichst frei von höheren Wasserpflanzen sein. Neben einigen anderen Nachteilen verhindern Wasserpflanzen nämlich das hier besonders wichtige Aufkommen von Wasserflöhen. Plant der Teichwirt hingegen, Hechte oder Schleien aufzuziehen, sind lockere Bestände von Wasserpflanzen wieder vorteilhaft.

Die von jeher beste Methode zur Erzeugung von Naturnahrung ist das Düngen mit Festmist bzw. die organische Düngung überhaupt. Dieses Düngeverfahren wird zwar ab Seite 52 genau besprochen, es sei aber hier noch einmal dessen Wirkungsweise betont. Der Festmist, in einigen Haufen am Teichrand abgelagert, gibt auf diese Weise seine Düngerstoffe ständig und regelmäßig ans Wasser ab. Es entstehen dadurch nicht, wie z. B. bei mineralischer Phosphatdüngung, kurzfristige Algenblüten, sondern eine gleichmäßige Produktion von Einzellern und Bakterien. Diese wiederum sind Nahrungsgrundlage für das Zooplankton. Der Festmist hat darüber hinaus den Vorteil, ein sehr ausgewogenes Nährstoffverhältnis und Spurenelemente zu besitzen. Weiterhin hat der Mist eine ständige Kohlensäuredüngung zur Folge, die auf die Wasserverhältnisse im Teich stabilisierend wirkt.

Die Aufwandsmengen richten sich stark nach der Beschaffenheit des Teiches. Wer den betreffenden Teich noch nicht lange bewirtschaftet, sollte zu Beginn mit 1 t Festmist pro ha beginnen. In den folgenden Jahren kann die Menge vorsichtig auf 3–5 t gesteigert werden. Gülle ist im ersten Aufzuchtjahr nicht zu empfehlen. Die Gefahr unerwünschter Nebenwirkungen, z. B. Ammoniak-Vergiftung, wäre hier zu groß.

Blaualgen werden vom Zooplankton nicht oder nur unzureichend verwertet. Sie holen sich den nötigen Stickstoff aus der Luft und dominieren daher verstärkt in stickstoffarmen Teichen. Weil mit der organischen Düngung jedoch stets Stickstoff in den Teich gelangt, gedeihen damit eher die Grünalgen, wovon wiederum das Zooplankton profitiert.

Blaubandbärblinge vermehren sich mehrmals im Sommer und entwickeln extrem hohe Zahlen. Sie vertilgen dabei einen Großteil des Zooplanktons. Dem ist mit einem Besatz von Hechten oder Zandern entgegen zu wirken.

Eine weitere, gerade zum Vorstrecken von Fischen zusätzliche Möglichkeit, die Nahrungsbasis zu verbessern, ist das Prinzip des Heuaufgusses. Hierzu wird Gras oder Heu vom Damm aus in den Teich geworfen. Am besten und einfachsten kann die Grasmenge empfohlen werden, die beim Mähen des Dammes anfällt. Wenige Tage danach bilden sich auf den Halmen große Mengen von Bakterien und anderen Kleinlebewesen. Diese stellen direkt oder über die Stufe der Rädertierchen und Wasserflöhe eine sehr gute Nahrungsgrundlage für Fischbrut dar. Auch entwickeln sich meist größere Mengen an Mückenlarven. Es sollte nur junges Gras geschnitten und in den Teich gegeben werden. Altes, hartstichiges Gras und Schilf besitzen einen hohen Anteil an Zellulose und Lignin (Holzfaserstoff). Solches Material, wie auch Stroh, zersetzt sich fast nicht im Wasser, erzeugt kaum Naturnahrung und muss früher oder später mühsam wieder aus dem Teich gefischt werden. Junges Gras hingegen baut sich gut ab, setzt Nährstoffe und Kohlensäure frei und ist damit optimale Grundlage zur Bildung von Naturnahrung. Um das Wasser nicht zu sehr zu belasten, ist es gut, nicht die ganze Grasmenge des Dammes auf einmal ins Wasser zu geben, sondern einmal pro Woche etwa ein Viertel der Dammfläche zu mähen und dieses Gras zu verabreichen. Auch junges, abgemähtes Schilf eignet sich hierzu gut. Die Menge des Zooplanktons hat meist im Juni einen Höhepunkt, manchmal im Oktober einen zweiten. Wenn etwa schon im Juni die Zahl der Planktontiere nachlässt, kann ihre Bildung durch die Gabe von getrocknetem Hühnermist, 50 kg pro ha, oder einigen Zentnern Festmist von Schwein, Pferd oder Rind gefördert werden. Auch regelmäßige Branntkalkgaben bewirken vermehrtes Wachstum von Zooplankton, weil dadurch die Nahrungsbasis dieser Tierchen verbessert wird.

Sorgfältige Bodenpflege und Behandlung des Teichwassers stellen allemal die besten Voraussetzungen für die Bildung der so erstrebten Naturnahrung dar. Für eine über die gesamte Vegetationsperiode hinweg ausgewogene Ernährung des Karpfens ist es wichtig, dass der „Faden" des Zooplanktons nie abreißt. Wenn im Frühjahr die Zooplanktondichte zunimmt, unterlässt mancher Teichwirt die Zufütterung mit Getreide, in der Meinung, zunächst die kostenlose Naturnahrung zu nutzen. Erst, wenn das Zooplankton nahezu völlig aufgefressen wurde, füttert er dann mit Getreide zu. Dies führt zu einer unausgewogenen Ration für den Karpfen, zunächst Überschuss an Eiweiß, dann an Kohlenhydraten. K. und G. Schlott weisen die Bedeutung ständiger Zooplanktonverfügbarkeit durch jahrelange Untersuchungen eindeutig nach.

6 Ernährung des Karpfens

6.1 Verdauungsvorgänge

Die Verdauung hat prinzipiell die Aufgabe, aufgenommene Nahrungsmittel zuerst in eine Form und Größe zu bringen, die vom Organismus verwertbar ist. Dann wird die Nahrung in ihre Grundbausteine zerlegt. Diese Vorgänge finden im Verdauungskanal statt.

Erstes Zerlegen der Nahrung geht beim Karpfen und anderen Cypriniden bereits beim mechanischen Zerkleinern und Zerquetschen mithilfe der Schlundzähne vor sich. Anschließend spalten Enzyme (= Fermente) im Darm die Nährstoffe weiter auf. Diese Aufspaltung bis hin zu den kleinsten Untereinheiten ist für den Organismus lebensnotwendig, da diese Teilchen durch die Darmwand transportiert und anschließend über Blutgefäße im ganzen Körper verteilt werden müssen. Auf diesem Weg gelangen die Grundbausteine zu den Körperzellen. Dort, z. B. in den Muskelzellen, werden sie wieder nach einem vorgegebenen Bauplan zusammengefügt. Dieser Bauplan ist in der Erbmasse des Fisches verankert und bestimmt zum größten Teil den für die Lebewesen jeweils typischen Aufbau des Körpers.

Sobald die aufgespaltenen Nährstoffe die Darmwand passiert haben, spricht man nicht mehr von Verdauung, sondern das weitere Geschehen wird als „Stoffwechsel“ bezeichnet.

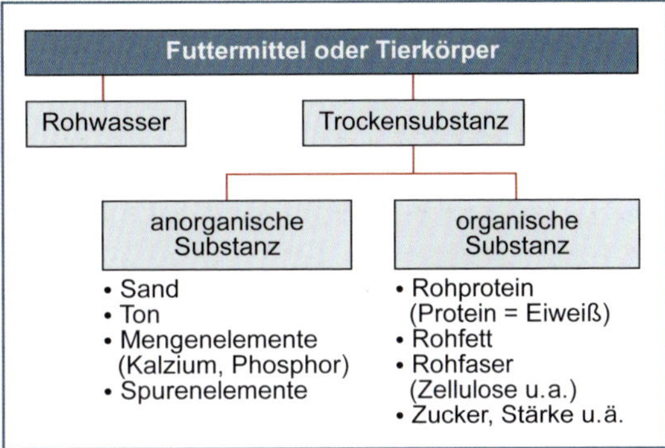

Abb. 69 Weender-Analyse, gekürzt (nach Kirchgeßner).

Zur besseren Beurteilung der Futtermittel und deren Verdaulichkeit ist es unabdingbar, deren nährstoffmäßigen Aufbau zu kennen. Dies lässt sich sehr übersichtlich nach dem „Weender-Schema“ darstellen (Abb. 69). Darüber hinaus kann jede natürlich entstandene Substanz danach aufgeschlüsselt werden, z. B. Getreide und auch die Stoffzusammensetzung des Fischkörpers.

Die Vorsilbe „Roh-“ verdeutlicht, dass es sich um Hauptgruppen von Nährstoffen handelt.

Nimmt ein Karpfen nun ein Weizenkorn auf, so hat er in der Hauptsache Protein, Fett und Stärke zu verdauen, d. h. aufzuspalten. Für Rohfaser, die Stützsubstanz der Pflanzen, besitzt er keine Enzyme. Deshalb können der Karpfen und

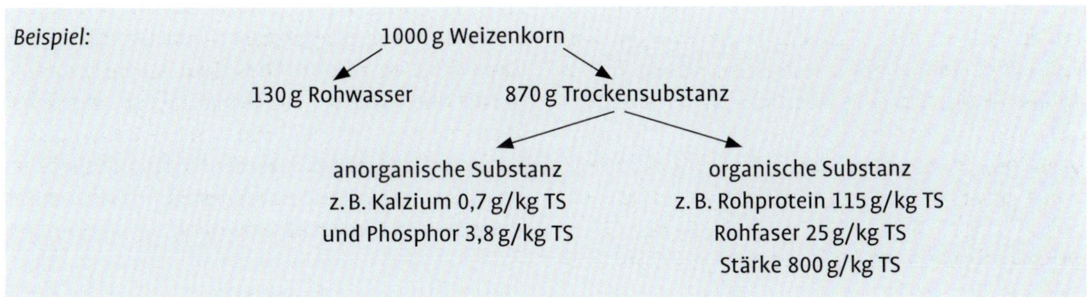

die meisten anderen Fischarten Rohfasern, d. h. Pflanzen, nicht verdauen. Eine der wenigen Ausnahmen hiervon bilden Rotfedern, Rotaugen und die ostasiatischen Pflanzenfresser (Gras- und Silberfisch).

Alle Enzyme arbeiten besser, je höher die Wasser- und damit die Körpertemperatur des Fisches liegt. Ab Überschreiten einer bestimmten Temperaturschwelle jedoch nimmt die Enzymaktivität wieder ab. Dieser Vorgang ist in Abbildung 70 dargestellt.

Daraus lässt sich sehr gut erklären, weshalb Fische als wechselwarme (= poikilotherme) Tiere mit abnehmender Wassertemperatur weniger und mit zunehmender mehr Futter aufnehmen und entsprechend langsamer oder schneller wachsen.

Die Futteraufnahme wird in unserer Klimazone etwa ab 28 °C eingestellt. Als Ursache hierfür ist außer der veränderten Aktivität der Verdauungsenzyme auch die Stoffwechselrate zu nennen. Die Grundbausteine der Nährstoffe werden in den Körperzellen zum Aufbau neuer Körpersubstanzen oder zur Energiegewinnung herangezogen. Diese Vorgänge benötigen Sauerstoff, der über die Kiemen aufgenommen wird. Läuft der Stoffwechsel bei zunehmender Wassertemperatur schneller, wird auch mehr Sauerstoff verbraucht. Gleichzeitig aber nimmt bei zunehmender Temperatur des Wassers dessen Gehalt an gelöstem Sauerstoff ab (S. 13ff.). Der Fisch ist also bei extrem niederen und extrem hohen Wassertemperaturen nicht mehr in der Lage, Futter zu verwerten.

Abb. 70 Aktivität der Enzyme.

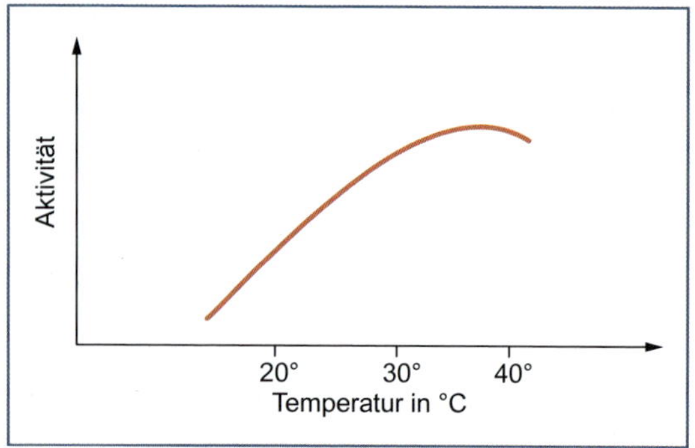

Karpfen sollen deshalb stets mit besonderer Vorsicht und unter ständiger Beobachtung gefüttert werden (siehe Kap. 6.5, Fütterungstechnik). Bisher wurden der Verdauungsvorgang, der Aufbau der Futtermittel und die allgemeine Arbeitsweise der Enzyme beschrieben. Bezeichnet wurde das Produkt der enzymatischen Spaltung der Nährstoffe stets nur mit „Teilchen“ oder „Grundbausteinen“. Um die Ernährung des Karpfens und dabei besonders dessen Futtermittel besser beurteilen zu können, empfiehlt es sich, noch einen Schritt weiterzugehen und den Aufbau der einzelnen Nährstoffe und ihre Bedeutung für den Fisch zu beachten.

6.2 Nährstoffe

6.2.1 Eiweiß (= Protein)

Das Eiweiß gehört zu den wichtigsten Baustoffen des Lebens. Jedes Tier und jede Pflanze besteht u. a. aus Eiweiß verschiedenster Form. So ist Eiweiß maßgeblich am Aufbau der Haut, der Muskulatur, des Gehirns und aller Organe beteiligt. Die Vielseitigkeit der Aufgaben, die das Eiweiß zu erfüllen hat, wird am Beispiel zweier Blutbestandteile deutlich. Dies sind zum einen die roten Blutkörperchen, die den Sauerstoff von den Kiemen zum Verbrauchsort transportieren und überwiegend aus dem Eiweiß Hämoglobin bestehen. Es ist in der Lage, den Sauerstoff im Kiemenbereich aufzunehmen und an der Bedarfsstelle wieder abzugeben. Zum anderen sind es die sogenannten „Antikörper“ (Immunglobuline). Diese können Krankheitserreger im Blut an sich binden und damit unschädlich machen.

Für den Teichwirt am augenfälligsten ist der Eiweißansatz der Fische. Dadurch, dass ständig körpereigenes Eiweiß in den Organen und Muskelzellen aufgebaut wird, nimmt der Fisch an Gewicht und Größe zu; er wächst. Im Verlauf des Wachstums werden darüber hinaus noch Fette, Mineralstoffe u. a. eingelagert.

Die Grundbausteine, aus denen jedes Eiweiß besteht, werden „Aminosäuren" genannt. Etwa 20 verschiedene Aminosäuren sind bekannt. Vergleicht man das Eiweiß mit einer Perlenkette, so würde jede Perle eine Aminosäure darstellen. Ein bestimmtes Eiweiß, z. B. das Muskeleiweiß, besteht aus einer Reihe von hintereinander angeordneten Aminosäuren. Die Reihenfolge der verschiedenen Aminosäuren ist in der Erbmasse genau festgelegt und typisch für das jeweilige Eiweiß. Dabei kann es durchaus vorkommen, dass ein und dieselbe Aminosäure einige Male hintereinander vorkommt und sich danach erst wieder eine andere anschließt. In einem Eiweiß kommen nicht immer alle der 20 verschiedenen Aminosäuren vor, sondern z. B. nur 10, die sich öfter wiederholen. Das folgende Beispiel soll dies verdeutlichen:

Beispiel: Das in Abbildung 71 gezeigte Eiweißmodell stelle ein Eiweiß aus dem Weizenkorn dar. In unserem Beispiel besteht das Weizen-Eiweißmolekül aus insgesamt 6 Aminosäuren, die auf lediglich 4 unterschiedlichen Aminosäuren (A, B, C und D) basieren. Die Reihenfolge der Aminosäuren ist genau festgelegt und bewirkt die typische Eigenschaft des Weizen-Eiweißes.

Nachdem der Karpfen nun ein Weizenkorn aufgenommen und mechanisch zerkleinert hat, beginnt die Verdauung durch Enzyme. Die in diesem Fall für das Eiweiß zuständigen Enzyme spalten nun von der Eiweißkette die Aminosäuren Stück für Stück ab (Abb. 71). Diese einzelnen Aminosäuren gelangen anschließend durch die Darmwand in die Blutbahn. Von hier aus stehen sie dem Stoffwechsel zum Aufbau der verschiedensten Eiweißarten zur Verfügung. Eine Muskelzelle z. B. benötigt zu ihrer Erhaltung und ihrem Aufbau ein ganz bestimmtes Eiweiß. Ein solches Eiweiß ist modellhaft in Abbildung 72 dargestellt.

Beispiel: Das Muskelzellen-Eiweiß bestehe aus insgesamt 7 Aminosäuren, die auf 4 unterschiedlichen Aminosäuren basieren. Die Reihenfolge ist auch hier exakt festgelegt.

Vergleicht man die Aminosäuren, die das Getreidekorn liefert (A, B, C und D) mit denen, die der Karpfen zum Aufbau seiner Muskelketten benötigt (B, C, E und F), so fällt auf, dass diese beiden Gruppen sich nicht völlig entsprechen. Die Aminosäuren E und F fehlen im Angebot des Getreide-Eiweißes. Stünde dem Karpfen allein diese Eiweiß- bzw. Aminosäurenquelle zur Verfügung, so wäre er nicht in der Lage, Muskelzellen aufzubauen, also zu wachsen. Am Vergleich der beiden Beispiele ist gut zu erkennen, dass selbst eine drastisch erhöhte Zufuhr an Getreide-Eiweiß die Bildung von Muskelzellen-Eiweiß nicht bewerkstelligen kann. Dafür setzt der Karpfen die Kohlenhydrate und überflüssigen, weil unbrauchbaren, Aminosäuren in Form von Körperfett an.

Der Stoffwechsel ist normalerweise in der Lage, bestimmte Aminosäuren in andere umzubauen, z. B. A in B und umgekehrt. Bei den im Weizen-Eiweiß fehlenden Typen E und F ist dies aber nicht möglich. Das heißt, diese beiden Aminosäuren müssen dem Körper über anderes Futter zugeführt werden. Solche Aminosäuren heißen „essenzielle Aminosäuren". Einige der wichtigsten sind Lysin, Methionin, Leucin und Arginin. Die essenziellen Aminosäuren bestimmen maßgeblich die Qualität des Futtereiweißes. Naturnahrung enthält Eiweiß sehr hoher Qualität (vgl. Kap. 5,

Abb. 71 Modell eines Getreide-Eiweißes, z. B. aus dem Weizenkorn.

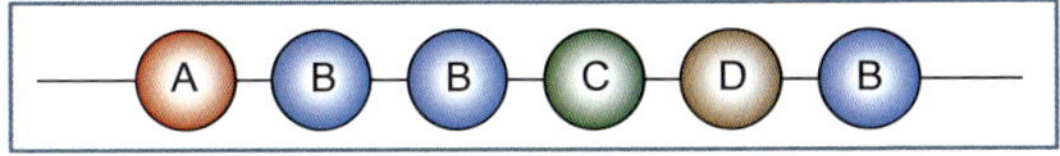

Abb. 72 Modell eines Muskelzellen-Eiweißes.

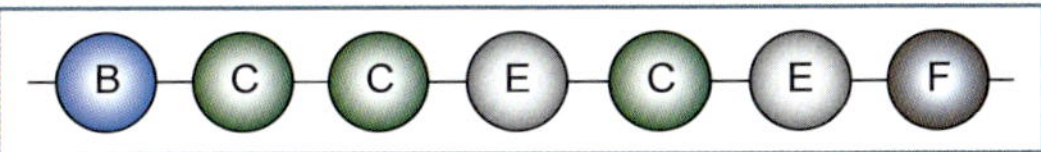

Naturnahrung), also einen hohen Anteil essenzieller Aminosäuren. Bei der Fütterung ist die Eiweißmenge bzw. der Eiweißanteil im (Fertig-)Futter zu beachten. Gleichzeitig jedoch hat, wie gerade erläutert, die Eiweißqualität ausschlaggebende Bedeutung. Nicht nur das Wachstum, sondern u. a. auch die Bildung von Abwehrstoffen oder der Aufbau der Haut, also die Gesundheit der Fische, werden davon beeinflusst. Pflege und Ausnutzung der Naturnahrung stellen daher eine zentrale Aufgabe für den Teichwirt dar.

6.2.2 Fett

Auch hier liegt eine Stoffgruppe vor, die Nahrungsmittel und Körpersubstanz gleichermaßen sein kann. Die große Vielfalt der verschiedenen Fette ist aus dem täglichen Leben bekannt, wie z. B. Butter, Margarine, Schweineschmalz, Rindertalg, pflanzliche Öle („Salatöl") usw. Auch im Körper der Fische ist Fett eingelagert. Das Auge ist z. B. in sehr fettreiches Gewebe gebettet, und Nerven und Gehirn enthalten fettähnliche Substanzen. Die Bezeichnung „Hirnschmalz" hat also auch beim Karpfen ihre Berechtigung. Fett dient neben der Lieferung von Hormonbausteinen und der Bildung von Eizellen im Rogener überwiegend als Energielieferant und -depot. Folge eines häufigen Fütterungsfehlers bei Speisekarpfen im Sommer, nämlich zu hohe Energiezufuhr durch überzogene Getreidefütterung bei relativ schwacher Eißweißversorgung durch Naturnahrung, ist die Bildung von Fettdepots im Fischkörper. Typische Stellen, an denen überschüssiges Fett abgelagert wird, sind Leber, Rücken und Innenseite der Bauchdecke (Bauchlappen). Da Fett sehr energiereich ist, bietet es die beste Möglichkeit, Energie für nahrungsarme Zeiten zu speichern. Im Herbst sollte daher energiebzw. fettreiches Futter für die Überwinterung verabreicht werden.

Die Grundbausteine, aus denen das Fett besteht, sind die Fettsäuren.

Ein Fett hat in der Regel 5–10 verschiedene Fettsäuren, die in einer bestimmten Häufigkeit vorkommen. Durch die Fettsäuren werden Erscheinungsbild und Qualität eines Fettes entscheidend geprägt. Die Fettsäuren lassen sich in zwei Gruppen unterteilen, in die gesättigten und die ungesättigten. Letztere sind für die menschliche Ernährung besonders wertvoll. Die mehrfach ungesättigten Omega-3- und Omega-6-Fettsäuren sind für den Menschen essenziell, müssen also über die Nahrung aufgenommen werden. Auch für den Fisch sind manche Fettsäuren essenziell, z. B. Linolensäure. Im Teich werden diese Säuren von den Planktonalgen gebildet, die vom Zooplankton herausgefiltert und über die Nahrungskette letztlich im Fischfett eingelagert werden. Das Fett der Fische besteht zu etwa 80 % aus ungesättigten Fettsäuren, Schweinefett nur zu 55 %.

6.2.3 Rohfaser

Rohfaser ist ein Sammelbegriff für typisch pflanzliche Stoffe. Hauptsächlich sind darunter Lignin (Gerüstsubstanz im Holz) sowie Zellulose (Stützgewebe aller Pflanzen) zu verstehen. Rohfaser wird in der Ernährungslehre auch als Ballaststoff bezeichnet. Rohfaser kann von den meisten Fischen fast gar nicht verdaut werden. Lediglich der Grasfisch *(Ctenopharyngodon idella)*, die Rotfeder *(Scardinius erythrophthalmus)* und das Rotauge *(Rutilus rutilus)* können Pflanzen ausnutzen. Extrem große Aufnahme an Rohfaser durch den Fisch beeinträchtigt zwar die Verwertbarkeit anderer Nährstoffe, wie z. B. Protein und Stärke, vermutlich ist aber auch ein geringer Rohfaseranteil im Futter erforderlich. Bei Fischuntersuchungen ist regelmäßig ein sichtbarer Rohfaseranteil im Darminhalt festzustellen. Der Karpfen liest seine Nahrung u. a. auch von Pflanzen ab, wobei pflanzliches Material mit aufgenommen wird. Zumindest im Bereich der menschlichen Ernährung ist bewiesen, dass Rohfaser Verdauung und Gesundheit fördert.

6.2.4 Stärke und Zucker

Beides gehört in die große Gruppe der Kohlenhydrate. Es sind typische Energielieferanten für Fische und alle anderen Lebewesen. Stärke ist

Abb. 73 Nährstoffkreislauf zwischen Pflanzen und Fisch.

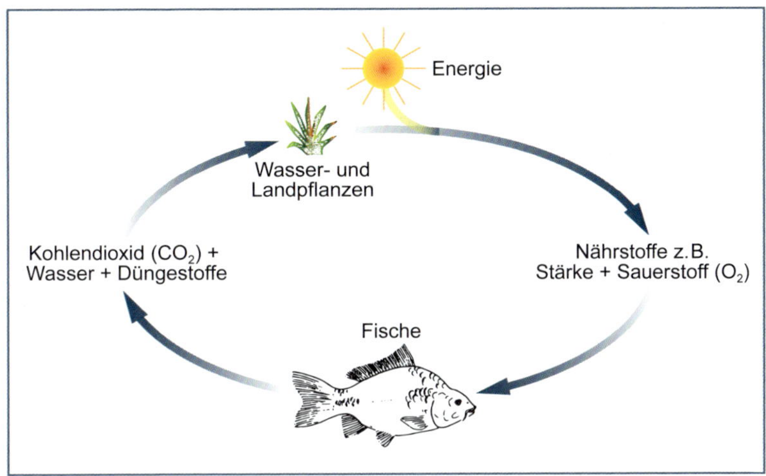

ein Bestandteil der allermeisten Ackerfrüchte wie Getreide, Mais, Kartoffeln, Leguminosen (Hülsenfrüchte) usw. Nur Pflanzen produzieren und speichern Zucker bzw. Stärke. Mithilfe des Sonnenlichts stellen sie aus Kohlendioxid Zucker her und bilden aus diesem wiederum speicherbare Stärke und Zellulose. Abbildung 73 zeigt, wie eng pflanzliches und tierisches Leben verknüpft sind und wie stark sie voneinander abhängen.

Der Fisch gewinnt aus der Stärke z.B. des Getreidekorns Energie zur Fortbewegung, zum Wachstum und zur Fortpflanzung. Den Sauerstoff, den er dazu benötigt, liefern ihm dabei am Tage die Algen. Das vom Fisch abgegebene Kohlendioxid benötigen wiederum die Pflanzen für ihren Aufbau, u.a. zur Bildung von Stärke. Treibende Kraft dieses Kreislaufs ist die Sonne. Sie liefert ständig Wärmeenergie und erhält so alles am Leben.

Bekommt der Fisch über die Nahrung mehr Energie als er verbrauchen kann, so gibt er diesen Überfluss nicht etwa über den Kot ab, sondern baut die Kohlenhydrate zu Fett um und speichert es, wie bereits geschildert. Selbst ein Karpfen, der lediglich mit fettarmen Futtermitteln, wie z.B. Getreide oder Fertigfutter, gefüttert wird, kann dennoch stark verfetten, wenn die Zufuhr an Kohlenhydraten das erforderliche Maß überschreitet.

6.3 Futtermittel

Futtermittel beeinflussen die Gesundheit des Karpfenkörpers und somit seine Qualität als Nahrungsmittel stark. Da zur Produktion einer Tonne Speisekarpfen etwa 2–3 t Getreide erforderlich sind, spielen die Futterkosten bei der Wirtschaftlichkeit der Fischerzeugung eine wichtige Rolle.

Die Nahrung des Karpfens soll im Folgenden übersichtlich dargestellt und die einzelnen Begriffe sollen erklärt werden (Abb. 74).

Der Karpfen ernährt sich im Teich von der Naturnahrung. Um den Ertrag eines Teiches zu steigern und um die Naturnahrung noch besser zu verwerten, werden dem Karpfen zusätzliche Futtermittel angeboten. Da die Nahrung damit

Abb. 74 Die Nahrung des Karpfens.

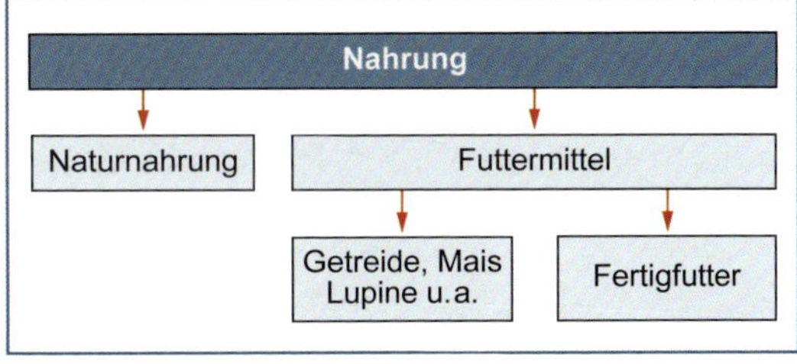

ergänzt wird, werden diese Futtermittel als Ergänzungs- oder Beifutter bezeichnet. Es besteht hier die Möglichkeit, mit reinen Naturprodukten, wie z.B. Getreide, oder mit Fertigfutter, auch Mischfutter genannt, zu arbeiten. Sollten Fische in einem Beton- oder Plastikbecken aufgezogen werden, fehlt die Naturnahrung meistens völlig. In diesem Fall müsste das Futtermittel die gesamte Energie- und Eiweißversorgung des Fisches tragen. Das Futter bedarf hierzu eines wesentlich höheren Eiweißgehaltes, als es normalerweise zur Ergänzung der Naturnahrung enthalten sollte. Da hier allein das Futtermittel die Versorgung des Fisches übernimmt, wird es als Alleinfutter bezeichnet.

6.3.1 Getreide

Gerste, Roggen, Weizen und Triticale sind für die Karpfenfütterung gut geeignet und werden sicher am häufigsten verwendet. Hafer ist wegen seiner Spelzen nicht brauchbar. Getreide stellt durch seinen niedrigen Eiweiß- und hohen Energiegehalt ein hervorragendes Ergänzungsfuttermittel in der Karpfenteichwirtschaft dar. Das Fleisch der damit gefütterten Fische erweist sich meist als mager und fest. Mit Roggenfütterung wird erfahrungsgemäß die beste Fleischqualität erzielt. Bei zu starker Fütterung mit Weizen, aber auch mit Triticale, kommt es leicht zur Verfettung der Karpfen. Im Gegensatz zu anderen landwirtschaftlichen Nutztieren frisst der Karpfen auch brandiges und Auswuchsgetreide. Ebenso kann ihm der Teichwirt auch Ausputzgetreide zumuten. Durch die Verwendung dieser Futterqualitäten entstehen keine Einbußen an Wachstumsleistung und Geschmack des Karpfens. Durch den höheren Rohfasergehalt im Ausputz wird allerdings die Futterverwertung beeinträchtigt. Gebeiztes Saatgetreide darf wegen der Gefahr der Rückstandsbildung im Karpfenfleisch nicht verwendet werden. Frisch geerntetes Getreide sollte nach Möglichkeit ebenfalls nicht verfüttert werden. Eine Lagerzeit von sechs bis acht Wochen ist zu empfehlen.

6.3.2 Mais

Mais wird von dem Fisch gern aufgenommen und wirkt sich positiv auf das Wachstum aus. Da der Mais jedoch viel ölartiges Fett enthält, lagert sich im Fischkörper ebenfalls überdurchschnittlich viel Fett ab, das dem Fleisch dann eine unangenehm weiche Konsistenz und gelbliche Farbe verleiht. Zur Fütterung von Speisefischen sollte Mais also in den letzten sechs Wochen vor der Abfischung besser nicht verwendet werden.

6.3.3 Hülsenfrüchte (Lupinen, Ackerbohnen, Erbsen)

Hülsenfrüchte (Leguminosen) zeichnen sich durch einen deutlich höheren Eiweißgehalt als Getreide aus, der bei Ackerbohnen und Erbsen etwa 25 % und bei Lupinen sogar 40 % beträgt, gegenüber ca. 11 % bei Getreide. Aktuelle Untersuchungen von Oberle, Bächer und Masilko ergaben bei einer ausschließlichen Fütterung mit Erbsen und Ackerbohnen gegenüber Triticale einen deutlich niedrigeren Fettgehalt der Karpfen und festeres Fleisch sowie geschmackliche Vorteile. Doch sind Leguminosen wesentlich teurer als Getreide. Früher wurden auch Bitterlupinen häufig an Karpfen verfüttert. Man sagt, dass lupinengefütterte Karpfen sehr festes und schmackhaftes Fleisch hatten. Wegen des hohen Preises scheidet auch die heute fast ausschließlich erhältliche Süßlupine als Futtermittel aus. In seltenen Fällen werden noch Lupinen aus osteuropäischen Staaten zu akzeptablen Preisen importiert. Auch hier sind gebeizte Saatlupinen abzulehnen. Der Karpfen nimmt sowohl Süß- als auch Bitterlupinen auf.

6.3.4 Sojaextraktionsschrot („Sojaschrot")

Dieses Futtermittel ist extrem reich an Eiweiß und essenziellen Aminosäuren und für Karpfen relativ schwer verdaulich. Man kann es deshalb für die Ernährung von Karpfen im zweiten und dritten Jahr nicht empfehlen. Sojaschrot darf in den letzten Wochen der Vorstreckphase und in den ersten Wochen danach verfüttert werden. Sinnvoll ist die Gabe von Sojaschrot nur dann, wenn die Naturnahrung, hier Zooplankton, weitgehend aufgebraucht ist. Sojaschrot sollte für diesen Zweck fein geschrotet verabreicht werden. Am besten eignen sich hierzu „Scharflinger"-Futterautomaten. Sojaschrot kann vor dem Befüllen der Automaten auch mit fein geschrotetem Getreide vermischt werden. Zu starke Fütterung mit Sojaschrot erhöht die Gefahr von Kiemennekrose und Verschlechterung der Wasserqualität. Nur getoastetes oder aufgeschlossenes Sojaschrot verwenden.

6.3.5 Fertigfutter

Es ist zwar teurer als Getreide und andere Futtermittel, hat aber einen besseren absoluten FQ, der etwa bei 2 liegt. Fertigfutter wird auch Mischfutter genannt, da es aus verschiedenen Komponenten wie Getreide, pflanzlicher Stärke, Fischmehl, Soja usw. zusammengesetzt ist.

Es ist mittlerweile ein Mehrfaches teurer als Getreide und erzielt nur eine geringfügig bessere Futterverwertung. Aber sein relativ hoher Eiweißgehalt ermöglicht etwas höhere Besatzdichten bzw. sichert eine gleichbleibende Versorgung mit Eiweiß und Energie in einem konstanten und ausgewogenen Verhältnis. In der Regel reicht ein Eiweißgehalt von max. 25 % aus. Höhere Gehaltswerte sind nicht erforderlich, sie belasten nur Fisch und Wasser. Zu beachten ist auch, dass mit Fertigfutter deutlich mehr Phosphor in den Teich gelangt als mit Getreide; mit der Gefahr verstärkter Algenbildung.

Lediglich im Rahmen der Konditionsfütterung kann Futter mit 30–35 % Rohprotein im Frühjahr und Herbst jeweils etwa 4 Wochen lang gegeben werden. Gerade zur Konditionsfütterung muss vitaminisiertes Futter verwendet werden. Vitamine sind natürliche Substanzen, die die Gesundheit und Widerstandskraft der Fische fördern.

Das Fertigfutter, das übrigens nur über Futterautomaten verfüttert werden sollte, wird in gepresster Form, in sogenannten Pellets, auf den Markt gebracht (Abb. 75). Für Fische in der Vorstreckphase – das Futter wird hier als Brut- oder Anschlussfutter bezeichnet – werden allerdings noch keine Pellets angeboten, sondern Granulat. Diese Form des Futters hat aber die Struktur von Krümeln. Brut- und Anschlussfutter sind mit über 30 % Rohprotein sehr eiweißreich. Die meisten Firmen bieten Granulatfutter für Karpfen nicht mehr an. Es durch Forellenbrutfutter zu ersetzen, ist zu teuer. Außerdem schadet es den Karpfen durch seine hohen Rohproteingehalte von über 50 %. Hinweise zur Fütterung von $K_{0/v}$ sind Kapitel 8.2.1, Vorstreckteiche, zu entnehmen. Um Futterverlust zu vermeiden, ist es wichtig, der jeweiligen Fischgröße die richtige Pelletgröße zuzuordnen (siehe Tab. 7).

Abb. 75 Fertigfutter verschiedener Pelletgröße (Foto: LfL/IFI).

Bei gemischten Beständen ist es immer von Vorteil, die feinere Futtergröße zu wählen, da es sonst Futterverluste durch häufiges Ausspucken gibt.

Schleien sollten Futter einer Größe bekommen, die sonst um ein Jahr jüngeren Karpfen

Tab. 7 Zusammenhang Fischgröße – Futterkorngröße (Karpfen).

Fisch-Altersklasse	Futtergröße (Pelletdurchmesser)
K_0–K_v	0,1–0,5 mm, Brutfutter
K_v–K_1	0,5–2,0 mm, Anschlussfutter
K_1–K_2	1,5–2,5 mm
K_2–K_3	2,0–3,0 mm, max. 4,0 mm

verabreicht wird. Dreisömmerige Schleien erhalten also Pellets mit 1,5–2,5 mm Durchmesser. Welse hingegen nehmen wesentlich größeres Futter auf. Bei einem Körpergewicht von 100 bis 200 g können bereits 3-mm-Pellets verfüttert werden, zwischen 300 und 600 g 4,5-mm-Pellets und darüber 6-mm-Pellets.

6.3.6 Fütterungsarzneimittel

Unter dem Begriff Fütterungsarzneimittel sind Futtermittel, meist Fertigfutter, zu verstehen, denen Arzneimittel zugesetzt werden. Als Folge der chaotischen und zunehmend restriktiven Arzneimittelgesetzgebung sind diese Möglichkeiten stark eingeschränkt. Durch gemäßigte Besatzdichten, optimale Ernährung und Teichpflege können solche Futtermittel in den meisten Fällen eingespart werden. Es ist stets zu empfehlen, vor der Anwendung solcher Mittel eine fischereiliche Beratungsstelle und/oder den Tierarzt aufzusuchen. Wird solches Futter Speisefischen verabreicht, ist unbedingt die jeweils vorgeschriebene Wartezeit einzuhalten, also die Zeit zwischen der letzten Gabe und dem Verkauf. Medizinalfutter sollte nicht die erste, sondern die letzte Möglichkeit zur Problemlösung sein.

6.4 Bedarf

6.4.1 Eiweiß/Energie-Verhältnis

Der Karpfen ist kein Raubfisch. Daraus und aus der Tatsache, dass er keinen Magen besitzt, zog man früher den falschen Schluss, er könne Eiweiß nicht oder nur schlecht verdauen. Es wurde weiterhin gefolgert, sein Eiweißbedarf liege weit unter dem der Forelle.

Neuere Forschungsergebnisse zeigen jedoch, dass Karpfen und Forelle einen ungefähr gleichen Eiweißbedarf haben. Würde ein Karpfen nur über Zufütterung ernährt werden, also z. B. im Aquarium, so müsste sein Futter einen Eiweißgehalt von etwa 40 % (Rohprotein) in der Trockensubstanz enthalten. Es handelt sich dabei um sogenanntes „Alleinfutter“, da es als einzige Nahrungsgrundlage dient. Um dieses Eiweiß optimal verwerten zu können, wird Energie benötigt. Für jedes Prozent Rohprotein werden etwa 0,50 MJ veranschlagt.

Die Bezeichnung MJ ist die Abkürzung für Mega-Joule; dies wiederum entspricht 1000 kJ. Die Umstellung der physikalischen Kenngrößen hat leider etwas Verwirrung gestiftet. Es werden wohl noch einige Zeit alte und neue Bezeichnungen gleichzeitig genannt werden müssen. So wie PS von kW abgelöst wurde, wurde die alte Bezeichnung kcal durch kJ ersetzt:

früher	jetzt
1 kcal	= 4,184 kJ

Beispiel: Für 1 % Rohprotein sollten 0,50 MJ vorhanden sein
0,50 MJ = 500 kJ = 500/4,184 kcal = 120 kcal

Ein Futter mit 40 % Rohprotein sollte daher 40 × 120 kcal also 4800 kcal verdauliche Energie pro kg Trockensubstanz enthalten.

Mit dem Eiweißgehalt nimmt auch der Preis eines Futtermittels zu. Zum Glück benötigt der Karpfen im Teich kein Alleinfuttermittel. Die Naturnahrung bietet nahezu kostenlos Eiweiß bester Qualität und hoher Konzentration (Kap. 5, Naturnahrung). Es genügt hier die Gabe eines energie(stärke)reichen Ergänzungsfutters. Darunter sind hauptsächlich Getreide, Mais und Lupinen, aber auch eiweißarmes Fertigfutter mit 6–8 % Rohfett zu verstehen. Es gibt jedoch Situationen, in denen ein Futtermittel mit höherer Eiweißkonzentration zu wählen ist:

- geringe Menge an Naturnahrung in ertragsarmen Teichen,
- hoher Besatz,
- Herbst und Frühjahr, also Konditionsfütterung.

Ertragsarme oder „unfruchtbare“ Teiche haben geringen Zuwachs an Naturnahrung. Dies kann eine Ursache in extrem sandigen oder extrem lehmigen Böden haben. Auch senken niedere Jahresdurchschnittstemperaturen oder saure Gewässer, wie z. B. Waldwasser, den Anfall an Naturnahrung.

Bei hohem Besatz, etwa ab 1000 $K_{2/3}$ pro ha, entsteht großer Fraßdruck. Das heißt, die Fische fressen mehr Naturnahrung als nachgeliefert werden kann. Unter Konditionsfütterung ist ja die Gabe von Futtermitteln hoher Eiweißkonzentration, also 30–35 % Rohprotein, zu verstehen. In nährstoffarmen Zeiten, wie Herbst und Frühjahr, in denen der Fisch auch noch besonderen Belastungen ausgesetzt ist, soll auf diese Weise seine Widerstandskraft gestärkt werden. Die Konditionsfütterung ist in jedem Fall einer willkürlichen vorbeugenden Verfütterung von Arzneimitteln vorzuziehen. Bei Konditionsfütterung darf der pH-Wert des Wassers allerdings nicht wesentlich über 8 liegen, da sonst die Gefahr der Kiemennekrose steigt (Kap. 2, Das Teichwasser). Untersuchungen von Schreckenbach zeigen, dass K_1 kurz vor der Winterung am besten mit fettreichem Futter gefüttert werden sollen. Sie legen dadurch Fettdepots an und überstehen somit den kommenden Winter mit geringeren Verlusten. In der Praxis hat sich zur „Auffettung" der K_1 bewährt, Getreideschrot mit billigem Pflanzenöl oder Rapsschrot zu vermischen.

6.4.2 Futtermengen

Um Teiche einigermaßen kontrolliert bewirtschaften zu können, sollte der zu erwartende Futterbedarf vorher errechnet werden. Gerade für Teichwirte, die das Futtergetreide selbst erzeugen, ist es wichtig zu wissen, wie viel der geernteten Getreidemenge verfüttert werden muss. Man bedient sich hierzu des sogenannten Futterquotienten (FQ). Dieser gibt an, wie viel kg Futter verbraucht werden, um 1 kg Fischzuwachs zu erreichen. Es werden dabei grundsätzlich zwei Arten des Futterquotienten unterschieden. Wird allein durch Zufütterung aus einem Teich ein Mehrzuwachs von 500 kg Fischmasse erzielt, spricht man von 500 kg Futterzuwachs. Vergleicht man den Futterzuwachs mit der Menge des verbrauchten Futters, z. B. 2000 kg Getreide, so errechnet sich daraus ein Futterquotient von 4. Mit anderen Worten: Für jedes kg Futterzuwachs mussten 4 kg Getreide verfüttert werden (Abb. 76). Bei dieser isolierten Betrachtung des Futtermittels und seiner Zuwachsleistung spricht der Teichwirt vom absoluten FQ. In der Praxis ist der Zuwachs jedoch stets durch Naturnahrung, also Natur- plus Düngerzuwachs, mit beeinflusst, sprich vergrößert. Der Zuwachs, der nach der Ernte im Herbst festgestellt wird, setzt sich demnach aus Natur- plus Dünger- und Futterzuwachs zusammen. Der Futterquotient, der aus diesem Gesamtzuwachs und dem Futterverbrauch errechnet wird, heißt relativer FQ.

Beispiel: 1 ha Teichfläche, besetzt mit K_2 von 250 g; abgefischt: 1000 K_3, je 1250 g

Der absolute Futterquotient wurde für die einzelnen Futtermittel in Versuchen ermittelt. Er dürfte in der Praxis jedoch kaum von Interesse sein.

Interessanter ist der relative Futterquotient. Er gibt an, wie viel kg Futter zur Erzeugung von einem kg-Gesamt-Fischzuwachs benötigt werden. Dieses Verhältnis von Futtermenge zu Fischzuwachs sollte von jedem Teichwirt nach dem

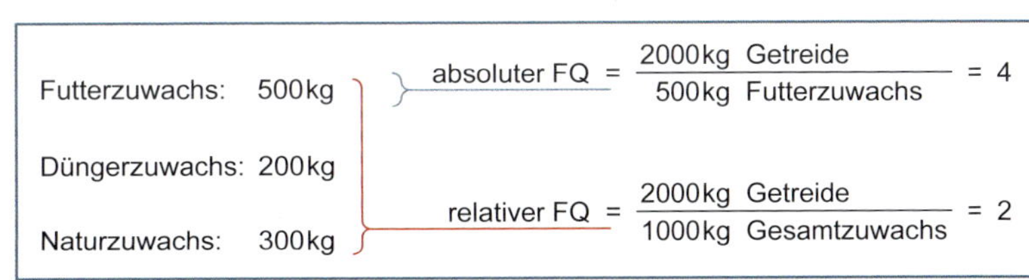

Abb. 76 Beispiel Futterquotient.

Abfischen im Herbst ermittelt werden. Der relative FQ darf im Normalfall bei Getreide nicht wesentlich über 2 liegen. Benötigt man für die Erzeugung von 1 kg Gesamtzuwachs 3 oder mehr kg Getreide, so ist die Wirtschaftlichkeit der Produktion meist gefährdet. Ursachen für zu hohe Futterquotienten können sein: extrem hohe oder niedrige Besatzdichten, schlechte Naturertragsklasse des Teiches, Krankheiten oder Totalverluste an Fischen, schlechte Wasserverhältnisse wie geringer Sauerstoffgehalt, viel Ammonium/Ammoniak etc. oder zu intensive Fütterung. Letzteres hat zwei Auswirkungen. Wird mehr gefüttert als die Fische aufnehmen können, so bleibt das Futter ungenutzt am Boden liegen, wird aber dennoch dem Futteraufwand zugerechnet, ohne den Fischzuwachs zu erhöhen. Darüber hinaus verschlechtert sich bei übermäßiger Futteraufnahme die Verwertung der Nährstoffe im Fisch. Es kommt zu verstärktem Fettansatz.

Fertigfutter, das sich von seinen Eigenschaften als Ergänzungsfutter zum Typ des Alleinfutters hinbewegt, wird auf andere Weise dosiert. Man orientiert sich hierbei am Lebendgewicht der Fische und drückt die tägliche Futtermenge in % des Lebendgewichtes aus.

Die Fertigfuttergaben pro Tag, in % des Lebendgewichtes der Fische betragen bei 20 °C Wassertemperatur und guten Sauerstoffverhältnissen:

K_v–K_1	K_1–K_2	K_2–K_3
10–5 %	5–3 %	3–2 %

Bei steigenden Temperaturen können Zuschläge, bei fallenden Temperaturen sollten Abzüge gemacht werden.

Beispiel: Ein Teich mit 1 ha Wasserfläche, Besatz 1000 $K_{2/3}$

Probefänge haben ein durchschnittliches Stückgewicht von 500 g ergeben; das Gesamt-Lebendgewicht der Fische in diesem Teich beträgt demnach etwa 500 kg. Bei einer Wassertemperatur von etwa 20 °C sind täglich 10 kg (also 2 % von 500 kg) Fertigfutter zu verabreichen.

Tägliche Futtergaben führen zu optimaler Futterverwertung. In der Praxis ist bei Getreide eine Fütterung alle 2 bis 3 Tage aus arbeitswirtschaftlichen Gründen noch akzeptabel.

Die eben beschriebenen Anleitungen zum Verfüttern von Getreide und Fertigfutter sind jedoch nicht als starres und stets gültiges Schema zu verstehen. Sie bedürfen kritischer Betrachtung und Korrektur. So weist das alte Verteilungsschema von Schäperclaus für den Monat August die höchste Futtergabe aus, während für April und Mai keine Fütterung vorgesehen war. Dieses Schema wurde in einer Zeit entwickelt, in der die Besatzdichten, an heutigen Maßstäben gemessen, sehr gering waren, etwa 300–500 K_2 pro ha. Da gerade zu Beginn der Erzeugungsperiode, also April/Mai, noch ein Maximum an Naturnahrung vorhanden ist, kann dies zur alleinigen Versorgung der damaligen geringen Fischmasse noch ausgereicht haben. Unter heutigen Bedingungen muss Futter verabreicht werden, sobald die Fische zu fressen beginnen. Dies ist auch unter dem Aspekt der sinnvollen Ergänzung eiweißreicher Naturnahrung mit energiereichem Ergänzungsfutter zu sehen. Das hohe Angebot der Natur an Eiweiß kann also nur bei gleichzeitiger Zufütterung optimal genutzt werden, wobei ein überreichliches Angebot an Naturnahrung, meist im April und Mai, schon eine sparsame Fütterung erlaubt. Das Reduzieren oder Weglassen des Futters darf jedoch nie zu einem völligen und restlosen Vertilgen der Naturnahrung führen. Wird der Fraßdruck der Fische mit zunehmender Temperatur immer größer, so muss in jedem Fall die Futtermenge angepasst werden. Weiterhin steht gerade während der ersten Hälfte der Erzeugungsperiode, also April, Mai und Juni, das meiste Wasser mit den besten Sauerstoffverhältnissen zur Verfügung. Danach kann in wasserarmen Regionen, z. B. dem Aischgrund, Wasserknappheit eintreten. Dies wiederum würde eine Intensivierung der Fütterung in den Monaten Juli

Abb. 77 Wurfnetz, ausgeschwungen (Foto: Beer; Tobias Hase/Bay. Staatsministerium für Ernährung, Landwirtschaft und Forsten).

und August verhindern. Auch muss in unserer Klimazone jede Erwärmung mit höherer Futtergabe ausgenutzt werden. Heutzutage ist eher folgende Verteilung der Futtermenge zu empfehlen: Mai 15 %, Juni 25 %, Juli 35 %, August 15 % und September 10 %. Hinzu kommt, dass in Folge des Klimawandels die Sommermonate sehr heiß und trocken werden können. Es wäre fatal, sich in einem warmen April oder Mai mit der Futtergabe zurückzuhalten und dann im Hochsommer wegen extremer Witterung die theoretisch empfohlenen 40 % nicht verfüttern zu können. Um die tierische Naturnahrung optimal zu nutzen, wird im Juni und Juli stärker mit Getreide gefüttert, als es bisher in der Literatur empfohlen wird. Im August herrschen meist die schlechtesten Wasserwerte vor; dann muss die Fütterung erheblich eingeschränkt werden. September und Oktober dienen zur Feinsteuerung, um das gewünschte Endgewicht zu erzielen. Gewichtskontrollen mit dem Wurfnetz sind jetzt besonders wichtig (Abb. 77).

Allerdings dürfen die 100 % der Gesamtfuttermenge auch nicht wesentlich überschritten werden. Sollte also auf einen warmen Frühsommer auch ein warmer August folgen, dann darf nicht mehr die ursprünglich vorgesehene Menge von 40 % verfüttert werden. Dies hätte zur Folge, dass die Karpfen erheblich über das angestrebte Ziel der gut verkäuflichen Speisefischgröße (1250 g) hinauswachsen würden. Auch steht in dieser Zeit relativ wenig Naturnahrung, also Eiweiß, zur Verfügung. Bei zu hoher Getreide- und damit Energiezufuhr verfetten die Karpfen und sind als Speisefisch eher eine Zumutung. Die Besatzdichte muss sich also an der

Fruchtbarkeit des Teiches orientieren. Ein weiterer Grund für möglichst frühzeitige Fütterung ist die Abnahme der Tageslichtlänge ab Ende Juni. In unseren nährstoffreichen Teichen gedeihen die Algen sehr gut. Sie produzieren am Tag viel mehr Sauerstoff als sie verbrauchen. Sie und die Fische benötigen nachts Sauerstoff. Die Nächte sind im August bereits länger als im Juni und Juli. Im August sind also die Zeiten der Sauerstoffproduktion kürzer, die des Sauerstoffverbrauchs länger.

In Abbildung 73 ist bildlich dargestellt, dass der Fisch zusammen mit dem Futter, z. B. Stärke, auch Sauerstoff benötigt. Je weniger Sauerstoff zur Verfügung steht, umso schlechter wird das Futter verwertet. Starke Fütterung bei geringem Sauerstoffgehalt führt daher zu schlechter Futterverwertung und Verfettung, im Extremfall zum Erstickungstod der Fische. Da sich etwa ab Juli die Sauerstoffbilanz in nährstoffreichen Teichen verschlechtert, kann intensive Fütterung im August bereits problematisch werden. Daneben gibt es einen weiteren Grund, im August nur noch wenig oder periodenweise gar nicht mehr zu füttern. Sehr häufig nämlich bilden sich zu dieser Zeit auf den Kiemen helle Beläge. Die Kiemen erscheinen blass und zeigen einen Ansatz zur Kiemennekrose. Ursache hierfür ist der beschleunigte Stoffwechsel der Fische in Verbindung mit zu eiweißreicher bzw. energiearmer Fütterung und hohen pH-Werten des Wassers. In solchen Fällen raten wir in jedem Fall zu Getreide oder zu einem Wechsel von normalem zu eiweißarmem Fertigfutter mit etwa 15–20 % Rohprotein. Getreide ist ideal, da es wegen der Wühltätigkeit der Fische auch zur Trübung des Teiches und damit zur Senkung der Algenaktivität und des pH-Wertes führt.

Sinkt die Temperatur für mehrere Tage oder Wochen ab, muss die Futtergabe entsprechend der verringerten Nahrungsaufnahme der Fische zurückgenommen werden.

Hinweise:

- Die Ursachen für Kiemenbelastungen wurden im Kapitel 2, Das Teichwasser, näher erläutert.
- Im Juli und August sollten Wasser und Fische besonders aufmerksam beobachtet werden (Wasserproben nehmen, Probefänge mit dem Wurfnetz).
- Bei abweichenden Wasserwerten oder Anzeichen gestörter Fischgesundheit ist die Fütterung einzustellen. Es empfiehlt sich jetzt, Fische und Wasser genauer untersuchen zu lassen.

6.5 Fütterungstechnik und Tipps

Unter Fütterungstechnik wird im Folgenden nicht nur die Technik der Futterautomaten, sondern auch das Vorgehen beim Füttern per Hand beschrieben.

Die einfachste Form, Futter zu verabreichen, ist das Füttern an Futterstellen. Dazu dienen eine oder mehrere, stets aber die gleichen Stellen im Teich, an denen das Futter ins Wasser geworfen wird. Der Teichboden muss auf diesen Plätzen möglichst schlammarm sein. Auch ist es vorteilhaft, wenn die Futterplätze vom Ufer aus gut zu beobachten sind. Um dem Graureiher, auch Fischreiher genannt, keine Chance zu geben, sollte die Wassertiefe an der Futterstelle mindestens 60 cm betragen, damit der Reiher dort nicht stehen kann. Empfehlenswert ist, die Futterstelle um den Mönch und die Abfischgrube zu wählen. Durch das Wühlen halten die Fische diese dann relativ schlammfrei.

Eine technische Variante der Futterstelle ist der Futtertisch. Es handelt sich hierbei um eine etwa 1 m^2 große Platte oder Flachschale, die stets an derselben Stelle auf dem Teichboden liegt. Damit der Karpfen das Futter nicht zu sehr von der Platte fegen kann, sollte sie ringsum einen etwa 5–10 cm hohen Rand haben. Es gibt Futtertische, die über Hebel oder Seilzüge anhebbar und versenkbar sind. Damit werden das Verabreichen und vor allem die Kontrolle des Futterverzehrs erleichtert. Der Vorteil des Futtertisches gegenüber der Futterstelle liegt in der besseren Beobachtungsmöglichkeit von Fischen und Futter. Allerdings muss auch der Futtertisch in einer Tiefe liegen, die für den Graureiher nicht zu erreichen ist. Der Nachteil ist allerdings, dass die für das Teichwasser positiven Wirkungen des Wühlens im Boden entfallen.

Für Futterstelle und Futtertisch gilt gleichermaßen, dass neues Futter erst gegeben wird, wenn das alte restlos verzehrt ist. Im Allgemeinen kann Getreide in Abständen von maximal 2–3 Tagen verfüttert werden. Futter, das bereits 3–5 Tage im Teich liegt, verdirbt und wird nicht mehr gefressen. Sollten davor größere Mengen auf dem Grund liegen, ist es empfehlenswert, diese Futterreste zu entfernen und den Futterplatz zu wechseln. Getreide, Mais, Lupinen oder Ähnliches sind in getrocknetem Zustand sehr hart. Der Karpfen ist in der Lage, auch diese Körner zu quetschen. Meist lässt er sie jedoch liegen, bis sie genügend gequollen und weich sind. Weicht man Körnerfutter vor dem Verfüttern auf, wird es schneller gefressen. Der relative Futterquotient wird durch das Vorweichen etwas besser, was vermutlich auf geringere Futterverluste und Kraft sparende Kauarbeit zurückzuführen ist. Die Entscheidung, ob vorgeweicht wird oder nicht, ist eine Frage des Zeit- und Arbeitsaufwandes. In der Regel lohnt es sich nicht, Futter vorzuweichen.

Größere Körner wie Mais und Lupine sollten trocken verfüttert, vorher gequetscht oder mehrmals gebrochen werden. Für den Karpfen im dritten Jahr können Getreidekörner ganz bleiben. Quetschen hat den Vorteil des schnelleren Quellens. Das Futter kleinerer Karpfen sollte der Größe entsprechend gebrochen werden. Zu feines Mahlen erhöht die Futterverluste. Versuche an der Außenstelle für Karpfenteichwirtschaft ergaben, dass gequetschtes Getreide im zweiten Sommer zu einer besseren Futterverwertung führt als ganze Körner. Im dritten Sommer ist es umgekehrt. Von den größeren Karpfen kann das Getreidekorn besser zermahlen und aufgeschlossen werden. Für Getreidekörner ergibt sich folgende Anpassung an den wachsenden Karpfen:

$K_{0/v}$ gemahlen, dann geschrotet
$K_{v/1}$ geschrotet, dann gequetscht
$K_{1/2}$ gequetscht, am Ende ganz
$K_{2/3}$ ganz

Beim Wechsel des Futtertyps oder der Getreideart empfiehlt es sich, in einer Übergangsphase ein Gemisch des alten und des neuen Futters anzubieten. Wenn die Karpfen im Frühjahr oder nach einer kurzfristigen Kälteperiode, bei der sie das Fressen eingestellt hatten, erneut zur Futteraufnahme gebracht werden sollen, kann das Quetschen des Getreides hierbei zusätzlichen Anreiz bieten. Gequetschtes Getreide verbreitet sein Aroma rascher und intensiver.

Fertigfutter ist zum Verabreichen auf Futterstellen und Futtertischen ungeeignet. Fütterungsarzneimittel lassen sich auf diese Weise also auch nicht verfüttern. Die Anschaffung eines Futterautomaten ist hier in jedem Fall empfehlenswert.

Der Pendel-Futterautomat dient dem Verfüttern von Fertigfutter-Pellets. Er hat den großen Vorteil, dass der Fisch seine benötigte Futtermenge selbst dosiert, wobei wenig Futter verloren geht (Abb. 78).

Der Standort des Automaten darf von „lieben" Mitmenschen möglichst nicht erreichbar sein. Es bieten sich hierzu die Aufstellung in der Mitte des Teiches auf einem Dreifuß an oder schwimmend auf einem verankerten Floß. Vorteilhaft ist auch die Montage an einem Schwenkarm, der am Mönch befestigt ist (Abb. 79). Die Aufstellung des Pendelautomaten vor dem Mönch bietet wegen der größeren Wassertiefe den Fischen ausreichend Platz, die niedersinkenden Pellets aufzufangen. Auch wird durch die ständige Bewegung des Wassers eine Ansammlung von Futterresten und Schlamm vor dem Mönch vermindert. Die Abfischgrube bleibt zumindest hier einigermaßen schlammfrei. Weiterhin transportiert das abfließende Wasser, das ja vom Teichboden abgezogen wird, sauerstoffarmes Wasser mit ab.

Abb. 78 Pendel-Futterautomat auf selbst gebautem Gerüst (Foto: Geldhauser).

Abb. 79 Pendel-Futterautomat auf Schwenkarm, Anbringen am Mönche sinnvoll (Foto: Geldhauser).

Das Pendel des Automaten sollte etwa 5–10 cm ins Wasser hineinreichen. Durch Wellenschlag darf Wasser jedoch nicht in die Vorratsbehälter eindringen. Der Teichwirt sollte auch Vorsorge treffen, dass sich kein Kondenswasser im Futterautomaten bilden kann. Durch Kondenswasser quellen die Futterpellets und kleben zusammen, was den Automaten außer Funktion setzt. Die Bildung von Kondenswasser lässt sich vermeiden, wenn man die meist dicht schließenden Deckel etwas anhebt und ein Büschel Gras dazwischen klemmt. Auch kann man ein kleines Loch seitlich in den Deckel bohren. In beiden Fällen entweicht die feuchte Innenluft; Regenwasser dringt nicht ein. Die untere Pendelspitze ist mit einer Schutzkappe umgeben, die die Fische vor Verletzungen schützt. Ein Abbrechen oder gar Fehlen dieser Kappe erfordert sofortige Reparatur.

Bisweilen gehen Fische anfangs nicht ans Pendel, weil ihnen diese Art der Fütterung noch ungewohnt ist. Zur Abhilfe bieten sich zwei Möglichkeiten an. Zum einen wird ein mit Futter gefülltes Leinensäckchen an die Pendelspitze gebunden. Ein Stück hartes Brot lässt sich ebenfalls dazu verwenden. Die Fische werden nun angelockt und spielen mit dem Pendel. Der zweite Weg zur Eingewöhnung: Unterhalb des Automaten werden etwa 2 kg Futter auf den Teichboden gestreut. Dies lockt die Fische an. Gleichzeitig ist das Pendel so fein einzustellen, dass es bereits bei leichter Berührung Futter freigibt. Die Fische fressen nach etwa 3 Tagen selbstständig, sodass das Pendel nun wieder straffer eingestellt werden muss.

Für Futterstelle, Futtertisch und Pendelautomat gibt es eine Faustregel: Zwei sind pro ha Teichfläche ausreichend, aber auch notwendig. Sind es weniger, so setzen sich bei der Futteraufnahme nur die großen Fische durch, mit der Folge, dass die Bestände stärker auseinander wachsen. Eine größere Zahl von Futterspendern wäre aus diesem Grund zwar vorteilhaft, ist aber wegen der hohen Anschaffungskosten nicht sinnvoll.

Brut- und Anschlussfutter werden in der Regel mithilfe des Scharflinger-Futterautomaten verfüttert. Dieser Automat wird von einem 12- bis 36-Stunden-Uhrwerk betrieben und gibt laufend kleinere Mengen des Futters ab (Abb. 80). Da nur am Tag gefüttert wird, genügt das 12-Stunden-Laufwerk.

Gerade für die Fische in der Vorstreckphase ist ständige Versorgung mit Nahrung lebensnotwendig.

Neben dem Scharflinger- sind auch mit Photovoltaik betriebene Futterautomaten im Handel. Auch sie sind für die permanente Versorgung der Vorstrecker sinnvoll.

Die Verwertung des verabreichten Futters durch den Fisch entscheidet über die Wirtschaftlichkeit der Fütterung maßgeblich. Folgende Bedingungen verbessern die Futterverwertung:

- Regelmäßige Fütterung in möglichst kurzen Abständen. Getreide alle 2–3 Tage, Fertigfutter täglich.
- Nicht zu große Mengen verfüttern, da eine drastische Steigerung der Ration die Futterverwertung verschlechtert.
- Hoher Sauerstoffgehalt des Wassers ist Grundlage optimaler Futterverwertung. Der Teichwirt kann seinen Teil dazu beitragen, indem er z. B. durch Teichpflege unkontrollierte Sauerstoffzehrung im Teich verringert.
- Bei Hitzeperioden oder in Zeiten drohenden Sauerstoffmangels verfüttert der Teichwirt den Fischen am Morgen die Tagesration. Diese Futtermenge wird meist in wenigen Stunden aufgenommen und ist bei hoher Wassertemperatur auch schon bis zum Abend verdaut. Dadurch findet die Verdauung während der sauerstoffreichsten Tageszeit statt. In der sauerstoffarmen Nacht aber wird der Fisch nun nicht zusätzlich durch Verdauung belastet.
- In milden Wintern sind die Karpfen noch aktiv und schwimmen umher; sie benötigen daher Futter. Man sollte ihnen dann über den Pendelautomaten Fertigfutter anbieten. Es ist dabei vorsichtig zu dosieren und nur etwa ein Viertel der üblichen Menge ist zu geben. Gerade K_1 pendeln sogar noch unter Eis.

Abb. 80 Band-Futterautomaten mit Uhrwerk (Foto: Geldhauser).

Eine der wichtigsten Maßnahmen der Fütterung und der Teichwirtschaft überhaupt ist die laufende Kontrolle der Bestände. Je früher negative Veränderungen festgestellt werden, umso wirkungsvoller und einfacher kann dem jeweiligen Problem entgegengetreten werden. Es ist daher unbedingt nötig, die Fische beim Fressen zu beobachten. Ebenso wichtig ist es, etwa alle drei Wochen Probefänge z. B. mit dem Wurfnetz durchzuführen (Abb. 77). Man sollte sich dabei aber nicht mit zwei gefangenen Exemplaren zufriedengeben. Nur so ist die Gewichtsentwicklung zu kontrollieren und das erforderliche Mastendgewicht einigermaßen sicher zu erreichen. Gleichzeitig lassen sich damit auch eventuell auftretende Krankheiten früh genug erkennen.

7 Zucht und Vermehrung

7.1 Zucht

Früher wurde von Karpfenrassen gesprochen. Mittlerweile herrscht jedoch die Ansicht vor, dass es Rassen im biologisch exakten Sinn beim Karpfen nicht gibt. Es ist sinnvoller, hier von Stämmen, Schlägen oder, im Fall unterschiedlicher Färbung, von Varianten zu sprechen. Unter der Bezeichnung Stamm ist in der Regel der jeweilige Zuchtstamm einzelner Züchter zu verstehen. Es handelt sich dabei um Fische, die im positiven Sinn in ihrer äußeren Erscheinung und in ihrer genetischen Veranlagung ein möglichst einheitliches Bild geben. Nur noch wenige Teichwirte betreiben diese planvolle Auslese und Pflege ihrer Laichfischbestände. Streng genommen trifft die Bezeichnung Fischzucht auch nur auf diese Betriebe zu. In den meisten anderen Fällen wird nur Vermehrung, also Produktion von Fischbrut, betrieben. Dennoch darf hier die Bedeutung züchterischer Maßnahmen im Bereich der Teichwirtschaft nicht überbewertet werden. Grundsätzlich bieten sich zwei Möglichkeiten an, einen Zuchtfortschritt zum verbesserten Wachstum hin zu erreichen:

1. Die ständige Auslese schnell wachsender Fische, sogenannter Vorwüchser. In Verbindung mit wenigen anderen Kriterien, meist im Bereich der Beschuppung, stellt dies die übliche Praxis vieler Fischzüchter dar. Wie geschildert, führt dies im Lauf der Zeit zu charakteristischen, einheitlichen Stämmen. In wissenschaftlichen Untersuchungen konnten Moav und Wohlfarth jedoch nachweisen, dass durch solches Auslesen die Wachstumsfähigkeiten der Karpfen nicht weiter zu verbessern sind. Klupp erklärt dies durch den dabei zunehmenden Inzuchtgrad, wenn durch Zuchtauslese über viele Karpfengenerationen bereits ein hohes Niveau der Wachstumsfähigkeit erreicht worden ist. Eine weitere Erklärung für das Ausbleiben besseren Wachstums trotz gezielter Auslese ist die geringe Vererbbarkeit des Wachstumsvermögens beim Karpfen. Sie beträgt etwa 10 %. Das heißt, nimmt ein Karpfen im selben Zeitraum anstelle von 1000 g (Karpfen A in Abb. 81) 1100 g zu (Karpfen B), so gehen nur 10 % des Unterschieds von 100 g auf die bessere erbliche Veranlagung zurück. Der weitaus größte Teil des Wachstumsvermögens kommt durch bessere Umweltbedingungen zustande, also z. B. höhere Temperaturen, wertvolleres Futter und optimale Teichverhältnisse.
   Für den Teichwirt folgt daraus, dass bei schwachem Wachstum seiner Fische die Ursachen viel eher im Bereich der Fischgesundheit, der Fütterung und anderer Umweltverhältnisse zu suchen sind als in der Abstammung.
2. Die Kreuzung unterschiedlicher Stämme (Linien) kann in der Tochtergeneration zu besseren Zunahmen führen, als sie in der Elterngeneration festzustellen waren. Der Vorgang der Kreuzung kann also einen guten züchterischen Erfolg bringen. Dieser sogenannte „Heterosiseffekt“, wird in der Pflanzenzucht bereits seit vielen Jahren ausgenutzt. Der gesamte Mais auf unseren Feldern ist Hybridmais, also das Ergebnis der Kreuzung unterschiedlicher Linien.

Abb. 81 Erblichkeit des Wachstumsvermögens.

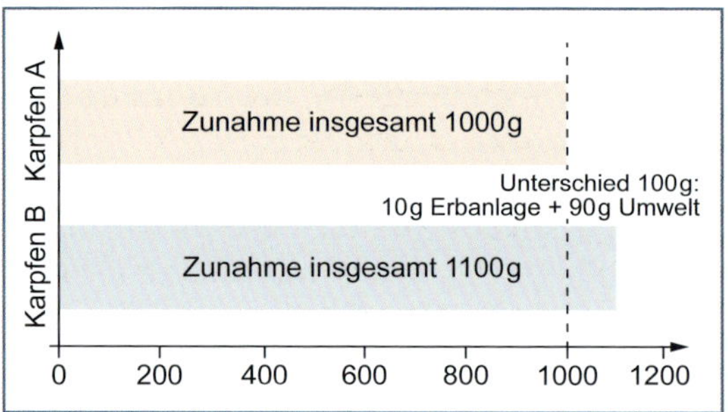

Untersuchungen von Bakos, Moav sowie der Bayerischen Landesanstalt für Fischerei haben gezeigt, dass solche Effekte auch bei Karpfen möglich sind (Abb. 82).

Zur Erzeugung des erfolgreichen Hybriden sind dabei stets die reinen Elternlinien (hier nur A und B) nötig. Ein Weiterzüchten mit dem Kreuzungsprodukt bringt keinerlei Erfolge. Nach dem Auffinden solcher Linien müssten dann umfangreiche und aufwendige Kreuzungsversuche angestellt werden, um die beste Kreuzungskombination zu finden. Anschließende Leistungsprüfungen sind mit großem Aufwand verbunden, da solche Versuche mehrmals wiederholt werden und auch unter verschiedenen Umweltbedingungen stattfinden müssen. Ein solches Kreuzungsprogramm ist völlig unrealistisch. Zum einen ist der Aufwand dafür entschieden zu groß und unwirtschaftlich; zum anderen sind dessen Ergebnisse nicht auf alle Teichanlagen und Regionen übertragbar.

Neben der Bezeichnung als Stamm oder Linie, die eng begrenzte Fischgruppe eines einzelnen Züchters umfassend, gibt es einen weiteren Begriff, den „Schlag“. Als „Schlag“ kann man Fische eines bestimmten geografischen Bereiches bezeichnen, die in der äußeren Erscheinung einige gemeinsame Merkmale aufweisen und untereinander einen höheren Verwandtschaftsgrad besitzen als gegenüber Fischen anderer Regionen. All diese Merkmale zusammen ergeben jeweils einen bestimmten Schlag, auch „Typ“ genannt. Zu den bekanntesten Schlägen zählen in Bayern der Schwarzenfelder, der Dinkelsbühler und der Aischgründer Karpfen. Daneben gab es noch den Böhmer, den Lausitzer, den Galizier und andere Karpfenschläge, die jedoch in ihrer typischen Form kaum noch existieren. Die besonders extreme Hochrückigkeit des Aischgründer Karpfens ist generell etwas zurückgetreten. Untersuchungen von Wunder weisen nach, dass durch die ständige einseitige Auslese hochrückiger Fische krankhafte Rückgratverkrümmungen anfangs unerkannt bevorzugt wurden. Solche Karpfen waren den Verhältnissen der Teichwirtschaft nicht optimal angepasst. Zugunsten der Fischgesundheit und der Ertragssicherheit kam man von der Form dieses „Tellerfisches“ wieder ab (Abb. 83).

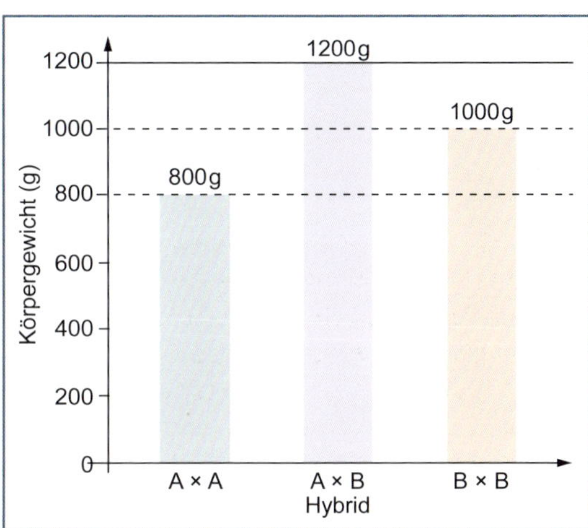

Abb. 82 Kreuzungsprodukt zweier reiner Linien, Heterosiseffekt beim Hybriden.

Zur Vereinheitlichung der Fischbestände hat sicher auch die Verbesserung der Transportmöglichkeiten beigetragen. Dennoch sollte es weiterhin Ziel der Teichwirte einer jeweiligen Region sein, den guten Ruf ihrer Karpfen zu erhalten. Dies lässt sich durch den Kauf einheimischer Satzfische und durch vernünftige, also maßvolle Bewirtschaftung erreichen.

Die Färbung des normalen Karpfens zeigt bestimmte Unterschiede, sogenannte Farbvarianten. An Kopf, Rücken und Oberbereich der Körperseiten ist der Karpfen dunkler gefärbt als am Bauch. Die Dunkelfärbung kann als graue mit gelber, brauner oder blauer Tönung beschrieben werden. An der hellen Bauchseite ist der Grundton der jeweiligen Farbvariante am besten zu erkennen. Im Übrigen haben auch Schleien unterschiedliche Gelb-Grau-Tönung an der Bauchseite. Diese Farbvarianten von Karpfen und Schleien sind nicht umweltbedingt, sondern offensichtlich erblich fixiert. Bei Versuchen mit Schleien war festzustellen, dass

Abb. 83 Das Züchtungsziel: hochrückige, fleischreiche und schuppenarme Speisekarpfen (Foto: LfL/IFI).

jedoch die Intensität der Färbung, insbesondere im Fall des Gelbtons, von Teich zu Teich variiert: Fische aus Lehmteichen sind hell, Fische aus Moorteichen eher dunkel. Wissenschaftliche Untersuchungen dahingehend, ob die Färbung auch Rückschlüsse auf das Wachstum zulässt, liegen nicht vor. Eine weitere, allerdings sehr seltene Farbvariante ist der Blaukarpfen, auch als Bläuling oder Schleikarpfen bezeichnet. Durch das Fehlen des Farbstoffs Guanin wird die Haut durchsichtig. Gefäße und Eingeweide schimmern durch. Probst und Klupp beschreiben eine solche Erscheinung, Alampie genannt, auch bei der Schleie.

Durch Zunahme der Garten- und Hobbyteiche wurde in den letzten Jahren auch der Goldkarpfen bekannt und beliebt. Die Goldfischzucht, die ihren Ursprung in Japan hat und dort seit über 2000 Jahren betrieben wird, bringt eine Fülle schöner Farbvarianten hervor. In ein- oder mehrfarbiger Kombination treten die Farben Rot, Orange, Gelb, Weiß und Platin auf. Goldkarpfen eignen sich wegen ihrer Robustheit sehr gut für Hobbyteiche. Wer übrigens seine Goldkarpfen gerne ausführlicher betrachten will, sollte Schwimmfutter verwenden. Die Fische stehen dann bei der Futteraufnahme längere Zeit an der Oberfläche des Teiches. Außer an Form und Farbe lassen sich die Karpfen auch aufgrund verschiedener

Beschuppung unterscheiden. Die Schuppenform ist auf bestimmte Erbanlagen zurückzuführen, wenngleich manche Übergangsform, besonders zwischen Spiegel- und Zeilkarpfen, nicht sicher einzuordnen ist. Bei Kenntnis des Erbganges kann gezielt mit den verschiedenen Schuppentypen gezüchtet werden. Beschuppung und Erbanlage sind im Folgenden erläutert:

7.1.1 Schuppenkarpfen

Der Schuppenkarpfen ist die ursprüngliche Form des Karpfens (Abb. 84). Aus ihr haben sich durch Mutation und Selektion die anderen Schuppentypen entwickelt.

Beschuppung: völlige Beschuppung des Körpers. In Ausnahmefällen können stellenweise einige Schuppen fehlen.

Erbanlage: Schuppenkarpfen können mischerbig oder reinerbig sein, ohne dies äußerlich zu zeigen. Ob ein Laichfisch misch- oder reinerbig ist, kann nur an der Beschuppung seiner Nachkommen erkannt werden. Produziert ein Schuppenkarpfenpaar ausschließlich Schuppenkarpfen, so sind die Elterntiere reinerbig und können zur gezielten Erzeugung von Schuppenkarpfenbrut weiterhin verwendet werden. Tritt jedoch in der Nachkommenschaft regelmäßig ein hoher Anteil Spiegelkarpfen auf, so ist mindestens eines der Elterntiere mischerbig. Fischzüchter, die sich einen Stamm reinerbiger Schuppenkarpfen aufbauen wollen, können die Erbanlage ihrer Schuppenlaicher durch Paarung mit Spiegelkarpfen überprüfen.

Bei der Kreuzung eines Schuppen- mit einem Spiegelkarpfen kann es zu zweierlei Ergebnissen kommen:

- Sind die Nachkommen zu 100 % Schuppenkarpfen, so ist der Schuppenkarpfen reinerbig.
- Folgen aus der Paarung je zur Hälfte Schuppen und Spiegelkarpfen, dann ist der Schuppenkarpfen mischerbig.

7.1.2 Spiegelkarpfen

Beschuppung: Der Spiegelkarpfen trägt am Rücken eine geschlossene Schuppenreihe. Ferner befinden sich Schuppen an den Flossenansätzen und am Schwanzstiel (Abb. 85). Weitere Schuppen können am Rand des Kiemendeckels und auch am übrigen Körper als Streuschuppen vorkommen. Streuschuppen entstehen häufig über Narbengewebe. In der Regel sind die restlichen Körperpartien jedoch unbeschuppt.

Erbanlage: Spiegelkarpfen sind generell reinerbig, alle Nachkommen daher wieder reine Spiegelkarpfen.

7.1.3 Zeilkarpfen

Beschuppung: Das Schuppenbild entspricht weitgehend dem des Spiegelkarpfens. Zusätzlich zieht sich auf jeder Seitenlinie eine Schuppenreihe hin (Abb. 86).

Erbanlage: Der Zeilkarpfen ist nur mischerbig. Aus der Paarung zweier Zeilkarpfen können alle vier Beschuppungstypen hervorgehen.

Abb. 84 Schuppenkarpfen.

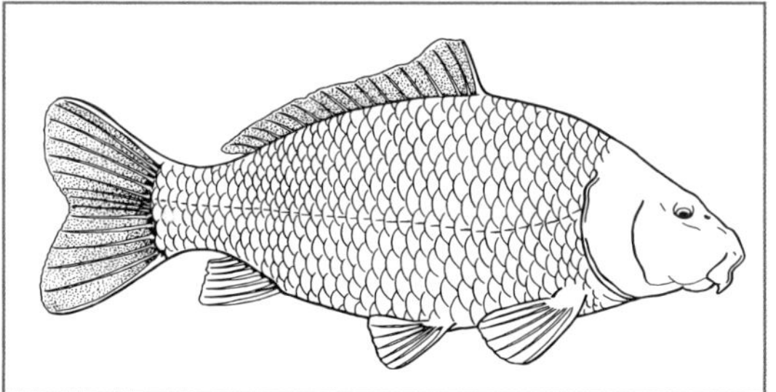

Abb. 85 Spiegelkarpfen.

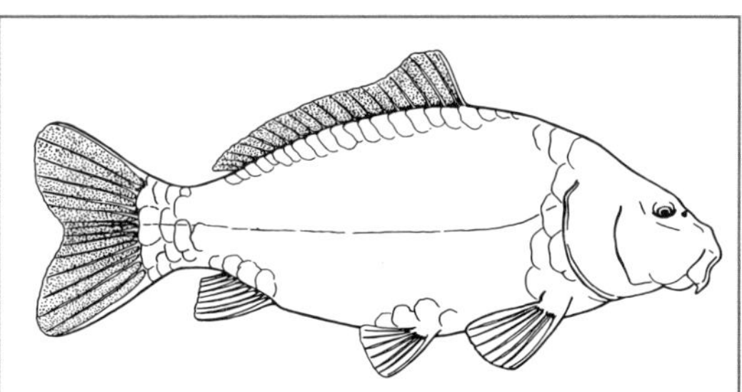

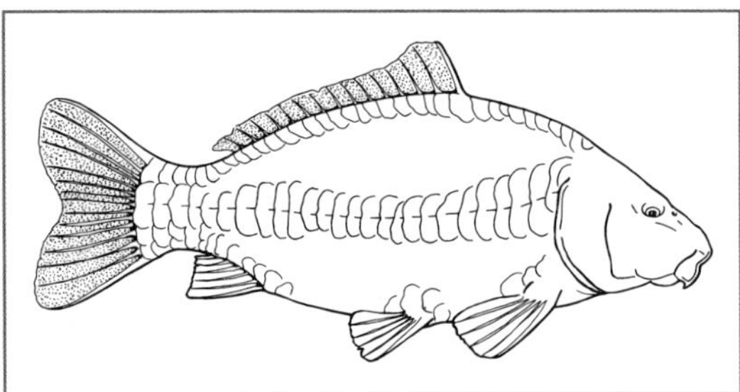

Abb. 86 Zeilkarpfen.

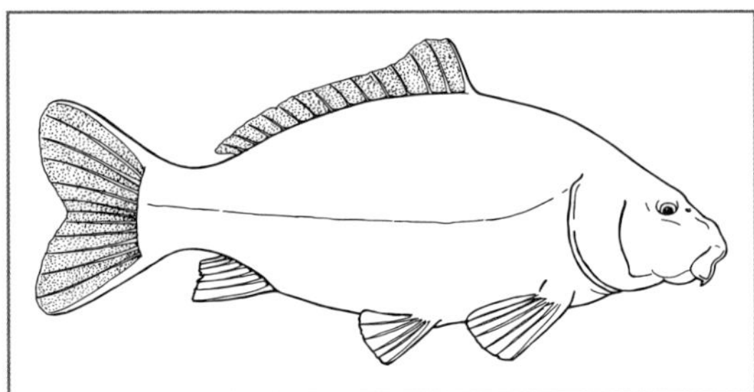

Abb. 87 Nacktkarpfen, früher Lederkarpfen genannt.

7.1.4 Nackt- bzw. Lederkarpfen

Beschuppung: Diese Karpfen sind meist völlig schuppenlos (Abb. 87). Es können unregelmäßig verteilte Streuschuppen vorkommen.

Erbanlage: Auch der Nacktkarpfen ist ausschließlich mischerbig. In der Nachkommenschaft sind Spiegel- und Nacktkarpfen zu finden. Bei Paarungen von Zeil- und Nacktkarpfen, also Zeiler mal Zeiler, Nackter mal Nackter oder Nackter mal Zeiler, kommt stets eine gewisse Menge nicht lebensfähiger Individuen heraus.

In der praktischen Teichwirtschaft wird daher ausschließlich mit Schuppen- und Spiegelkarpfen gezüchtet. Diese beiden Beschuppungstypen sind bezüglich Vitalität, Wachstum und Verlustrate den Zeil- und Nacktkarpfen eindeutig überlegen. Der Schuppenkarpfen ist gegenüber dem Spiegelkarpfen bezüglich Winterverluste, Parasitenanfälligkeit und Fraßverluste durch Vögel ein wenig bessergestellt.

7.2 Vermehrung

Der Karpfen ist ein Krautlaicher. In der Laichzeit, d. h. Ende April bis Juni, legt er seine Eier auf Gras oder Wasserpflanzen ab. Die Eier, auch als Laich bezeichnet, bleiben wegen ihrer Klebrigkeit an den Pflanzen haften, bis die Larven schlüpfen. Gute Laichbedingungen herrschen also in pflanzenreichen Teichen oder auf kurzzeitig überstauten Grasflächen. In der letzten Phase der Laichreife treiben die Männchen (Milchner) die Weibchen (Rogener) im Teich umher. Dieser Vorgang wird fachlich als Treiben bezeichnet (Abb. 90). Die Hypophyse des Weibchens wird dabei zu verstärkter Hormonproduktion angeregt. Nach einigen Stunden erreichen die Eier im Leib des Weibchens dadurch ihr letztes Reifestadium. Es kommt zum Eisprung (Ovulation) und zur anschließenden Abgabe der Eier in das Wasser bzw. auf die Pflanzen. Das Männchen, das sich während des Laichspiels in unmittelbarer Nähe des Weibchens aufhält, spritzt über die ausgestoßenen Eier eine Wolke Sperma. Innerhalb der nächsten ein bis zwei Minuten werden die Eier befruchtet. Anschließend quellen die Eier, die mit einem Durchmesser von 1,0–1,5 mm das Weibchen verlassen, auf einen Durchmesser von 2,0–2,5 mm. Kurz vor und während der Eiabgabe hat das Laichspiel seinen Höhepunkt erreicht. Die Tiere verlieren ihre natürliche Scheu und planschen weithin hörbar im Teich. Man sagt, sie „schlagen“.

Fischzüchter bedienen sich unterschiedlicher Methoden der kontrollierten Vermehrung von Karpfen. Die Einfachste hiervon ist das alte Laichverfahren. Hierbei werden warme, fruchtbare Teiche mit 1–2 Satz Laichkarpfen besetzt. Unter einem Satz versteht der Züchter 1 Rogener (Schlagmutter) und 2 Milchner (Treiber). Man wählt dieses Geschlechtsverhältnis, um die Befruchtung der Eier zu gewährleisten. Die Teiche, die eine Fläche von 0,5–1 ha haben sollten, müssen ausreichend Wasserpflanzen zum Able-

Abb. 88 Gut gepflegter Laichteich (Foto: LfL/IFI).

gen des Laichs besitzen. Wird das Ziel reiner Karpfenzucht verfolgt, darf kein zusätzlicher Besatz mit anderen Fischen, nicht einmal Karpfen, vorgenommen werden. Lediglich zum Antrüben des Teichwassers bei Gefahr von Fadenalgenbildung empfiehlt es sich, einige starke S_2, etwa 50–100 Stück, zuzusetzen.

Das alte Laichverfahren hat mehrere Nachteile. So ist, allein schon durch die Größe des Teiches bedingt, nicht genau festzustellen, mit welchem Erfolg abgelaicht wurde. Ein eventuell nötiges Austauschen der Laichfische ist nur schwer möglich. Weiterhin lässt sich die Zahl der geschlüpften Larven (K_0) nicht erfassen und regulieren. Bei zu hoher Besatzdichte wachsen die Fische wegen nicht ausreichender Naturnahrung schlecht. Um eine Überbesetzung zu vermeiden, wird oft ein Teil der Brut einige Wochen nach dem Schlüpfen mit Netzen oder Reusen abgefangen und in andere Teiche versetzt. Dabei ist allerdings nur die Zahl der entnommenen und nicht die Zahl der verbleibenden Fische bekannt.

Aus all diesen Gründen ist das alte Laichverfahren nur sehr bedingt der kontrollierten Vermehrung zuzuordnen. Es hat jedoch bei der Aufzucht von Hechten und anderen Raubfischen Bedeutung, denen die anfallende Karpfenbrut eine gute Futterversorgung bietet. Auch kann es als zusätzliche Absicherung bei Verwendung anderer Vermehrungsverfahren dienen.

Die kontrollierte Vermehrung in speziellen Laichteichen ist ein immer noch naturnahes und wirksames Verfahren (Abb. 88). Diese Teiche werden nur in der Zeit vom Ablaichen bis wenige Tage nach dem Schlüpfen der Larven benutzt. Den Rest des Jahres liegen sie trocken. Obgleich es mehrere Varianten derartiger Laichteiche gibt, sei hier die bekannteste Form, der Dubisch-Teich, beschrieben. Entwickelt wurde er von dem österreichischen Fischmeister Thomas Dubisch (1813–1888). Die Fläche dieser Laichteiche variiert zwischen 50 und maximal 300 m^2. Wichtige Voraussetzungen zum Bau dieser Teiche sind eine sonnige und windgeschützte Lage sowie die völlige Trockenlegbarkeit der Teiche. Ein Graben, der entlang der Teichseite der Dämme verläuft, ist unbedingter Bestandteil der Dubisch-Teiche (Abb. 89). Er dient der Entwässerung und ermöglicht es den Laichfischen und Larven, sich in tieferes Wasser zurückzuziehen. Zudem erleichtert er das Abfischen der Brut und zuvor der Elterntiere.

Eine Besonderheit der Laichteiche sind die hohen Dämme, die 1 m höher sind, als es der

Abb. 89 Plan eines Dubisch-Teiches (Zeichnung Städtler nach Reil).

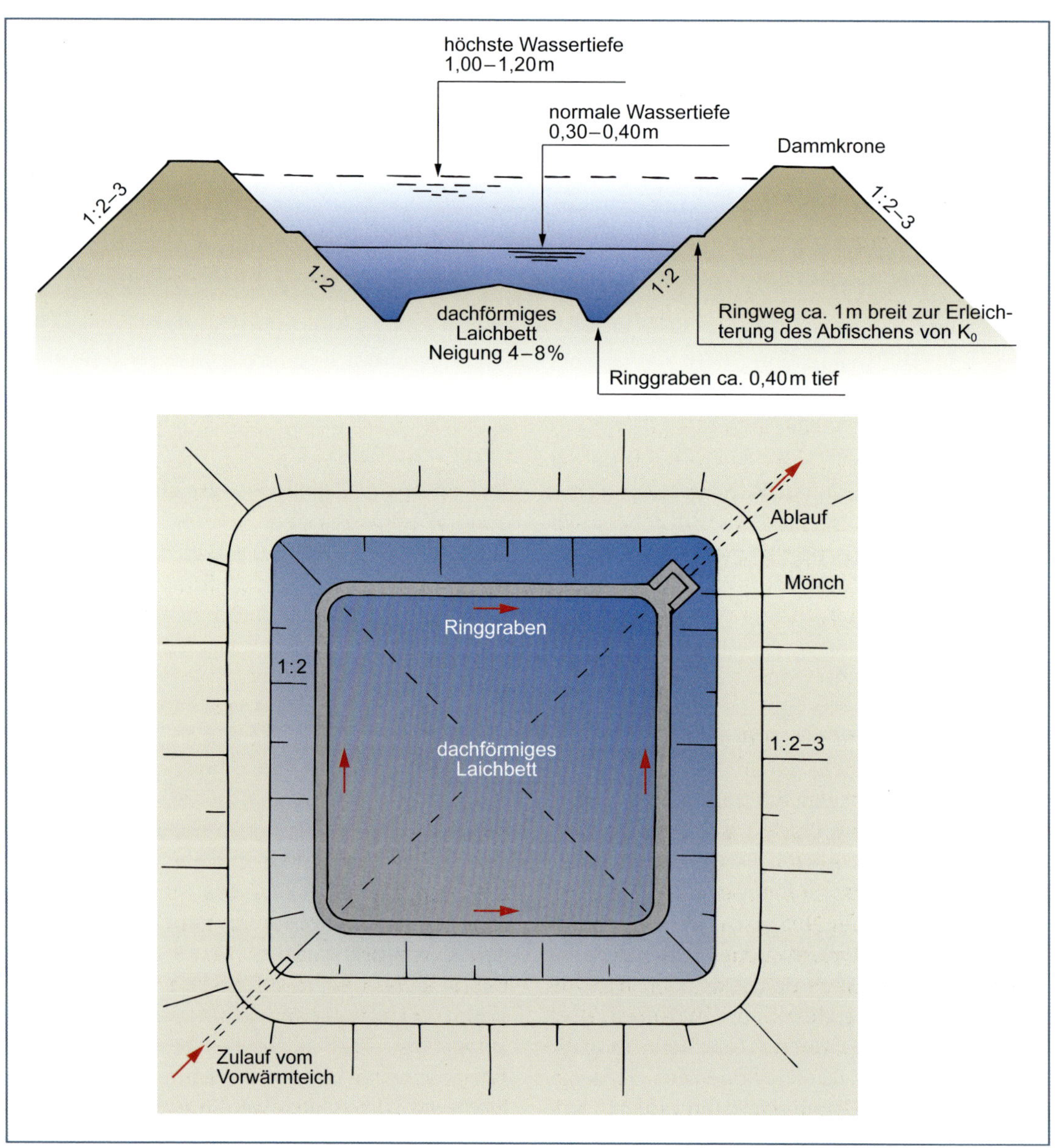

Abb. 90 Karpfen beim Laichspiel (Foto: LfL/IFI).

Wasserspiegel erfordert. Dadurch wird die empfindliche Brut besser vor Wind geschützt. Auch können bei verschlechterter Wetterlage der Teich höher angestaut und damit Temperaturschwankungen einigermaßen abgefangen werden. Plötzliche Temperaturstürze unter 12–14 °C Wassertemperatur vernichten meist die gesamte Brut. Besonders gefährlich ist hier langanhaltender, kalter Regen.

Der Laichteich muss über seine gesamte Fläche mit Pflanzen bewachsen sein. Geeignet sind hierzu Pflanzen, die gegen das Überstauen mit Wasser relativ lange widerstandsfähig sind und nicht bereits nach wenigen Tagen in Fäulnis übergehen. Als sehr geeignete Pflanzen erweisen sich z. B. die Flatterbinse *(Juncus effusus)* und das Deutsche Weidelgras *(Lolium perenne)*. Die Grasflächen sind nach der Nutzung und im Herbst zu mähen, um den Pflanzenwuchs zu fördern.

Verzögert sich nach dem Anstauen und Besetzen des Laichteiches das Ablaichen, etwa durch einen Temperatursturz, sterben häufig die Pflanzen ab, bevor das Laichen erneut einsetzt. Schon aus diesem Grund empfiehlt es sich, mehrere, mindestens jedoch 2 Dubisch-Teiche anzulegen. Das Wasser im Laichteich sollte mindestens 16–18 °C warm sein. Es ist jedoch nicht möglich, das Wasser erst im Dubisch-Teich langsam von der Sonne erwärmen zu lassen, da sonst die überstauten Pflanzen zu früh zusammenbrechen würden. Man wärmt daher das Wasser in einem speziellen Vorwärmteich und befüllt von diesem aus den Dubisch-Teich wenige Stunden vor dem Besetzen mit Laichfischen. Der Vorwärmteich muss in seiner Größe der gesamten Laichanlage angepasst werden. Er sollte fischfrei sein und möglichst klares Wasser haben. Es wird am Einlauf zum Dubisch-Teich mit einem Gazesieb von etwa 0,3 mm Maschenweite gefiltert. Damit werden Feinde der Fischbrut, wie z. B. Libellenlarven oder räuberisches Zooplankton, zurückgehalten. Die Stauhöhe im Laichteich ist sehr gering. Sie beträgt an der flachsten Stelle etwa 30 cm und an der tiefsten 50–70 cm. Regelmäßig sollten Sauerstoffanalysen durchgeführt und bei Bedarf Wasser vom Vorwärmer zugeleitet werden. Ein zu kräftiger Zulauf in der Anfangsphase des Laichspiels kann allerdings die Fische so stören, dass sie die Annäherungsversuche wieder einstellen. Auch ist die frisch geschlüpfte Brut nicht in der Lage, einer stärkeren Strömung zu widerstehen. Zufluss vom Vorwärmteich wird nur in der Tagesstunde gegeben, in der das Wasser am wärmsten ist.

Die Arbeiten zur Vorbereitung der Laichsaison beginnen bereits im April. In dieser Zeit werden die Laicher den Laichfischwinterteichen entnommen und beurteilt. Die Zahl der Laichfische sollte so groß sein, dass jedes Jahr ein bestimmter Anteil ungeeigneter Tiere ausgeschieden und anderweitig verwertet werden kann. Dieser Anteil, schätzungsweise ein Viertel des Laichfischbestandes, muss nun jedes Jahr ergänzt werden. Hierzu wählt der Teichwirt von der Gruppe der dreisömmerigen Karpfen die besten, in der Regel Vorwüchser, als Laichfischanwärter aus.

Der Auswahl der Laichfische nach bestimmten Kriterien wurde schon oft viel zu viel Bedeutung beigemessen, speziell Hochrückigkeit zu stark berücksichtigt. Hochrückigkeit ist ein äußeres, anatomisches Merkmal, das noch keineswegs gute Wachstumsfähigkeit oder Gesundheit bzw. Krankheitsresistenz einschließt. Zudem ist Hochrückigkeit, auch gemessen als Korpulenzfaktor, eine Eigenschaft, die nicht nur von den Erbanlagen, sondern zum großen Teil von den Umweltbedingungen beeinflusst wird. Es sollten also nur diejenigen Fische miteinander verglichen werden, die denselben Umweltbedingungen ausgesetzt waren, sprich aus demselben Teich kamen. Erst wenn diese Voraussetzung gegeben ist, kann die Hochrückigkeit als eines von mehreren Merkmalen bei der Auslese berücksichtigt werden. Der Teichwirt sollte aus der Laichfischauslese keine Geheimwissenschaft machen, sondern auf wenige und sinnvolle Eigenschaften achten. Für die Auswahl von Elterntieren zur Speisefischerzeugung sind dies:

Äußere Erscheinung: gleichmäßige, harmonische Körperform. Hochrückige, korpulente Fische mit kräftigem Schwanzstiel sind zu bevorzugen, extreme Ausbildungen sollten vermieden werden (Abb. 83, unten). Keine Deformationen, z. B. an Schädel, Flossen, Rückgrat und Kiemendeckel. Diese Fehler könnten erblich sein.

Der Beschuppungstyp muss möglichst rein hervortreten; Streuschuppen sind zu vermeiden.

Gesundheit: keine Verletzungen, Parasiten oder Krankheitserscheinungen.

Vermehrungsfähigkeit: Im April sollten die Rogener bereits einen voluminösen, weichen Bauch haben. Weibchen mit Verhärtungen in diesem Bereich sind als Laichfische ungeeignet.

In der gleichen Zeit müssen Milchner auf leichten Druck hin Sperma abgeben, „zeichnen". Gutes, gesundes Sperma, auch „Milch" genannt, ist weiß und von rahmiger Konsistenz.

Generell sollten frühreife Fische, die bereits im dritten Jahr Laichansatz zeigen, nicht verwendet werden.

Sollen ausschließlich Satzkarpfen für den Besatz freier Gewässer herangezogen werden, so hat die Hochrückigkeit keinerlei Bedeutung.

Nachdem nun die geeigneten Laichfische ausgesucht wurden, kommen sie bis zum Laichen wieder in normale Teiche. Manche Fischzüchter lassen dabei Rogener und Milchner zusammen im gleichen Teich. Dies erfordert aber ständige Beobachtung. Bei den ersten Anzeichen von Laichspiel werden die Fische dem Teich entnommen und in den Dubisch-Teich umgesetzt. Bei diesem Vorhaben bestimmen allerdings ausschließlich die Fische den Ablaichtermin. Außerdem ist unkontrolliertes Ablaichen vor dem Übersetzen in den Dubisch-Teich nicht völlig auszuschließen. Deshalb sollten die Laichkarpfen bis zum geplanten Laichtermin besser nach Geschlechtern getrennt gehalten werden. Der Teichwirt kann dann in Ruhe optimale Verhältnisse für das Ablaichen und Erbrüten abwarten.

Der richtige Zeitpunkt für das Besetzen der Laichteiche hängt fast ausschließlich von der Witterung ab. Der Erfolg in diesem Abschnitt der Fischzucht wird also von Erfahrung und einer gehörigen Portion Glück bestimmt. Karpfen laichen bereits bei Wassertemperaturen von 16 °C, besser 18 °C ab. Erst wenn eigene Beobachtungen und der Wetterbericht das Einhalten dieser Temperatur über mehrere Tage hinweg erwarten lassen, sollten die Dubisch-Teiche bespannt und besetzt werden. Optimale Vorbereitung der Laich- und Vorstreckteiche ist wichtiger als frühzeitiges Besetzen. Nur von wirklich laichreifen Laichfischen ist eine erfolgreiche Vermehrung zu erwarten. Die Ausbildung der Eizellen im Eierstock der Rogener beginnt bereits im Sommer des Vorjahres und hängt von den Haltungs- und Nahrungsbedingungen ab. Nach dem Stillstand in der Winterpause setzt im neuen Jahr der Reifungsprozess ein, der vorrangig von der Wassertemperatur, vom Temperaturrhythmus und der zunehmenden Tageslichtlänge gesteuert wird. Da dieselben Faktoren auch die Entwicklung von Pflanzen beeinflussen, schlossen erfahrene Fischzüchter schon früher von der Blühzeit bestimmter Pflanzen auf den Zeitpunkt der Laichreife der verschiedenen Fischarten. An der Außenstelle für Karpfenteichwirtschaft wurden diese Zusammenhänge über acht Jahre lang untersucht und für die Laichreife einiger Fischarten die Blühzeit bestimmter Pflanzen festgestellt (siehe Tab. 8).

Die Blühzeit der Pflanzen allein ist noch keine Garantie für eine erfolgreiche Vermehrung. Um sicherzugehen, sollte man die Eisheiligen abwarten. Auch wenn die Laichreife im Endstadium steht, kann ein Temperatursturz zur abrupten Unterbrechung des Laichspiels führen. Wenn die Laichreife eingetreten ist, werden noch auslösende Reize für den eigentlichen Laichakt, also das „Treiben" und „Schlagen", benötigt. Das sind in erster Linie eine, wenn auch nur minimale Temperaturerhöhung, Luftdruckwechsel, die Nähe des anderen Geschlechts nach längerer Trennung und der Berührungsreiz von Pflanzen auf der Haut.

Tab. 8 Laichreife zu Blühzeiten der Pflanzen.

Fischart	Pflanzenart
Hecht	Huflattich
Zander	Schlehe, Magnolie
Karpfen	Flieder, Kastanie, Holunder
Wels	Holunder, Pfingstrose, Kornblume
Schleie	Lupine, Jasmin, Goldregen

Abb. 91 Karpfeneier, an Wasserpflanzen haftend (Foto: Oberle/LfL).

Von einem 5 kg schweren Rogener sind etwa 500 000–1 Million befruchtete Eier zu erwarten. Es würde also theoretisch genügen, nur einen Satz Laichkarpfen pro Dubisch-Teich auszusetzen. Da dieser eine Rogener aber unter Umständen unfruchtbar sein kann, sollten mindestens 2 Sätze pro Teich zum Ablaichen kommen. Die Fische geraten eher in Laichstimmung, wenn das Wasser des Dubisch-Teiches etwas wärmer ist als das des Teiches, dem sie vorher entnommen wurden.

Wenn laichreife Fische nach dem Aussetzen in den Laichteich nicht laichen wollen, bewährt es sich, diese für 1–2 Tage in kühleres Wasser von etwa 14–15 °C zurückzusetzen. Nach diesem Kälteschock laichen sie beim Umsetzen in den etwa 18 °C warmen Dubisch-Teich ziemlich sicher ab.

Der Teichwirt überzeugt sich vom Erfolg des Ablaichens durch vorsichtiges Entnehmen von

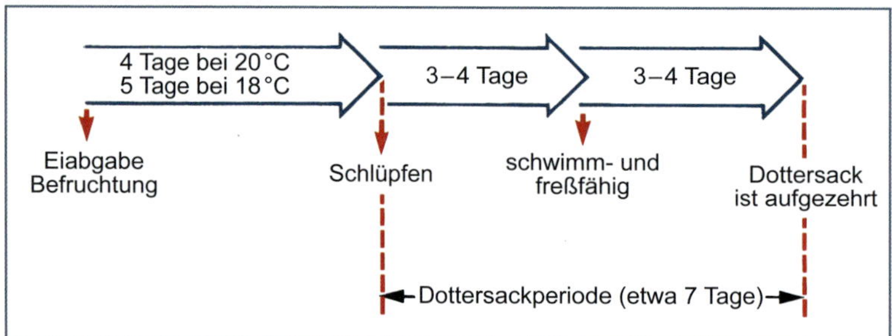

Abb. 92 Entwicklung von Ei und Larve.

Grashalmen. Kleben an mehreren Stellen des Teiches Eier an den Pflanzen, so war das Ablaichen erfolgreich (Abb. 91). Anschließend werden die Elterntiere unverzüglich abgekeschert. Hierzu kann das Wasser des Laichteiches kurzfristig etwas abgesenkt werden. Die Eier, die an den Grashalmen kleben, werden nicht geschädigt, wenn dies in der Morgendämmerung geschieht und möglichst nach einer Stunde das Gras wieder völlig überstaut wird.

Um Temperaturschwankungen z. B. durch die nächtliche Abkühlung abzupuffern, sollte der Wasserspiegel während der Erbrütung weiter aufgestaut werden. Der hohe Damm des Laichteiches und möglichst hohes Gefälle vom Vorwärmer her ermöglichen dies.

Die Eier kleben alle einzeln an den Grashalmen. Die befruchteten sind glashell, die nichtbefruchteten werden im Lauf eines Tages milchig weiß und verpilzen rasch. Die Entwicklung des Eies ist streng temperaturabhängig. Je nach Wassertemperatur vergehen zwischen Befruchtung und Schlupf der Larven 3–8 Tage.

Die Zeitdauer zwischen Befruchtung und Schlupf wird in Tagesgraden ausgedrückt. In der Regel vergehen bei einer Wassertemperatur von 20 °C etwa 80 T° bis zum Schlupf (Abb. 92).

Abb. 93 Karpfen, eben geschlüpft, natürliche Größe 7 mm.

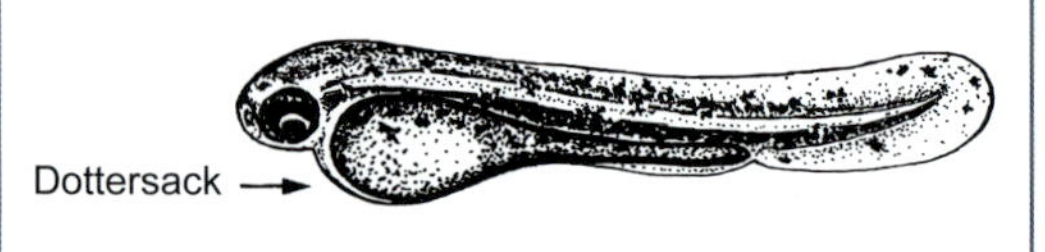

Beispiel: Die durchschnittliche Wassertemperatur eines Tages beträgt 20 °C.

Bis zum Schlüpfen bedarf es 80 Tagesgrade, also 80/20 = 4 Tage.

Bei erheblich niedrigeren oder höheren Temperaturen verändert sich allerdings auch die Zahl der benötigten Tagesgrade. So sind bei einer durchschnittlichen Wassertemperatur von 15 °C etwa 100 T°/ 15 C° = 6 bis 7 Tage erforderlich.

Temperaturen über 30 °C und unter 12 °C schädigen den Laich nachhaltig. Er stirbt ab.

Nach dem Schlüpfen haften die Larven mithilfe einer klebrigen Stelle ihres Kopfes an den Grashalmen. Da sie noch nicht schwimmen können, sinken sie zu Boden ab, sobald sie sich vom Grashalm lösen. Von dort aus arbeiten sie sich immer wieder zur Wasseroberfläche hoch und versuchen, ihre Schwimmblase mit Luft zu füllen. Deshalb ist es wichtig, dass Laichteiche einen hohen Damm haben und windgeschützt sind, da sonst die frisch geschlüpften Larven beim mühseligen Luftschnappen regelrecht ertrinken würden. Erst nach 3–4 Tagen (Abb. 92) ist die Schwimmblase gefüllt, die Larven sind dadurch in der Lage zu schwimmen. Ab diesem Zeitpunkt sind sie auch fähig, über ihre Maulspalte Nahrung, zunächst Rädertierchen, Nauplien und Wimpertierchen, aufzunehmen. Bis dahin ernähren sie sich von dem Nahrungsvorrat aus ihrem Dottersack (Abb. 93). Etwa 7 Tage

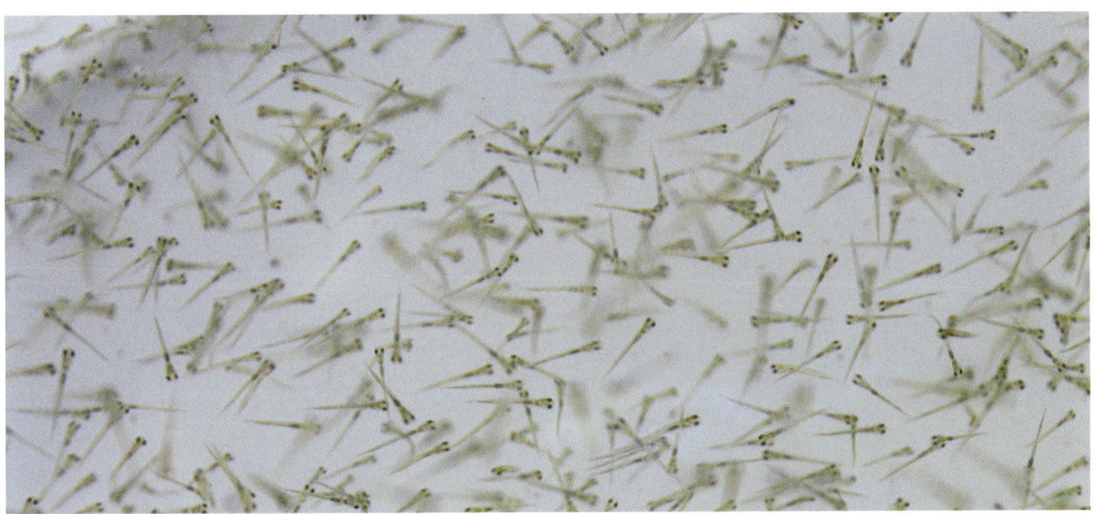

Abb. 94 K_0 („Jungbrut") 2–3 Tage alt. Sie ist schwimmfähig, da die Schwimmblase mit Luft gefüllt ist (Foto: Beer).

nach dem Schlüpfen ist der Dottersack leer. Spätestens dann muss die Larve Nahrung aus dem Teich aufnehmen können.

Das Abfischen der Larven, auch Dottersack- oder Jungbrut genannt, sollte kurz nach dem Erlangen der Schwimm- und Fressfähigkeit, aber noch bei Vorhandensein eines Nahrungsrestes im Dottersack vor sich gehen. So hat die Larve Gelegenheit, durch den kleinen Restvorrat kurzfristig gesichert, sich an die Verhältnisse des Vorstreckteiches zu gewöhnen (Abb. 94 und 95). Die Abfischung der Dotterbrut muss möglichst schonend durchgeführt werden. Es bieten sich für das Abfischen im Laichteich Gazekescher oder hinter dem Mönch Abfischkästen mit Gazewänden an (Abb. 96).

Sicher gibt es noch eine Reihe weiterer Tricks und Ratschläge zur Vermehrung von Karpfen. Oft werden jedoch die wichtigsten Dinge nicht genügend beachtet, weil sie im Grunde selbstverständlich sind. So ist z. B. die richtige Haltung und Fütterung der Elterntiere grundlegende Voraussetzung für erfolgreiche Vermehrungsarbeit. Nach dem Ablaichen werden beide Geschlechter zusammen in den teilweise bewachsenen Laichfischteich gesetzt. Sie sollen hier die Möglichkeit haben, noch vorhandene Reste des Rogens abzugeben. Es kann sinnvoll sein, durch Zusetzen einiger Hechte die unkontrolliert anfallende

Abb. 95 Kontrolle des Schlupfergebnisses. Die Larven heben sich vor hellem Hintergrund gut ab (Foto: LfL/IFI).

Brut zu beseitigen. Die Besatzdichte sollte nicht mehr als 50 Laichfische pro ha betragen. Nach dem Ablaichen bis zum Winter empfiehlt es sich, stärke- und fettreiches Futter zu geben. Hierfür ist Getreide oder eiweißarmes Fertigfutter geeignet. Im Frühjahr bis kurz vor dem Ablaichen sollte eiweißreiches, vitaminisiertes Futter verabreicht werden. Laichfische sollen allerdings stets einen möglichst großen Anteil Naturnahrung haben und dürfen nicht gemästet werden. Auch müssen für sie die Wasserverhältnisse optimal sein. Neuere Untersuchungen belegen z. B., dass bei ständigen Sauerstoffwerten unter 6 mg/l die Fruchtbarkeit der Laicher drastisch abnimmt. Zur Risikominimierung und um sicher ausreichend laichreife Elterntiere zu haben, empfiehlt es sich, die Lachfischhaltung in zwei Teichen zu betreiben.

Abb. 96 Abfischen von schwimmfähiger Dottersackbrut mit Gazekeschern (Foto: LfL/IFI).

8 Besatz und Bewirtschaftung

Der Tierschutz trat in den letzten Jahren immer mehr in den Fokus der Öffentlichkeit. Dabei erfordert besonders das Wohlbefinden der Nutztiere, zu denen natürlich auch die Fische zählen, kritische Aufmerksamkeit.

8.1 Ertragsfähigkeit der Teiche

Die natürliche Ertragsfähigkeit („Fruchtbarkeit", Naturertrag) eines Teiches wird durch Wärme bzw. Sonneneinstrahlung, Bodenart und Wasserqualität bestimmt. Ein guter Karpfenteich soll besonnt sein, also möglichst nach Süden hin offen liegen. Werden vor allem kleinere Teiche zu sehr durch Bäume beschattet, wächst wenig Naturnahrung heran. Der Teichwirt wird deshalb vom Anrainer verlangen, dass gemäß nachbarrechtlicher Vorschriften mit Bäumen ein Mindestabstand von 4 Metern von der Grenze einzuhalten ist. Büsche und Bäume in Teichnähe verursachen auch Windschatten, der den Sauerstoffeintrag durch Wind verringert. Abgefallenes Laub legt sich auf den Teichboden, isoliert den fruchtbaren Schlamm und senkt die Fruchtbarkeit (Abb. 97). Teiche, in denen starke Quellen

Abb. 97 Zwar schön und ökologisch interessant, aber wegen Beschattung, Laubeinfall und sauren Zulaufwassers wenig fruchtbar (Foto: Geldhauser).

entspringen, sind im Sommer zu kalt. Viel nachteiliger ist noch, dass solche Teiche schlecht trockenzulegen und nach Krankheiten oder Parasitenbefall nur schwer und mit großem Aufwand zu sanieren sind. Früher hieß es, Teiche mit einer Durchschnittstiefe von etwa 80 cm seien fruchtbarer, da sie sich schneller erwärmen als solche mit einer durchschnittlichen Wassertiefe von 1,20–1,50 m. Heute steht dagegen fest: Tiefere Teiche erwärmen sich zwar langsamer, dafür sind aber die Wassertemperaturen, die pH- und Sauerstoffwerte bedeutend konstanter. Die Fische sind hier weniger Stress ausgesetzt.

Die hauptsächliche Naturnahrung, die sich z. B. durch Düngung am leichtesten vermehren lässt, ist tierisches Plankton. Ein Teich mit 1,50 m durchschnittlicher Tiefe und einer Wassermasse von 15 000 m^3 pro ha weist insgesamt mehr Plankton auf, als ein vergleichbar flacher mit halbem Produktionsvolumen bei einer Tiefe von 75 cm. In tieferen Teichen gibt es auch weniger Verluste durch Fischreiher, Haubentaucher, Möwen und Enten. Außerdem ist in tieferen Teichen das Pflanzenwachstum leicht zu regulieren, und es entstehen grundsätzlich weniger Kosten für Unterhaltungs- und Entlandungsmaßnahmen. In tieferen Teichen finden Haupt- und Nebenfische stets einen geeigneten Platz zum natürlichen Ablaichen. Bei Himmelsteichen, also Teichen ohne regelmäßigen Zulauf, ist ausreichende Wassertiefe geradezu Voraussetzung dafür, dass länger anhaltende Trockenperioden besser überstanden werden. Zusammenfassend wurde immer wieder festgestellt: Tiefe Teiche bringen nachhaltig etwa 50 % höhere Erträge als flache mit vergleichbarer Wasser- und Bodenqualität.

Früher wurde möglichst um jeden Teich ein Umlaufgraben angelegt, um den Durchlauf nahrungsarmen Wassers zu vermeiden. Bei Gefahr von Hochwasser oder bei Abwasser (Kläranlagen oder Ackerflächen) ist der Bau eines Umlaufgrabens auch heute noch rentabel. Für das ständige Ableiten kleiner Mengen wenig belasteten Wassers ist aber der hohe Preis für den Bau und die Unterhaltung sowie der Flächenverlust durch den Umlaufgraben wirtschaftlich nicht rentabel. Besondere Gefahr besteht bei Sonderkulturen im Einzugsgebiet wie Wein, Hopfen und Spargel, da dort sehr stark mit Stickstoff gedüngt wird und auch häufig Herbizide eingesetzt werden. Dort ist ein Umlaufgraben fast immer erforderlich. Außer Klima und Höhenlage hat auch die Beschaffenheit des Teichbodens Einfluss auf die Ertragsfähigkeit. Saure Waldteiche, meist mit sandigen Böden, haben den geringsten Naturertrag.

Die wichtigste Voraussetzung für gute Ertragsfähigkeit ist jedoch die Qualität des zufließenden Wassers. Je höher der Kalkgehalt, umso besser ist es gegen Laugen und Säuren gepuffert und umso besser ist die natürliche Ertragsfähigkeit. Der Kalkgehalt wird als SBV (Säurebindungsvermögen) gemessen. In guten Teichen liegt es über 1,5, besser 2,0.

Die natürliche Ertragsfähigkeit von Teichen hat eine große Spannweite von etwa 50 kg bis 800 kg Fischzuwachs pro Hektar. Dieser Zuwachs, der allein vom Teich, also der Natur, herrührt und noch nicht den Futterzuwachs beinhaltet, wird von den beschriebenen Eigenschaften des Teiches bestimmt. Durch Teichpflegemaßnahmen kann er allerdings verbessert werden. So drücken z. B. große Schlammtiefen oder übermäßiger Wasserpflanzenbewuchs den Naturertrag ebenfalls.

8.2 Teichtypen und Besatzstärken – der dreisömmerige Umtrieb

Die Aufzucht von eben geschlüpften Karpfen bis zum Speisekarpfen dauert unter unseren Klimabedingungen drei Sommer. Man spricht vom dreisömmerigen Umtrieb. Versuche von Teichwirten, Speisekarpfen im zweisömmerigen Umtrieb zu erzeugen, scheiterten häufig an unvorhersehbar kühlen Sommern. Die Fische erreichen dann die marktfähige Größe von etwa 1250 g nicht ganz, müssen schließlich im dritten Sommer wieder aufgesetzt werden, sind dann aber als K_3 zu groß. Zunächst eine Aufstellung der Fischbezeichnungen und der dazugehörenden Teichtypen:

K_0: Im Laichteich geschlüpfte Dottersackbrut des Karpfens mit einem Rest vom Dottersack, doch schon fressfähig, in den Vorstreckteich eingesetzt.

K_v: Vorgestreckter Karpfen. Nach etwa 4–6 Wochen Aufenthalt im Vorstreckteich wiegt er etwa 1 g, ist etwa 3–5 cm lang und wird nun in den Brutstreckteich umgesetzt.

K_1: Einsömmeriger Karpfen. Nachdem er den Sommer über im Brutstreckteich aufwuchs, verbleibt er in der Regel dort auch im Winter. Der K_1 sollte etwa 30 g schwer sein. Je nach Nahrungsgrundlage, Witterung, Besatzdichte u.v.a. mehr beträgt die Gewichtsspanne 5 bis 250 g. Größensortierung nach cm: 6–9; 9–12; 12–15; über 15.

K_2: Zweisömmeriger Karpfen. Der K_1 verbringt den zweiten Sommer im Streckteich. Er wächst dort bis zum Herbst zu einem etwa 250 g schweren K_2 heran. Auch hier ist die Schwankungsbreite des Gewichtes allerdings sehr groß.

K_3: Dreisömmeriger Karpfen. Zu Beginn des dritten Sommers wird der K_2 in den Abwachsteich gesetzt. Dort wächst er zum K_3 heran. Als Speisefisch sollte er, zumindest in Bayern, etwa 1250 g schwer sein; zum Filetieren eignen sich Karpfen erst ab 1600 g.

Für andere Fischarten und Altersklassen werden ähnliche Abkürzungen benutzt. Einsömmerige Hechte heißen also H_1, dreisömmerige Schleien z. B. S_3. Bei Laichfischen wird ein „L“ angehängt, bei Karpfenlaichern kürzt man also mit K_L ab. Der Teichwirt ist darauf angewiesen, in drei Jahren Speisekarpfen heranzuziehen. Um für die Winterung gute Kondition zu haben, sollten im Herbst K_1 25 g, K_2 mindestens 250 g wiegen. Nach dem gewünschten Stückgewicht, dem Gesamtzuwachs, also Natur-, Dünger- und Futterzuwachs, und den zu erwartenden Verlusten richtet sich die Besatzzahl. Ein einfaches Beispiel: Ein 1-ha-Teich hat 600 kg Gesamtzuwachs. Bei K_2 mit 250 g Aussetzgewicht und einem gewünschten Abfischgewicht der K_3 von 1250 g ergibt sich ein Stückzuwachs von 1000 g.

Allgemein gilt:
Besatzzahl = Gesamtzuwachs/Stückzuwachs + 15 % Verlustaufschlag für K_2
In Zahlen: 600 kg/1 kg = 600 K_2
+ 15 % Verlustaufschlag = 690 K_2/ha
Das Abfischgewicht bei diesem Beispiel ist:
600 K_3 × 1,250 kg = 750 kg/ha
Die Normalverluste betragen bei der Aufzucht von:
K_0 (schwimm- und fressfähige Brut) zu K_v (Stückgewicht etwa 1 g): 50 %
K_v zu K_1: 40 %
K_1 zu K_2: 30 %
K_2 zu K_3: 15 %

Je nach der Beschaffenheit des Teiches, den Witterungseinflüssen, dem Fraßdruck von Fisch fressenden Vögeln und der Wirtschaftsweise schwanken die Verluste oft erheblich. Gerade durch Kormorane traten in den letzten Jahren selbst bei K_2 zu K_3 nicht selten Verluste von 80 % auf. Betrachten wir im Folgenden die Stationen des Karpfens im dreisömmerigen Umtrieb.

8.2.1 Vorstreckteiche, K_0 auf K_v

Die Vorstreckphase dauert vom Besetzen mit K_0 bis zum Abfischen der K_v in der Regel sechs Wochen. Sie sollten dann etwa 1 g schwer sein. Für den Erfolg des Vorstreckens ist es wichtig, den empfindlichen K_0 optimale Nahrungsverhältnisse zu schaffen und möglichst viele ihrer Fressfeinde zu vermeiden bzw. abzuhalten.

Nicht jeder Teich ist zum Vorstrecken geeignet. Ein Vorstreckteich muss absolut trockenlegbar und innerhalb weniger Tage mit Wasser befüllbar sein.

Er sollte nicht im Schatten liegen, sich rasch erwärmen können und allgemein eine hohe Fruchtbarkeit im bereits beschriebenen Sinn haben (siehe Ertragsfähigkeit der Teiche). Eine fachgerechte Vorbereitung des Vorstreckteiches bis zum Besetzen der K_0 ist die beste Gewähr für eine zufriedenstellende Erzeugung von K_v. Es bieten sich verschiedene Methoden an:

Etwa vier bis sechs Wochen vor dem Besatz wird auf dem trockenen Teichboden Getreide,

Klee oder Ähnliches gesät. Die Pflanzen sollten bis zum Anstau des Teiches etwa 20 cm hoch sein. Kurz vor dem Anstau können sie auf der ganzen Fläche oder deren Hälfte eingefräst werden. Werden sie nicht gefräst, sollten sie höchstens 25 cm hoch sein, da sie sonst zu viel Holzfaseranteile besitzen und sich nach dem Anstau nur schwer zersetzen.

Wird diese Form der Gründüngung nicht gewählt, ist in jedem Fall das Fräsen des trockenen Bodens ein bis zwei Wochen vor dem Anstau durchzuführen. Um das Aufkommen der wichtigen Naturnahrung weiter zu verbessern, empfiehlt es sich, anschließend zum Zeitpunkt der Befüllung organisch zu düngen. Dies kann dadurch geschehen, dass am Teichrand pro ha etwa 2 t Festmist in vier bis sechs Haufen ausgelegt werden.

Eine weitere Möglichkeit besteht darin, 100 bis 150 kg Heu in lockerer Form am gesamten Teichrand auszulegen. Heuballen müssen in jedem Fall geöffnet und zerteilt werden. Auch kann anstelle des Heus Gras, das als Mähgut von etwa einem Drittel des Dammes angefallen ist, in den Teich eingebracht werden. Das Gras sollte angewelkt sein, damit es auf der Oberfläche schwimmt und dann gut verteilt langsam absinkt.

Sowohl das Fräsen als auch die organische Düngung führen zu einem möglichst dichten Aufkommen von Nährtieren für die K_0. Die im Laichteich gerade schwimm- und fressfähig gewordenen K_0 haben nach Kainz eine Maulspalte von etwa 230–300 μm (1 mm = 1000 μm). Es ist daher wichtig, dass die Hauptmasse der Nährtiere zum Zeitpunkt des Besetzens des Vorstreckteichs nicht größer ist als dieses Maß. Steht ein Teich über längere Zeit unter Wasser, so bilden sich nach dem Prinzip des „Fressen und Gefressenwerden" immer größere Formen und Arten der Nährtiere heraus. Eine lange Anstauzeit vor dem K_0-Besatz würde also das Größenspektrum so verschieben, dass die meisten Nährtiere für die K_0 zu groß wären. Einige der größeren Nährtiere, z. B. Hüpferlinge (Copepoden), töten auch ihrerseits die K_0. Darüber hinaus stellen sich im Lauf der Zeit noch andere Schädlinge ein, die K_0 fressen, z. B. Libellenlarven, Gelbrandkäfer oder Wasserwanzen.

Aus diesem Grund muss ein Vorstreckteich etwa drei Tage vor dem K_0-Besatz angestaut werden. Dann entwickeln sich rechtzeitig die für junge K_0 passenden Nährtiere wie Wimpertierchen (Ciliaten), Rädertierchen (Rotatorien), Muschelkrebse (Ostracoden) oder Jugendstadien (Nauplien) der Hüpferlinge (siehe Kap. 5.1, Formen der Naturnahrung, und 7.2, Vermehrung). Diese Nährtiere finden auf der großen Oberfläche der fein verteilten und sich zersetzenden Düngungspflanzen beste Lebensbedingungen. Die im Wasser treibenden Pflanzenteile sind übrigens auch gute Versteckmöglichkeiten für die K_0.

Ungefähr eine Woche nach dem Anstaubeginn des Vorstreckteiches stellen sich größere Zooplankter ein, hauptsächlich Wasserflöhe und Hüpferlinge. Nun sind die K_0 bereits so weit herangewachsen, dass sie diese großen Nährtiere verwerten können (Abb. 98).

Abb. 98 $K_{0/v}$, unterschiedliches Wachstum durch unterschiedliche Nahrungsbedingungen, sprich Zooplanktonangebot (Foto: LfL/IFI).

Abb. 99 Zählen von K_0 mithilfe eines Teelöffels (Foto: Proske).

Abb. 100 Zählen von K_v durch Volumenbestimmung (Foto: LfL/IFI).

Es ist nicht nötig und sogar falsch, den Vorstreckteich bis zum Besatz vollständig zu befüllen. Der Teichrand sollte im Moment des Besetzens etwa 10 cm unter Wasser stehen. Das Zulaufwasser läuft aber kontinuierlich weiter, sodass erst nach ungefähr zwei Wochen die Endstauhöhe erreicht wird. Durch dieses Vorgehen steht den K_0 in den ersten Tagen des Vorstreckens, in denen sie ja das Fressen erst lernen müssen, eine möglichst dichte Nährtiermasse zur Verfügung. Auch ist der Energiebedarf zum Fangen des Planktons dadurch geringer.

Wird das Zulaufwasser aus einem Bach oder einem anderen Teich entnommen, muss es über ein Planktonnetz in den Vorstreckteich geleitet werden, um die zu großen Nährtiere herauszufiltern. Das Netztuch sollte eine Maschenweite von 400 bis 500 μm (0,4–0,5 mm) haben. Ein trichterförmiges Planktonnetz sollte am Trichterende einen Behälter mit Schnappverschluss besitzen. Beim Reinigen des Planktonnetzes, das etwa alle drei Tage anfällt, kann somit das zu große Plankton in den Behälter gespült und in einen anderen Teich verbracht werden. Planktonnetze müssen eine Oberfläche von 5 bis 10 m^2 besitzen, um nicht zu rasch zu verstopfen. Sie können an einem schwimmenden Rahmen unter dem Einlaufrohr angebracht werden. Etwa eine Woche nach dem K_0-Besatz wird es nicht mehr benötigt.

Vorstreckteiche werden mit 100–500 000 K_0 pro Hektar besetzt, meist sind es 200 000 K_0. Da zu niedrige oder zu hohe Besatzzahlen die Unsicherheiten des Vorstreckens noch vergrößern, sind die K_0 einigermaßen genau zu zählen. Dafür stehen zwei Möglichkeiten zur Verfügung. Zum einen kann man einen größeren Posten K_0 in einen Eimer mit 10 l Wasser geben. Die Fischchen werden vorsichtig umgerührt und so gleichmäßig verteilt. Unmittelbar danach wird daraus ein Gefäß mit genau 0,25 Liter des Wassergemisches gefüllt (Abb. 100). Die kleinen Karpfen werden nun anschließend gezählt, in dem man sie langsam vom 0,25-l-Gefäß wieder in den 10-l-Behälter zurückfließen oder tropfen lässt. Dieser Vorgang sollte mindestens zweimal wiederholt werden. Wenn z. B. einmal 190 und einmal 210 Stück gezählt werden, ergibt dies einen Durchschnitt von 200 K_0 auf 0,25 l Wasser. In dem 10-l-Behälter sind daher etwa 40 × 200, also 8000 K_0.

Proske entwickelte eine einfachere und schnellere Methode. Dabei werden aus einem Behälter mithilfe eines Gazekeschers K_0 zusammengefangen. Der Kescher wird aus dem Wasser gehoben; das Wasser tropft ab. Nun drückt man einen Teelöffel oberhalb der K_0-Menge leicht an die Innenseite des Keschers und lässt durch eine geringfügige Drehung des Keschers die K_0 über den Teelöffel fließen. Der Teelöffel sollte gestrichen voll sein (Abb. 99). Sein Inhalt wird jetzt in ein Gefäß mit etwa 0,25 bis 0,5 l Wasser gegeben. Diese K_0 sind zu zählen. Auch dieser Vorgang wird wiederholt. Aus dem Durchschnitt ergibt sich die Zahl der K_0, die in einem Teelöffel enthalten ist. Je nach Teelöffel sind es etwa 2000 Stück. Für den Besatz eines 1 ha großen Vorstreckteiches werden 200 000, also 100 Teelöffel, K_0 benötigt.

Etwa zwei bis drei Wochen nach dem Besatz kann die Naturnahrung nicht mehr den Bedarf der angewachsenen K_0-Masse decken. Wer den Arbeitsaufwand nicht scheut, fängt mit dem Planktonnetz (Maschenweite 1 mm) Zooplankton aus anderen Teichen und gibt es in den Vorstreckteich. Diese Plankter dienen zwar teilweise direkt als Nahrung, vermehren sich aber auch. Auf jeden Fall ist eine Zufütterung mit speziellem Brutfutter angeraten. Zunächst hat es 0,2 mm, gegen Ende des Vorstreckens 1,0 mm Durchmesser.

Wie kleine Kinder sollen auch die kleinen Karpfen möglichst oft gefüttert werden. Am besten haben sich die „Scharflinger-Bandautomaten" bewährt. Damit lässt sich Futter fein dosiert den ganzen Tag über ständig und ohne großen Arbeitsaufwand zugeben. Da kaum noch Karpfenbrutfutter erhältlich ist, sollte pelletiertes Karpfenfertigfutter ($K_{2/3}$) mit 30–40 % Rohprotein verwendet werden. Allerdings ist es vorher zu mahlen oder zu schroten. Auch gibt es auf dem Markt Karpfenbrutfutter mit 56 % RP und 15–20 % Fett. In den letzten beiden Wochen des Vorstreckens wird gemahlenes oder fein geschrotetes Getreide dazugemischt.

8.2.2 Brutstreckteiche, Rest des ersten Zuchtjahres, K_v auf K_1

Dies sind größere und tiefere Teiche, da sie möglichst auch zum Überwintern der K_1 verwendet werden sollen. Hier muss für den Winter eine gesicherte Wasserversorgung vorhanden sein. Die Brutstreckteiche werden vor dem Bespannen genau so sorgfältig trocken gelegt, gekalkt, gedüngt und gefräst wie die Vorstreckteiche. In diese Brutstreckteiche werden so viele K_v eingesetzt, dass bis zum Spätherbst das erforderliche Stückgewicht von mindestens 25 g erreicht wird. Ein Beispiel: Von einem Brutstreckteich ist eine sichere Produktion von etwa 400 kg/ha bekannt, also mit einer Ernte von 16 000 K_1 von 25 g zu rechnen. Da ein Verlust bis 40 % einzukalkulieren ist, werden 16 000 + 40 %, also ca. 22–23 000 K_v eingesetzt. Mit Getreide oder gutem Fertigfutter lassen sich nun leicht Erträge von 800–1000 kg/ha erreichen, ohne dass die Teiche überdüngt werden, wodurch bei der Überwinterung Schwierigkeiten entstünden. Bei Düngung und guter Fütterung sollten etwa 40–50 000 K_v pro ha eingesetzt werden.

Die Stückzahl der Besatz-K_v kann nach folgender Methode bestimmt werden: Aus dem Bestand von beispielsweise etwa 50 000 K_v (geschätzt), die in einem Hälterkasten stehen, werden 3-mal je 1000 K_v gezählt und gewogen. Zum Zählen gibt man in einen wassergefüllten 10-l-Eimer etwa 1500 Stück und keschert daraus genau 1000 K_v mit einem kleinen Kescher oder Plastik-Teesieb in einen zweiten Eimer über. Am besten nimmt man immer nur 3–6 K_v, die mit einem Blick zu zählen sind. Bei 100 K_v wird immer ein Steinchen auf einen Haufen gelegt bis 10 davon daliegen, was 1000 K_v entspricht. Dann wird ein 10-l-Eimer mit Teichwasser gefüllt und genau auf 5 kg ausgewogen. Die gezählten 1000 K_v werden durch ein feines Netz gut abgetropft in den ausgewogenen Eimer gegeben und dann gewogen. Sind nun z. B. jeweils 6150/6050/6100 g auf der Waage abzulesen, steht fest, dass die K_v ein durchschnittliches Gewicht von 1100 g per 1000 Stück haben. Zum Verkauf oder vor dem Besatz wird dann eine 50-l-

Wanne halb mit Wasser gefüllt, austariert und z.B. 22 kg K_v = 20000 Stück dazugewogen.

Bei den Probezählungen ist es wichtig, die Fische vor der Entnahme zur Zählung mit der Hand gut zu durchmischen, da sonst die kleinsten oben und die größten unten stehen. Für kleinere K_v-Mengen kann auch ein Glaszylinder oder ein Maßkrug verwendet werden. Man gibt zunächst genau ¼ l Teichwasser hinein und füllt ihn dann randvoll mit abgetropften K_v. Deren Stückzahl ist mehrmals zu bestimmen. Dann weiß der Teichwirt, wie viel K_v einem Maßkrug bzw. einem Liter entsprechen und kann damit weitere Mengen K_v zählen (s. Abb. 100).

Wichtigster Grundsatz bei der Aufzucht von Fischen ist die ständige Kontrolle des Wassers und der Fische. Dies ist speziell zu Beginn des Winters zu beachten. Nur so kann gewährleistet werden, dass die jungen Fische ihren ersten Winter ohne Kiemenschäden oder Parasitenbefall beginnen und mit minimalen Verlusten überstehen.

Im Herbst gibt man den K_1 eine Konditionsfütterung mit eiweiß- und vor allen Dingen fettreichem Futter; ideal sind ein Fertigfutter mit 30 % Rohprotein und mindestens 8–12 % Rohfett oder ein Gemisch aus Raps, Soja und Getreide. Während der Winterung wird nur gefüttert, wenn die K_1 aktiv umherschwimmen und die O_2-Werte über 8 mg/l liegen. Es kann sogar vorkommen, dass die K_1 dabei unter dem Pendel-Futterautomaten eine Stelle im Eis freihalten. Bandautomaten sind abzulehnen, da sie Futter abgeben, auch wenn die Fische nicht fressen. Pro Woche erhalten die K_1 dabei 1- bis 2-mal jeweils ca. 0,5 % ihres Lebendgewichts an Futter.

Im Frühjahr, nach dem Aufgehen des Eises werden die Fische erst langsam angefüttert. Zum schonenden Eingewöhnen des Verdauungssystems sollte in den ersten 2 Wochen nur Getreideschrot verabreicht werden, erst dann eiweiß- und vitaminreiches Fertigfutter. Mindestens eine Woche vor dem Abfischen muss die Fütterung jedoch eingestellt werden, damit die Fische leer sind und den Stress der Abfischung jetzt leichter überstehen. Im Zweifelsfall ist es besser, in Brutstreckteiche lieber weniger K_v einzusetzen, denn größere K_1, also mit 30 oder 40 g Stückgewicht, überwintern sicherer und haben auch in Zukunft einen besseren Zuwachs als leichtere Fische.

8.2.3 Streckteiche, zweites Zuchtjahr, K_1 auf K_2

Die K_1 sollen im zweiten Sommer auf 250–600 g abwachsen. Je größer die Satzfische sind, umso geringer sind die Chancen für den Kormoran. Noch größere K_2 sind in Norddeutschland und teilweise in der Oberpfalz gefragt. Zu K_3 abgewachsen werden sie in Norddeutschland als „Familienfische“ von 1,5–2 kg, hauptsächlich zu Weihnachten und Silvester, gegessen.

Da der Ertrag der Streckteiche meist annähernd bekannt ist, richtet sich der Besatz, wie schon erläutert, nach dem gewünschten Endgewicht der K_2 und damit auch dem der späteren K_3. Die Hauptabnehmer von Speisekarpfen, in zunehmendem Maße besonders Gaststätten, verlangen Karpfen von 1100–1600 g Stückgewicht; die sinnvolle Größe für das Filetieren beginnt bei etwa 1600 g. Um das zu erreichen, genügen K_2 von 250–300 g Stückgewicht als Frühjahrsbesatz. Der Flächenzuwachs ist umso besser, je geringer der Stückzuwachs sein muss. Die größere Anzahl Mäuler nutzt die Naturnahrung intensiver. Das Gleiche ist bei Besatz von K_1 auf K_2 zu beobachten. Hier schwankt üblicherweise der Besatz mit K_1 in weiten Grenzen, also etwa zwischen 2000–6000 Stück/ha. Bei diesen hohen Mäulerzahlen ist der Flächenzuwachs um 50 % höher als bei Abwachsteichen gleicher Bonität, in denen Speisekarpfen gezogen werden. Die Tatsache, dass K_2 erheblich teurer sind als Speisefische, ist allein durch die Produktionskosten nicht zu begründen. Maßgebend ist der chronische Mangel an geeigneten Winterungen. Dadurch sind im Frühjahr gesunde Satzfische häufig knapp.

Gelegentlich werden K_1 schon im Herbst des ersten Zuchtjahres aus den Brutteichen abgefischt und in die Winterteiche umgesetzt. Dabei sollte möglichst vermieden werden, Fischbestände aus verschiedenen Teichen zu vermischen, da dann das seuchenbiologische Gleichgewicht durch gegenseitige Infektionen gestört wird. Dies gilt umso mehr, je dichter der Besatz in den Winterungen ist und je weniger die Winterungen den optimalen Anforderungen entsprechen.

Nur Fische, die schonend abgefischt werden und gute Kondition haben, bieten die Voraussetzung für geringe Verluste. Gute Kondition bei allen Fischarten erkennt selbst der Laie sicher am raschen Augenreflex. Hierbei legt man einen Fisch mit dem Bauch auf die flache Hand, also in Schwimmlage. Jetzt sehen die Augen horizontal nach links und rechts. Wird der Fisch nun auf die Seite gelegt, „korrigiert" das Auge die Gleichgewichtsveränderung. Das obere Auge schaut zum Bauch, das untere zum Rücken hin. Dieser deutlich sichtbare Augendrehreflex geht bei gesunden Fischen sehr rasch vor sich. Bei konditionsschwachen oder leicht erkrankten Fischen verläuft der Reflex langsam. Augen todkranker Kandidaten starren jedoch in jeder Lage geradeaus.

Es ist besser, K_1 bereits in geeigneten Winterungen anzufüttern, als sie vorzeitig in meist noch nahrungsarme Streckteiche umzusetzen. Besonders nach Desinfektionskalkungen dauert es lange, bis dort die Naturproduktion wieder anspringt. Nun ist es hilfreich, pro ha 500–1000 kg gut verrotteten Stallmist in Haufen auszubringen. Vor dem Aussetzen der Fische muss unbedingt der pH-Wert gemessen werden, da er keinesfalls über 8,5 liegen darf. Bei zu hohen pH-Werten bekommen die K_1 beim Aussetzen einen Schock und schwimmen apathisch umher. Da gerade K_1 ein geringes Stückgewicht haben und den Boden am Anfang nicht intensiv bearbeiten, besteht im Frühjahr bei Streckteichen stets die Gefahr von Kiemennekrose, verursacht durch zu hohe pH-Werte als Folge der Massenentwicklung von Fadenalgen und Phytoplankton.

Es genügt häufig, die Teichbodenschicht einmal mit einem Boot mit Außenbordmotor mithilfe der Schraube richtig aufzuwühlen. Bei kleinen Teichen lässt sich das auch bei Verwendung eines Watanzugs mit einem Rechen bewerkstelligen, sodass die K_1 anschließend den Boden leichter aufwühlen und das Wasser selbst so stark trüben können, dass die Gefahr der Massenentwicklung von Algen beseitigt ist.

Streckteiche sind als Winterung meist ungeeignet. Die K_2 werden deshalb im Herbst schonend abgefischt, zum Teil verkauft, meist aber in spezielle Winterungen umgesetzt.

Haben Streckteiche im Herbst nicht mehr genügend Naturnahrung, muss der Teichwirt den K_2 als Abschluss drei bis vier Wochen lang ein Konditionsfutter, hier Fertigfutter mit 30–35 % Rohprotein und 8–12 % Rohfett, verabreichen. Auch K_2 sollten rechtzeitig vor dem Einwintern auf Parasiten, z. B. Egel, Läuse und Bandwürmer, untersucht werden, da die Fische sonst keine Winterruhe finden, abmagern und anfällig für Krankheiten und weiteren Parasitenbefall sind.

Streckteiche sollten nur so stark besetzt werden, dass der Fraßdruck der Fische nicht ausreicht, um das Zooplankton im Sommer ganz verschwinden zu lassen. Rechtzeitiges Füttern, Düngen und besonders eine Gabe von verrottetem Mist ist einfacher und billiger, als im Spätsommer den Kampf gegen hohe pH-Werte und extreme Sauerstoffschwankungen zu führen.

Nach der Herbstabfischung werden die Streckteiche genauso behandelt wie die Abwachsteiche, die Gräben also nachgezogen und geräumt, damit das Restwasser besser abläuft, die Teiche nun trocken liegen und gut ausfrieren können. Werden beim Abfischen Egel oder Läuse festgestellt oder im Teich gar ansteckende Krankheiten bemerkt, kalkt der Bewirtschafter die Teiche bedeutend stärker als sonst. Dafür wird der Teich unmittelbar nach dem Abfischen noch einmal so hoch aufgestaut, dass die Teichfläche staunass daliegt. Auf schlammreiche Teiche werden pro ha etwa 2000–3000 kg gemahlener Branntkalk gut verteilt. Bei schlammarmen Teichen oder Teichen mit sterilen Böden genügt die Hälfte oder ein Drittel dieser Aufwandmenge. Der Branntkalk muss sofort vom Wasser des nassen Bodens abgelöscht werden. Es entsteht eine konzentrierte Kalklauge. Die Wirkung ist umso stärker, je feiner der Kalk gemahlen und je gleichmäßiger er ausgebracht ist. Als optimal erweist sich hierbei die Arbeit mit einem Verblasegerät oder das Verspritzen der Kalklauge mit einer Pumpe. Der Branntkalk soll nie auf trockenen oder gefrorenen Boden gegeben werden, da er sonst an der Luft abgelöscht wird und die desinfizierende Wirkung verloren geht.

8.2.4 Abwachsteiche, drittes Zuchtjahr, K_2 auf K_3

Im dritten Zuchtjahr sollen die 250–500 g schweren K_2 auf 1100–1600 g abwachsen. Normalerweise nehmen Karpfen im dritten Jahr 1 kg zu. Es werden so viele K_2 pro ha eingesetzt, wie kg Gesamtzuwachs zu erwarten sind. Dazu 15 % Verlustzuschlag. In unserem Beispiel waren es 690 Stück/ha. Wird der Naturzuwachs durch Düngung und Fütterung erhöht, steigt auch der Besatz. Wesentlich mehr sollte der Teichwirt normalerweise nicht einsetzen, da der Fraßdruck auch bei dieser Altersklasse sonst zum Verschwinden des tierischen Planktons führt. Diese Stückzahl ist auch bei wirtschaftlicher Betrachtung optimal. In einem warmen Sommer kann der Karpfen gut 1250 g zunehmen, sodass bei dem Beispiel ein respektabler Zuwachs von über 1000 kg/ha erreicht wird.

Ganz wichtig: Jeder Abwachsteich sollte nur aus einem einzigen Bestand besetzt werden, damit ein seuchenbiologisches Gleichgewicht gewahrt bleibt. Teichbearbeitung, Düngung und Fütterung gehen wie bei Streckteichen vonstatten. Da K_2 schon ein größeres Einsatzstückgewicht haben, wird der Boden vom Fisch besser bearbeitet. Es gibt daher im Frühjahr nicht so leicht Probleme mit hohen pH-Werten durch Fadenalgen und Phytoplankton. Haben in einem kühlen Sommer die Speisekarpfen Mitte August ein Gewicht von 1–1,1 kg noch nicht erreicht, wird über Futterautomaten mit Fertigfutter kräftig nachgeholfen und damit das bei der Abfischung geforderte Mindestgewicht erreicht. Zu kleine Fische erzielen einen erheblich niedrigeren Preis und sind ohnehin auch dann noch schwer zu vermarkten. In Franken wird z. B. von den Gaststätten ein Stückgewicht von 1100–1600 g gewünscht. Zu große Fische bewirken in der Regel einen Preisabzug. Zum Filetieren eignen sich allerdings eher Karpfen ab 1600 g.

Häufig begeht der Teichwirt den Fehler, die Karpfen bei warmer Witterung im August kräftig mit Getreide zu füttern. Die Fische nehmen viel von diesem Futter auf, das wegen seines niedrigen Preises auch sehr großzügig verabreicht wird. Dabei kommt es allerdings zu einem verhängnisvollen Ungleichgewicht zwischen der mittlerweile knappen, eiweißreichen Naturnahrung und dem Überangebot an Getreide, also Energie. Die Karpfen nehmen rasch zu, lagern allerdings überwiegend Körperfett ein. Im Ergebnis wird ein Speisefisch erzeugt, der über das Vermarktungsgewicht hinausgewachsen ist, in jedem Fall aber zu fett und damit von minderer Qualität ist. Wie im Kapitel 6.4.2, Futtermengen, schon angesprochen wurde, sollte von Beginn der Wachstumsphase an im Frühjahr kräftig Getreide zugefüttert werden, sodass die Fische Ende Juli/Anfang August bereits ihr Endgewicht fast erreicht haben. Anschließend ist Getreide sehr verhalten zu geben.

Nach dem Abfischen sind alle Speisefische mindestens 8 Tage in sauberem Wasser möglichst guter Qualität zu hältern. Dabei werden die Kiemen völlig sauber und der Darm restlos entleert. Wer schlecht gehälterte oder gar Ekel erregende Karpfen verkauft, schadet nicht nur sich selbst, sondern der gesamten Teichwirtschaft, und zwar nachhaltig. Dies gilt besonders, wenn Fische mit Egeln oder Läusen verkauft werden, die beide sehr leicht zu beseitigen sind (s. Kap. 11, Krankheiten).

8.3 Der zweisömmerige Umtrieb und seine Bedingungen

Als Folge der Klimaerwärmung kann gerade in wärmeren und fruchtbaren Teichregionen der dreisömmerige Umtrieb mit geringen Besatzdichten, wie z. B. in Polykultur, zu übergroßen K_3 führen. Sie sind meistens über 2 kg schwer und als Speisekarpfen schwer zu vermarkten; besonders, wenn vom Verbraucher der halbierte Karpfen gewünscht ist.

Mehrjährige Versuche mit zweijährigem Umtrieb haben gute Ergebnisse gezeigt. Das Zielgewicht ist dabei ein Speisekarpfen mit 1200–1600 g. Mit geänderter Bewirtschaftung sind dabei ein schmackhaftes, fettarmes, und festes Muskelfleisch, dünne Haut, kein störender Laichansatz, eine bessere Filetausbeute und günstigere Gestehungskosten zu erzielen. Sie lagen vorher beim dreisömmerigen Umtrieb bei etwa 4,50 €/kg und sinken durch den zweisömmerigen auf 3,0 €/kg.

Im ersten Sommer wurden 15–20 000 K_v auf den ha gesetzt und mit Getreide und eiweißarmem Fertigfutter gefüttert. Im zweiten Sommer wurden pro ha 600–900 einsömmerige Karpfen mit 80–120 g Stückgewicht gesetzt, zusätzlich 40–60 zweisömmerige Grasfische pro ha. Diese düngen den Teich, lassen sich gut vermarkten und ersparen oft das Mähboot.

Wirtschaftlich entscheidend ist, dass ein ganzes Produktionsjahr eingespart wird. Arbeitsaufwand und Stückverluste sinken. Es ist damit Zeit gewonnen für intensive Teichpflege und Vermarktung. Knappe Winterungen werden eingespart und Bestandsvermischungen vermieden. Im Übrigen entfallen ein Winter mit all seinen Risiken und ein Sommer, in dem Fischverluste durch Krankheiten oder z. B. Kormorane eintreten können. Es empfiehlt sich, die Teiche dabei von Juli bis Anfang Oktober täglich etwa 10 Stunden mit Schaufelrädern zu belüften, bei drohendem Sauerstoffmangel rund um die Uhr.

Für kühle Teichgebiete und herkömmliche Besatzdichte ist der zweisömmerige Umtrieb in der Regel nicht geeignet. Auch kann das Ziel verfehlt werden, wenn ein Sommer sehr kalt ausfällt.

9 Karpfenpolykultur mit Nebenfischen

Unter Polykultur ist der Besatz eines Teiches mit verschiedenen Fischarten gleicher oder unterschiedlicher Altersstufe zu verstehen. Ergebnis ist eine bessere Ausnutzung der Naturnahrungsbasis, da viele Fischarten ein anderes Nahrungsspektrum verwerten. Zudem sind Nebenfische als Besatzfische für Angelvereine sehr gefragt und erzielen gute Preise; auch lassen sich Karpfen oft nur gemeinsam mit den attraktiven Nebenfischen vermarkten. Bei Berücksichtigung von Pacht und Fremdpersonal liegen die Gestehungskosten der reinen Speisekarpfen-Produktion bei ca. 4,50 €/kg. Um ein positives Betriebsergebnis zur erreichen, ist Polykultur, in allerdings geeigneten wassersicheren Teichen, neben einer geschickten Direktvermarktung der einzig sinnvolle Weg.

Wirtschaftlich bewährt ist die Kombination des Karpfens als Hauptfisch mit gut verkäuflichen Raubfischen und geeigneten Futterfischarten. Wichtig ist, dass die Raubfische über lange Zeiträume optimale Futterfischgrößen und -mengen erhalten. Ziel sind 40–80 kg einjährige Raubfische pro ha, zuzüglich eines hohen Restanteils Futterfische. Diese werden mit den Raubfischen, optimal noch mit den fangfähigen Besatzkarpfen, gewinnbringend an Angler vermarktet. Bei dieser Polykultur wird der Karpfenbesatz um ca. 30 % verringert. Der Rest an Karpfen bleibt als Teich- und Bodenpfleger notwendig, da nur durch deren „Wühlarbeit" die Substanz der Teiche auf Dauer bewahrt wird. Die Futterquotienten sind im ersten Jahr am geringsten. Als Faustzahl gilt: Bis zu 100 g Stückgewicht (Raubfisch) liegt der FQ für Futterfische bei ca. 4–6 kg pro kg Raubfischzuwachs; ab 100 g Stückgewischt beträgt der FQ Lebendfutter ca. 5–7 kg pro kg Raubfischzuwachs. Das bedeutet, dass für die Produktion von 50 kg einjährigen Zandern bis 100 g Stückgewicht ca. 50 × 5 = 250 kg Futterfische gefressen werden. Mit zunehmender Größe, insbesondere beim Eintritt der Laichreife steigen die Futterquotienten auf weit über 10 kg Futterfische pro kg Raubfischzuwachs an. In Teichen ist die Produktion von Speiseraubfischen deshalb meistens unrentabel. Verschiedene Raubfischarten oder verschiedene Raubfischgrößen gemeinsam in einem Teich aufzuziehen, empfiehlt sich nicht. Größere fressen dann kleinere Raubfische, die bereits viele Futterfische gefressen haben. Wirtschaftlicher ist es, wenn Raubfische die passenden Futterfischgrößen direkt erhalten. (siehe Abb. 154, Nahrungspyramide). Zusätzlich erhalten Futterfische regelmäßig großflächig feinen Getreideschrot. Dabei schlürfen Karpfen mit dem Getreideschrot viele kleine Futterfische ein. Im Sommer und Herbst optimiert dieses zusätzliche tierische Eiweiß die Speisekarpfenqualität.

Geeignete Besatzarten und Besatzmengen müssen intensiv ausgetestet werden. Als gute Ausgangsmenge für Futterfische sind Laichfische von Schleie, Rotfeder und Rotauge, aber auch Moderlieschen in einer Gesamtmasse von 15–20 kg zu empfehlen. Sie laichen gestaffelt ab und bieten so Nahrung in unterschiedlicher Größe. Schleienbrut, Moderlieschen oder kleine Rotaugen verwerten auch feines Plankton, das von größeren Karpfen oder Schleien nicht mehr aufgenommen wird. Gut verkäufliche Raubfische sind: Hechte, Zander und europäische Waller.

Weil das Wiegen der Fische, insbesondere empfindlicher Nebenfische, diese eher belastet und arbeitswirtschaftlich relativ aufwendig ist, kann man das Gewicht der Fische auch über deren Länge und den Korpulenzfaktor bestimmen. Wandelt man die Formel (siehe „Fischereiliche Fachkürzel" am Anfang des Buches) um, so kann aus der Fischlänge das Gewicht errechnet werden: Ein Zander mit 20 cm Länge wiegt daher 20 × 20 × 20 × 0,95 geteilt durch 100 = 76 g. Für einige Fischarten und ihre Altersstadien ist der Zusammenhang von Körperlänge, Korpulenzfaktor und Gewicht in Tabelle 9 dargestellt.

Tab. 9 Fischgewicht, ermittelt aus Korpulenzfaktor und Körperlänge.

Fischart	Korpulenzfaktor K	Körperlänge	Gewicht
Zander	K = 0,95	4 cm	0,6 g
		17 cm	47 g
		23 cm	115 g
		50 cm	1190 g
Hecht	K = 0,8	25 cm	125 g
		50 cm	1000 g
Karpfen	K= 2,2	4 cm	1,4 g
	K= 2,3	24 cm	318 g
	K= 2,4	38 cm	1317 g
Schleie	K= 1,2	9 cm	9 g
	K= 1,3	30 cm	350 g

Interessant ist der kombinierte Besatz von Karpfen mit ostasiatischen Pflanzenfressern. Da diese eine weitgehend andere Nahrungsgrundlage haben, machen sich die Fische gegenseitig kaum oder gar keine Konkurrenz, und der Natur- und Düngezuwachs steigt erheblich an. Der Natur- und Düngezuwachs der Karpfen nimmt beim kombinierten Besatz mit Grasfischen absolut zu, besonders wenn sie in gemischter Form, also Grasfische (Amur), Silber- und Marmorfische, beigesetzt werden. Dies ist in unseren Breitengraden aber nur dann rentabel und empfehlenswert, wenn es gelingt, die Ernte insgesamt derart zu vermarkten, dass sowohl die Mehrkosten als auch noch ein Gewinn dabei herauskommen.

Nebenfische bilden sogar häufig die Grundlage für den wirtschaftlichen Erfolg der Teiche. Da Karpfenbrut leicht und in sehr großen Mengen produziert und aufgezogen werden kann, eignet sie sich ganz besonders gut im ersten Jahr als Futtergrundlage für Hechte. Sie ist dafür sogar bedeutend besser geeignet als die üblichen Wild- oder Weißfische. Im Frühjahr ist nach dem Besatz eben nur eine geringe Fischmasse im Teich. Im Mai und Juni wird dann im Teich aber die meiste Naturnahrung produziert. Werden jetzt K_0 oder kleine K_v in diese Teiche eingesetzt, verwerten sie die Naturnahrung gut und sind selbst ausgezeichnete Futterfische für H_v oder einjährige Zander. Der Besatz mit Raubfischen muss jedoch so stark sein, dass die Futterfische rechtzeitig dezimiert werden, bevor durch deren Fraßdruck der Bestand an tierischem Plankton gefährdet wird.

Besatzbeispiel pro ha Abwachsteich:
Anfang April
2000 K_1 à 25 g, 50 kg Einsatzgewicht;
Anfang April
500 S_2 à 100 g, 50 kg Einsatzgewicht;
Ende April
1000 H_v 2–3 cm, etwa 0,3 kg Einsatzgewicht;
Mitte bis Ende Mai
200 000 K_0, angefüttert, etwa 1 kg Einsatzgewicht.

Zu diesem Zeitpunkt haben die H_v schon 5–8 cm erreicht und fressen die heranwachsenden K_v weg.

Bis Ende Juni wiegen die K_v 1 g. Die Hechte haben dann 10–12 cm Länge erreicht und wiegen etwa 10 g.

Bis Ende Juli schaffen die Hechte 15–16 cm Länge und 25–30 g Stückgewicht.

Die meisten K_v sind jetzt längst weggefressen, die restlichen wiegen 3–4 g und sind immer noch geeignetes, größengerechtes Hechtfutter.

Da dieser Teich mit 2000 K_1–K_2 und 500 S_2 schwach besetzt ist, steht meist immer noch genügend Naturnahrung zur Verfügung, um laufend überschüssige K_0 oder K_v nachsetzen zu können. Bei diesen idealen Futterbedingungen wachsen die Hechte bis zum Herbst ziemlich gleichmäßig auf 25–30 cm ab. Erträge von 100 kg Hechtsetzlingen pro ha, ca. 300–400 Stück, werden häufig erreicht.

Der geringe Minderzuwachs bei den K_2 und S_3 wird durch den Wertzuwachs durch die teuren Hechte weit mehr als ausgeglichen.

Da im Teich selbst keine große Fischmasse vorhanden ist, bleibt das tierische Plankton ganzjährig erhalten; und trotz Mischbesatz gibt es weder überhöhtes Seuchenrisiko noch Massenentwicklung von Phytoplankton.

Marmor-, besonders aber Silberfische, haben die Eigenschaft, die Wasserqualität zu verbessern. Durch das ständige Abfiltern der Mikroalgen (Phytoplankton) verringern sie die Algenmasse und tragen so zu einer Stabilisierung der pH- und Sauerstoffwerte im Teich bei. Darüber hinaus wird durch das ständige Wegfressen der Algen das Nachwachsen neuer Algen beschleunigt. Der Anteil junger Algenstadien nimmt zu. Junge Algen sind widerstandsfähiger. Sie sterben bei verschlechterten Umweltbedingungen, insbesondere Gewitter, nicht so schnell ab. Dadurch wird die Gefahr von Sauerstoffmangel als Folge massenhaften Absterbens alter Algen stark verringert. Leider sind Silber- und Marmorfische trotz ihrer guten Fleischqualität als Speisefische beim deutschen Verbraucher bisher nicht bekannt und daher auch kaum als Nahrungsmittel zu vermarkten. Zwei- und dreijährige Silber- bzw. Marmorfische können aber auch gut als Futterfische für große Laichhechte, Laichzander und Welse dienen. Diese Lösung bietet sich schon deshalb an, weil Silber- und Marmorfische bei extensiver Haltung fast keine Futterkosten verursachen.

9.1 Schleie (*Tinca tinca* L.)

Die Schleie ist weniger wüchsig als der Karpfen und bevorzugt schlammige, ungepflegte Teiche mit vielen Wasserpflanzen (Abb. 101–103). Sie ist empfindlich gegen hohe pH-Werte und wächst umso schlechter, je intensiver gewirtschaftet wird. Im ersten Jahr erreichen Schleien normalerweise eine Größe von 3–6 cm, 0,3–3 g Stückgewicht. Im zweiten Jahr 10–16 cm, 12–50 g Stückgewicht. Im dritten Jahr 20–25 cm, 100–250 g. Erst im vierten Jahr wird dann das heute ver-

Abb. 101 Weiße Schleie (*Tinca tinca* L.), selten (Foto: Bezirk Oberfranken).

Abb.102 Wildfarbene Schleie (*Tinca tinca* L.) (Foto: LfL/IFI).

Abb. 103 Goldschleie (*Tinca tinca* L.) (Foto: Bezirk Oberfranken).

Abb. 104 Bauchflossen der männlichen (oben) und weiblichen (unten) Schleie (Foto: Geldhauser).

langte Endgewicht von 300–500 g als Speiseschleie erreicht.

Speiseschleien schmecken ausgezeichnet und werden um die Hälfte besser bezahlt als Karpfen. Voraussetzung ist allerdings ein guter Vermarktungsweg. Schleien sind vollständig beschuppt und durch die dicke Schleimhaut relativ unempfindlich gegen Krankheiten und Verletzungen. Im Frühjahr zur Laichzeit und bei hohen Wassertemperaturen sind Schleien hoch empfindlich. Beim Milchner sind die Bauchflossen stärker entwickelt und gekrümmt und reichen bis über den After hinaus (Abb. 104).

In der Regel lässt man Schleien in stark verkrauteten, extensiv bewirtschafteten Teichen natürlich ablaichen. Das Brutaufkommen ist deshalb zahlenmäßig stark schwankend. Auch streut die Größe der S_1, auch Schleienstrich genannt, erheblich, da die Schleie als Portionslaicher zu verschiedenen Zeitpunkten ablaicht. Der Zeitraum reicht von Ende Mai bis in den August hinein. In kühlen Jahren ist es daher sehr schwierig, die kleinen Schleien unverletzt und überlebenskräftig abzufischen und zu überwintern. Am besten gelingt es noch bei getrennter Abfischung hinter dem Mönch mit einem sehr feinen Netztuch oder einer von Fischzuchtmeister Steinl erdachten Abfischrinne (Abb. 151).

Es hat sich sehr bewährt, in die Teiche der Laichschleien gleichzeitig Welsbrut oder vorgestreckte Zander einzusetzen. Die einsömmerigen Zander wachsen dann sehr gut ab und fressen besonders die gegenüber den Rogenern deutlich langsamer wachsenden männlichen einsömmerigen Schleien weg. Dadurch wird eine gewünschte, natürliche Vorsortierung erreicht. Die übrig bleibenden weiblichen Schleien schaffen so eine Größe von 6–9 cm bei 3–10 g Stückgewicht.

Um im zweiten Jahr gutes Wachstum zu erreichen, werden von diesen großen einsömmerigen Schleien pro ha maximal 3000 Stück eingesetzt. Sie sollten aber nicht, wie oft empfohlen, im Frühjahr gleichzeitig mit einsömmerigen Karpfen ausgesetzt werden, da diese die gleichaltrigen Schleien von den guten Futterplätzen verdrängen. Viel besser ist es, die Schleien im Frühjahr des zweiten Jahres zurückzuhalten, um sie dann gemeinsam mit den Karpfen in die Brutstreckteiche auszusetzen. Als Grundfische wühlen Schleien den Boden auf und verhindern die gefürchtete Entwicklung der Fadenalge. Durch die besseren Wasserverhältnisse wachsen die Karpfen schneller und mit geringeren Verlusten ab. Der Schleienzuwachs beträgt pro ha 100–200 kg zusätzlich zu den Karpfen. Die zweijährigen Schleien erreichen 50–150 g Stückgewicht.

Im dritten Jahr sind die Schleienmilchner meistens laichreif, wachsen schlecht ab und behindern auch das an sich bessere Wachstum der weiblichen Schleien. Deshalb ist es empfehlenswert, die Geschlechter im Frühjahr zu trennen, was anhand der Bauchflossen leicht möglich ist (Abb. 104). Etwa 500 S_2-Rogener werden zusammen mit K_1 ausgesetzt. Unter diesen besonderen Bedingungen wachsen die Schleien sehr gut und erreichen im dritten Jahr 300–400 g Stückgewicht. Der Schleienzuwachs pro ha beträgt dabei 100–150 kg, ohne dass die K_2 im Wachstum wesentlich behindert werden. Bei nährstoffreichen, fruchtbaren Teichen kann man noch Silber- und Marmorfische, je 200 Einsömmerige, dazusetzen. Die Schleien sind hier also immer ein Jahr älter als die Karpfen. Nun stimmt auch die erforderliche Futterkorngröße für Schleien und Karpfen überein. Schleien verbessern jeweils im Frühjahr und Frühsommer die Wasserqualität, sodass sowohl die Qualität als auch die Menge der erzeugten Fische steigt. Dieses Verfahren ist zwar arbeitsaufwendig, aber biologisch sinnvoll und rentabel. Zur intensiven Fütterung von Schleien sollte Fertigfutter mit 35- bis 40 % igem Rohprotein und mind. 15 % Rohfett (Forellenfutter) verwendet werden. Selbst Schleien von 300 g fressen Futter von 1,5–2 mm lieber als von 3 mm und das häufig mit einem Futterquotienten von etwa 1,5, also in einer wirtschaftlichen Größenordnung.

Dreijährige Schleien lassen sich sogar in ausgesprochener Monokultur wirtschaftlich sinnvoll produzieren. Dabei werden pro ha etwa 1500–2000 Rogener in sehr fruchtbare, tiefgründige und warme Teiche eingesetzt und ausschließlich mit Fertigfutter (35–40% Rohprotein, 15–20% Rohfett) gefüttert. Die großen Schleien werden hauptsächlich von Anglern für Besatzzwecke gekauft. Der Preis ist dann etwa doppelt so hoch wie bei Karpfen.

In der herkömmlichen Teichwirtschaft stehen Schleien und Karpfen im Teich in sehr enger Konkurrenz zueinander. Bei gleichem Alter dominiert stets der schneller wachsende, agilere Karpfen. Die Schleien sollten daher stets ein Jahr älter sein als die Karpfen. Ein zahlenmäßig „ausgewogener" Besatz von Karpfen und Schleien, etwa im Verhältnis 1:1 würde pro Hektar eine verringerte Anzahl von Karpfen in Übergröße und die gleiche Zahl schlecht gewachsener Schleien ergeben. Für die Aufzucht von Schleien als reiner Nebenfisch in extensiv bewirtschafteten Teichen empfiehlt es sich, maximal 10 bis 20% der Karpfenstückzahl an Schleien zu setzen oder eben gleich Schleien in Monokultur aufzuziehen.

9.2 Hecht (*Esox lucius* L.)

Der Hecht ist der wichtigste Raubfisch unserer Gewässer (Abb. 105). Er gehört zu den schnellwüchsigsten Fischarten und erreicht in Mitteleuropa unter optimalen Bedingungen im ersten Jahr 30–40 cm Länge, mit einem Gewicht bis etwa 500 g. Entgegen häufig vorgebrachter Vorurteile ist er nicht nur gefräßig, sondern, speziell im ersten Jahr, auch ein ausgezeichneter Futterverwerter. Bei geeignetem Naturfutter liegt der Futterquotient im ersten Jahr bei 3–4. Das bedeutet: für 1 kg-Hechtzuwachs benötigt man 3–4 kg Naturfutter.

Der Hecht liebt, wie die Schleie, verwachsene, verkrautete Teiche und ist besonders im Jugendstadium sehr empfindlich gegen hohe pH-Werte. Hechte brauchen viele Unterstände. Dafür sind bonitätsarme, stark verwachsende Teiche mit 0,5–1,5 m Tiefe bestens geeignet. Im Vergleich mit Zandern und besonders Welsen sind Hechte

Abb. 105 Hecht (*Esox lucius* L.) (Foto: LfL/IFI).

auch im Winter aktive Jäger. Im Gegenteil vertragen gerade ältere Hechte hohe Temperaturen weniger.

Die gezielte Hechtaufzucht in geeigneten Teichen ist eine rentable Form extensiver Bewirtschaftung. Es hat sich bewährt, pro ha gut verteilt 200–500 vorgestreckte Hechte einzusetzen. Als Futterfische eignen sich Alande, Rotaugen/Rotfedern und Schleien. Ihre wichtige Funktion ist auch die Dezimierung von unerwünscht eingedrungenen Fremdfischen, meist Blaubandbärblinge und Giebel oder die sogenannte Hurenbrut, Brut von unkontrolliert abgelaichten Teichfischen, zu beseitigen.

Hechtbrut wird entweder ähnlich wie Karpfenbrut durch Ablaichenlassen in Laichteichen gewonnen. Möglich ist auch ein Verfahren, wobei Hechte künstlich abgestreift und die Brut anschließend in Zugergläsern erbrütet wird. Nach dem Schlüpfen benötigen Hechte 12–18 Tage, das sind 150–180 Tagesgrade, in denen sich die Hechtbrut an feste Gegenstände, wie Pflanzen oder auch Netze, Kopf voran anhaftet, um dann anschließend frei zu schwimmen. Der Teichwirt sagt: Sie stellen sich frei. In diesem Zustand des eben gerade freischwimmenden H_0 werden die nun fressbereiten Fischchen schon als Teichbesatz, im Allgemeinen anfangs zum Vorstrecken, verwendet. Man beachte, dass der Hecht am Erreger der Forellenseuche VHS (virale hämorrhagische Septikämie) erkranken und ihn übertragen kann.

9.2.1 Vermehren in Laichteichen

Laichhechte beschafft sich der Teichwirt am besten schon im Herbst, damit sie im Frühjahr ohne Transportstress verwendet werden können. Ihr günstigstes Stückgewicht liegt bei 500–2000 g. Während der Zeit der Winterung erhalten Laichhechte insgesamt etwa die doppelte Menge ihres eigenen Lebendgewichts an Futterfischen wie Schleien, Weißfische, auch Silberfische, damit die Laicher zu keiner Zeit Futtermangel haben.

Die Laichteiche sollen dann ähnlich beschaffen sein wie die der Karpfen. Noch wichtiger als bei Karpfen ist es, dass sie sehr stark bewachsen sind. Die Laichreife der Hechte tritt ein, sobald die Winterteiche eisfrei werden (siehe auch 7.2, Vermehrung). Der Bauch der Rogener fühlt sich nun weich an, und die Eier treten beim Hochheben des Fisches häufig schon von allein aus. Während der Winterung können Milchner und Rogener gemeinsam gehalten werden. Sind die Laichhechte gut vorbereitet, kann das Ablaichen schon wenige Stunden nach dem Aussetzen beginnen. Eine gewisse Schwierigkeit besteht darin, dass die Laichreife nicht bei allen Tieren gleichzeitig eintritt, sondern dass es Abweichungen von 1–3 Wochen gibt. Damit die Junghechte später das gleiche Alter haben, gleichmäßig wachsen und die Erstgeborenen die anderen nicht sofort auffressen, wendet der Teichwirt beim natürlichen Ablaichen eine besondere Methode an:

Diejenigen Hechte, die innerhalb der ersten 3–4 Tage nicht abgelaicht haben, werden in einen zweiten Laichteich und später nach einem gleichen Zeitraum weiter in einen dritten umgesetzt. Wenn die Hechte dann noch nicht abgelaicht haben, müssen sie durch andere ersetzt werden.

Die Laichhechte werden nach dem Ablaichen möglichst umgehend herausgefangen und umgesetzt. Die schwimm-, also fressfähige Hechtbrut fängt man, ähnlich wie die Karpfenbrut, mit Gazekeschern oder lässt sie, und das ist am schonendsten, in einen darunterliegenden Hecht-Vorstreckteich abschwimmen.

In den meisten Fällen ist die natürliche Vermehrung in den Laichteichen unsicher und aufwendig, sodass Hechtbrut meist künstlich erbrütet wird. Es gibt dann viele Möglichkeiten, sich günstig schwimmfähige Hechtbrut zu beschaffen.

9.2.2 Vorstrecken in Teichen

Nach alter Lehrmeinung sollen H_0 in gut gedüngte und gut vorbereitete Teiche, ähnlich den Karpfenvorstreckteichen, ausgesetzt werden. Ferner sollen diese Teiche beim Besetzen eine sehr hohe Zooplanktondichte aufweisen, um dem Kannibalismus der kleinen Hechte möglichst vorzubeugen. Nach unseren Erfahrungen sind derartige Teiche jedoch denkbar ungeeignet, da dort meist hohe pH-Werte von 9–10 auftreten, die leicht zu Totalverlusten führen. Außerdem verursacht großes Raubplankton Verluste unter den H_0, und derartige Nahrungsbrocken sind für den Start der Hechte ohnehin viel zu groß, um verschlungen zu werden. Diese Vorstreckteiche werden vorher weder gefräst noch gedüngt. Sie müssen sogar stark verkrautet sein. Nur das Grabensystem wird vor dem Bespannen sehr sorgfältig ausgemäht und hergerichtet. Bewährt hat sich ein Zulauf schwach belasteten Bachwassers.

Beim Einlauf muss ein feines Sieb eingebaut werden, damit keine anderen Raubfische wie Hechte, Barsche, Aale usw. einwandern können. Erst einen Tag nach dem Besetzen mit H_0 wird der Teich mit Plankton aus einem anderen Teich geimpft, und zwar mit etwa 20 kg pro ha.

Selbstverständlich kann man auch das zooplanktonhaltige Wasser aus einem oberhalb liegenden Teich überlaufen lassen. Überschüssiges, grobes Plankton soll dabei aber am Zufluss mit dem Planktonnetz (Sieb) zurückgehalten und abgeschöpft werden.

Hier nun die Erklärung, warum diese Methode so erfolgreich ist: Über 90 % aller verwendeten H_0 werden heute im Bruthaus, meist mit Quellwasser von 8–12 °C, künstlich erbrütet und dann, sobald sie sich freigestellt haben, also schwimmen, etwa 30 Tage nach dem Ablaichen in Teiche ausgesetzt. Während der gesamten Erbrütungszeit haben die Hechte annähernd konstante Temperatur-, Sauerstoff- und pH-Werte gehabt. Kommen diese Bruthausfische nun sofort in gut gedüngte, warme Teiche mit viel Plankton, können sie sich nicht rasch genug anpassen. Sie erleiden bestenfalls nur einen Schock, oft aber schwimmen sie lange Zeit apathisch herum, und es treten erhebliche Verluste durch großes, räuberisches Plankton auf, das die jungen Hechte anfällt. An den Verletzungen gehen dann viele junge Hechte ein.

Lässt es sich nicht vermeiden, die H_0 bei warmem Wetter auszusetzen, wählt der Teichwirt dafür möglichst die frühen Morgenstunden. Jetzt sind die pH-Werte und auch die Temperatur noch am niedrigsten. H_0 werden ausgesetzt, wenn ²⁄₃ frei schwimmen. Man kann auch vor dem Besatz mit schwimmfähiger Brut einige Tannenbäume in den Teich legen und dort die H_0 einsetzen, wo sie sich sofort für einige Stunden an die Nadeln heften. Die Brut ist hier vor dem Sonnenlicht geschützt und liegt nicht auf dem Boden, wo sie leicht Krankheitserreger und Parasiten aufnehmen kann. In diesen Vorstreckteichen erreichen die Hechte nach 18–25 Tagen 4–7 cm Länge und ein Stückgewicht von etwa 0,5–1 g. Jetzt müssen sie unbedingt abgefischt werden, da der Kannibalismus so stark wird, dass sich die Zahl der Hechte fast jeden Tag halbiert. Der Ertrag an vorgestreckten Hechten liegt pro ha bei maximal 20–25 kg, also 30 000–40 000 Stück. Die Planktondichte ist also nicht der wichtigste Produktionsfaktor. Als viel notwendiger erweist sich ein dichter Krautbestand, damit sich die Hechte gegenseitig nicht so leicht sehen, angreifen und auffressen, also gute Deckung haben. Außerdem steigen die pH-Werte durch die Beschattung nicht zu hoch an.

Vorstreckteiche mit Hechten werden zum Abfischen schon in der Nacht abgesenkt. Das eigentliche Abfischen geht im Morgengrauen, möglichst vor Sonnenaufgang vor sich. Das flache Wasser hat sich in der Nacht rasch abgekühlt, und die Hechte schwimmen aktiv in die Ablaufgräben in Richtung Mönch. Abgefischt wird am besten hinter dem Mönch in einem eingehängten Netz oder in einer Abfischrinne, die so gewählt werden muss, dass das Plankton gerade noch durchschwimmen kann, während die Hechte unverletzt zurückgehalten werden. Deshalb muss die Maschenweite des Einhängenetzes oder auch die Sieblochweite der Abfischrinne etwa 2–3 mm betragen. Wichtig ist, dass die kleinen Hechte sofort nach dem Abfischen gut temperiert – in einer Stunde max. 4 °C abkühlen – und dunkel gehalten werden, damit sie sich nicht sofort gegenseitig anfallen. In der Gefangenschaft gehen meist Opfer und Angreifer zugrunde. Hinsichtlich der Qualität sind vorgestreckte Teichhechte optimal, da sie bereits an Temperatur-, pH- und Sauerstoffschwankungen gewöhnt sind. Außerdem kennen sie die Gefahr durch andere Raubfische und haben das natürliche Bestreben, sich nach dem Aussetzen sofort weiträumig zu verteilen und zu verstecken. Die kleinen Satzhechte sind aber im Vergleich mit anderen Fischarten gegen Schlag, Stoß, ja sogar nur Berührung, insbesondere mit dem Kescher, ungemein empfindlich und gehen allein dadurch häufig ein. Bei den stark verkrauteten Teichen erreicht man die besten Abfischergebnisse, obwohl beim Abfischen häufig 5–10% der Hechte unter dem Kraut liegen bleiben. Wenn man genügend Wasser hat, kann man nach dem Abfischen den Teich nochmals flach bespannen und ihn einen Tag später erneut abfischen.

9.2.3 Sommerbesatz mit Hechten im Karpfenteich

Der Teich wird nur so stark mit Karpfen usw. besetzt, wie es dem Naturzuwachs entspricht; sie sorgen für die notwendige Trübung. Im Durchschnitt werden pro ha 1000–4000 H_0 eingesetzt. Normalerweise fischt man im Herbst dann zwischen 100 und 300 einjährige Hechte von 18–25 cm ab. Sicherer ist aber der Besatz mit 400–1000 vorgestreckten Hechten/ha. Dabei kann der Teichwirt eine Ernte von 200–400 Hechten, 18–25 cm lang, erwarten. Entscheidend für die Teichhaltung ist, dass diese Hechte beim Besetzen einzeln verteilt werden und sofort geeignete Nahrung vorfinden, und zwar zu Beginn genügend Zooplankton, dann aber sofort kleine Fischbrut. Mit zunehmender Größe der Hechte muss aber auch die Stückgröße des angebotenen Futtertiers größer werden, da sonst der Aufwand zum Erbeuten der Futterfische zu groß ist. Wie bereits aufgeführt, sind besonders K_v gute Futterfische, da sie leicht produziert und auch gefüttert werden können. Bedenken muss der Teichwirt immer wieder: Der Hecht ist sehr empfindlich gegen hohe pH-Werte. Deshalb eignen sich intensiv bewirtschaftete, gut gedüngte Teiche, die für Karpfen hervorragend sind, für die Hechtaufzucht am wenigsten. In die Teiche, in denen Hechte aufgezogen werden sollen, setzt der Bewirtschafter am besten als Laichfische Schleien und Rotaugen, Weißfische und Rotfedern. Später kann er überschüssige K_0 oder K_v zusetzen, da besonders die zu Einsömmerigen heranwachsenden Karpfen für die größeren Hechte ein hervorragendes Futter sind. Bei optimalem Futterangebot wachsen Hechte relativ gleichmäßig ab. Die besten Erträge, die nachhaltig erreicht wurden, liegen bei 400–500 Hechten je ha in der Größe von 25–35 cm, mit einem Gesamtgewicht von 100–150 kg. In diese Teiche werden aber stets große Mengen K_v nachgesetzt, die sich nicht mehr verkaufen lassen. Die Hechte stehen dann unter dem Futterautomaten für die Karpfen und fressen dort intensiv die K_v, später die K_1 weg. Die übrig gebliebenen K_1 sind aber noch gut als Nahrung für Laichhechte weiterzuverwenden. Der Ertrag von 100–150 kg/ha an einjährigen Hechten ist viel wertvoller als der Ertrag, der sonst aus einem Karpfenabwachsteich erreicht werden kann. In den verkrauteten Hechtteichen laichen die eingesetzten Laicher von Futterfischen (Karpfen, Rotaugen etc.) auch zuverlässig ab.

Beim Abfischen muss darauf geachtet werden, dass Hechte weit empfindlicher als Karpfen sind. Häufig hat es sich bewährt, zuerst die Karpfen gezielt herauszufangen und dann die Hechte einzeln aufzulesen. Dabei ist unbedingt darauf zu achten, dass die Wassertemperatur zur Zeit der Abfischung unter 10 °C liegt, da die Hechte sich sonst leicht an der Schleimhaut verletzen, anschließend verpilzen und eingehen. Bei Temperaturen unter 10 °C schlagen nämlich die Karpfen nicht mehr so wild, und die Schleimhaut der Hechte ist dann erfahrungsgemäß widerstandsfähiger. Um das Liegenbleiben von H_v im Kraut zu vermeiden, wird der Vorstreckteich, um es nochmals dringend zu erwähnen, schon sehr zeitig in der Frühe abgesenkt. Die H_v stehen dann nämlich noch im krautfreien Wasser und gehen nicht mehr ins Kraut zurück.

Die weitere Aufzucht von Hechten zu fang- und speisefähigen Größen ist nicht rentabel, da im zweiten Jahr der Futterquotient bedeutend ungünstiger ist. Hechte benötigen dann schon 6–10 kg Futterfische, um 1 kg Zuwachs zu erreichen, danach sogar 10–20 kg Futterfische. Das Ganze ist nur interessant, sobald Laichhechte für den eigenen Bedarf nachgezogen werden sollen. Beim Verkauf der Hechte an Angler ist zu beachten, dass die Hechte schonend transportiert, immer gut temperiert und beim Aussetzen ausschließlich einzeln verteilt werden. H_0 und H_v, aber auch ein einjähriger Hecht bis zu 25 cm lassen sich auch gut in Plastikbeuteln transportieren. Größere Hechte befördert der Teichwirt wie Karpfen in einem Behälter mit einem Fisch-Wasser-Verhältnis von 1:4 bis 1:6.

9.3 Zander (*Sander lucioperca* L.)

Der Zander wird auch häufig Hechtbarsch genannt. Das zeigt deutlich, dass er viel vom Äußeren des Barsches, zum Beispiel Kammschuppen und Flossenanordnung sind von dessen Form, aber auch einiges vom Hecht hat (Abb. 106). Der Zander ist unser bester Speisefisch. Er besitzt wenig störende Zwischenmuskelgräten, hat hervorragende Fleischqualität und ist der wirtschaftlich interessanteste Nebenfisch. Der Zander entwickelt sich gut in tiefen Gewässern, wie z. B. Baggerseen, aber auch in größeren Teichen und Flüssen. Das Maul ist endständig mit einer Vielzahl kleiner Zähne. Er benötigt bedeutend kleinere Futterfische als die gleich großen Hechte und laicht in der Natur z. Zt. der Aprikosenblüte, also etwa im April, bei Wassertemperaturen um 16 °C. Die Eier werden dann auf

Abb. 106 Zander (*Sander lucioperca* L.) (Foto: LfL/IFI).

Wurzeln oder auf Pflanzen abgelegt. Besonders beliebt sind ausgewaschene Wurzeln von Weiden. In der Teichwirtschaft lässt man den Zander häufig natürlich, in extensiv bewirtschafteten Teichen ablaichen. Bedeutend günstiger sind aber kleine, spezielle Zanderlaichteiche. Zandereier, aber auch die Jungbrut, sind sehr empfindlich gegen die Sonnenbestrahlung. Deshalb eignet sich leicht getrübtes Teichwasser am besten. Außerdem müssen die Laichteiche mindestens 1,20–1,50 m tief sein. Nach erfolgreichem Ablaichen steht der Milchner über dem Nest, bewacht es und wedelt mit den Flossen frisches Wasser herbei.

Die Zander laichen gut auf künstlich angelegten Nestern, wie z. B. Weidenwurzeln, Netzen, Kokosmatten, Bürsten u. Ä. in einer Tiefe von 1,20–1,50 m. Zur Produktion von Rotatorien als Startfutter, auf die die besonders kleine Zanderbrut angewiesen ist, behandelt der Teichwirt die Zanderlaichteiche genauso wie die Karpfenvorstreckteiche.

Von den Teichwirten als Kunden werden im Allgemeinen einsömmerige Zander in der Größe von mindestens 10–12 cm, besser aber 12–15 cm verlangt. Kleine Zander unter 15 cm sind an Angler schwer zu vermarkten. Deshalb ist der gezielte Besatz mit Z_v dem natürlichen Ablaichen vorzuziehen. Um diese Größe zu erreichen, werden die Zander bis zu einer Größe von 3–4 cm vorgestreckt und dann gezielt in frühere Abwachsteiche umgesetzt. Die Besatzdichte liegt bei 750 bis 5 000 Stück Vorgestreckten je ha. Wenn man in diese Teiche gleichzeitig Laichschleien einsetzt, wühlen diese den Boden auf. Dadurch werden intensives Algenwachstum und zu hohe pH-Werte weitgehend unterbunden, sodass der Zander besser abwächst. Allerdings verträgt er ohnehin deutlich höhere pH-Werte als der Hecht. Wie bei den Schleien bereits ausgeführt, ist deren Brut die beste Zandernahrung. Daneben eignen sich aber auch Kleinfische, wie z. B. Moderlieschen, die von April bis Juni in mehreren Schüben ablaichen und so den Zander durch ihre Brut ständig hervorragend ernähren. Geringe Ammoniakresistenz (max. 0,05 mg/l) und äußerste Empfindlichkeit gegen Licht und niedrige Sauerstoffwerte sind beim Zander stets zu beachten. Entscheidend ist, dass die Teiche nicht zu flach sind, sodass die direkte Sonneneinstrahlung stärker gedämpft wird. Dieser Fisch ist ein guter Futterverwerter. Er jagt seine Beute aktiv und ist also kein Lauerfisch wie der Hecht.

Beim natürlichen Ablaichen ist der Laicherfolg oft sehr ungewiss. In schlechten Jahren gibt es überhaupt keine Zanderbrut, in guten Jahren bleiben zu viele Jungzander übrig und erreichen dann nur eine Größe von 5–7 cm, die absolut unverkäuflich ist. In diesem Fall ist man gezwungen, zweijährige Zander zu produzieren. Jetzt darf die kleine Zanderbrut im Herbst nicht abgefischt werden, da sie sonst zu viel Energie verliert und Schäden erleidet. Die Folge davon sind hohe Winterverluste. Die Zander müssen also über Winter in Teichen stehen bleiben, um sie im zweiten Jahr auf eine Größe von 20–25 cm zu bringen. Durch den hohen Preis für zweijährige Zander ist dieses Vorhaben auch wirtschaftlich.

Als Nahrung nehmen Zander im zweiten Jahr vorrangig kleine Futterfische wie Schleien, Rotaugen und Moderlieschen zu sich, aber auch die nachgelaichten Zander des neuen Jahrgangs oder die unerwünschten Blaubandbärblinge. Tabelle 10 zeigt realistische Besatzzahlen und Abfischergebnisse der ein- und zweisömmerigen Zander, jeweils pro ha, für Zanderaufzucht in Teichen mit guter Bonität und bei mildem Klima.

Beim Abfischen müssen Zander besonders schonend behandelt werden. Mit zunehmender Größe werden sie immer empfindlicher für Verletzungen, da die Kammschuppen stärker ausgeprägt sind. Deshalb ist beim Abfischen der Zander darauf zu achten, dass die Wassertemperatur möglichst unter 10 °C liegt, damit diese Fische nicht zu lebhaft springen und sich gegenseitig verletzen. Es darf aber auch nicht zu kalt sein, d. h. nicht unter 2 °C, da Zander auch empfindlich gegen Frostverletzungen sind. Das Glei-

Tab. 10 Zanderbesatz und mögliche Abfischergebnisse.

Besatz		Abfischergebnis			
Stadium	**Stück**	**Körperlänge**	**Körpergewicht**	**Abfischmenge**	**Abfischgewicht**
Z_0	30000	9–12 cm	ca. 11 g	4000	44 kg
Z_v	3000–5000	12–15 cm	ca. 20 g	2000	40 kg
Z_v	1500–2000	15–20 cm	ca. 50 g	1000	50 kg
Z_v	750–1250	20–25 cm	ca. 110 g	500	55 kg
Z_1 12–15 cm	800	20–25 cm	ca. 110 g	560	62 kg
Z_1 12–15 cm	445	25–30 cm	ca. 200 g	310	62 kg

che gilt im Besonderen für den Transport. Das Transportwasser soll unter 10 °C, auf jeden Fall aber über 4 °C haben. Bei Temperaturen unter 4 °C werden die Zander fast bewegungsunfähig, dann ist die Verletzungsgefahr durch gegenseitiges Aneinanderreiben besonders groß. Faustzahlen für die Anzahl der Zander in Transportgefäßen siehe Kapitel 15, Fischtransport. Zandertransportgefäße müssen möglichst randvoll mit Wasser gefüllt und mit wasserdicht schließendem Deckel versehen sein, damit es während des Transportes keine Wasserbewegungen gibt, die Zander also ruhig stehen.

Größere Zander als zweisömmerige werden bis jetzt in der Regel in Teichen nicht produziert. Bei dem hohen Preis ist es auch denkbar, drei- und viersömmerige Zander zu ziehen, wenn es gelingt, genügend Futterfische bereitzustellen.

Die Vermehrung von Zandern und die Aufzucht von vorgestreckten Zandern klappt bei Profis mittlerweile sehr zuverlässig. Das Institut für Binnenfischerei Potsdam-Sacrow hat eine Methode entwickelt, naturvorgestreckte Z_v von etwa 0,5 g auf Trockenfutter umzustellen und bis zum Speisezander mit Trockenfutter im Kreislauf oder im Netzgehege weiter zu füttern.

Die Umstellung auf Trockenfutter sollte man allerdings Profis überlassen, da dies sehr aufwendig ist. Danach ist die Aufzucht einfach und rentabel. Der Futterquotient liegt zwischen 1 und 1,5, wenn gutes extrudiertes Forellenfutter verwendet wird (max. 18 % Fett, minimal 50 % Rohprotein). Bis zum Herbst erreichen diese einsömmerigen Zander im Teich 20–25 cm. Hält man im ersten Winter die Zander in einer Kreislaufanlage mit ca. 20 °C, erreichen sie bis Mitte Mai 30–35 cm (300–400 Gramm). Dann kann man wieder im Teich oder Netzgehege weiterfüttern und erreicht im zweiten Herbst Zander von 0,8–1,2 kg. Bei reiner Teichhaltung in Polykultur mit Karpfen, Schleien, Rotfedern und Rotaugen wird dieses Gewicht von 0,8–1,2 kg frühestens nach 3 Jahren erreicht; mit einer Zanderernte von gut 50 kg/ha. Bei den hohen Preisen, die Angler für Laichzander und Verbraucher bei Direktvermarktung zahlen (über 15 € bzw. 30 €/kg für das Filet) sind beide Methoden rentabel. Wie bei den Hechten beschrieben, sind K_v–K_1 am Futterautomat gefüttert ein ideales Lebendfutter. Der Futterquotient ist bei Lebendfutter ähnlich wie der von Hechten. Da Speisezander sehr teuer sind, wird sich die Pelletfütterung im Teich rasch durchsetzen.

Derzeit werden einige Kreislaufanlagen für die Aufzucht von Speisezandern errichtet.

9.4 Wels (*Silurus glanis* L.)

Der Wels wird speziell in Süddeutschland Waller genannt. Er hat einen ziemlich runden Körperquerschnitt, einen großen Kopf und ein sehr großes Maul, in dem viele feine Zähne stehen. Der

Abb. 107 Europäischer Wels (*Silurus glanis* L.) (Foto: LfL/IFI).

Oberkiefer trägt zwei lange, der Unterkiefer vier kleinere Barteln (Abb. 107). Der Körper ist schuppenlos, dunkel marmoriert und am Bauch hell. Der Wels ist ein Nachträuber, der auf Beutesuche geht, indem er mit seinen Barteln den Grund abtastet. Besonders gefährdet sind dabei alle Fische, die sich am Boden der Gewässer aufhalten, also insbesondere Schleien, aber auch Krebse in allen Größen. Seine Temperaturansprüche entsprechen denen des Karpfens. Das heißt, er ruht im Winter, wächst erst ab etwa 18 °C und hat sein max. Wachstum bei 25 °C. Teiche, die durch Quellwasseraustritt in Bodennähe kühl sind, eignen sich nicht für diesen Grundfisch.

Der Wels schmeckt ausgezeichnet, hat keine Zwischenmuskelgräten und ist nach Lachs, Aal und Zander der teuerste Süßwasserfisch in unseren Breiten. Er kommt heute in fast allen Flüssen und Nebengewässern Europas vor. Der Wels hat als Speisefisch in der Teichwirtschaft Zukunft, da Spezialisten zuverlässig jede Menge Welsbrut oder vorgestreckte Welse erzeugen. Er wird von einigen Betrieben bereits intensiv gezogen und in allen Altersstadien mit Trockenfutter in Teichen gefüttert, da die Nachfrage und der Preis hoch sind. Im Teich gehaltene Speisewelse haben im Vergleich mit Welsen aus Kreislaufanlagen einen viel besseren Geschmack.

Das künstliche Ablaichen selbst ist nicht schwierig, nur die Vorstreckphase bringt in der Regel sehr große Verluste durch Ichthyophthiriose, auch Grießkörnchenkrankheit genannt. Die Behandlung der jungen Welsbrut im Becken ist mangels zugelassener Medikamente unmöglich. Für Teichwirte erweist es sich dann meist schon als besser, sie kurz nach dem Schlupf auszusetzen, am besten in verwachsene Teiche, in denen genügend tierisches Plankton vorhanden ist. Die Grießkörnchenkrankheit wird durch Schwärmerstadien verbreitet. Diese werden aber nach Proske von tierischem Plankton gefressen. Das ist ein Beispiel dafür, wie durch richtige Teichpflege Parasiten ohne Chemikalien bekämpft werden können. Beim natürlichen Ablaichen der Waller ist zu beachten, dass die Laichwaller paarweise ausgesetzt werden. Das ist gar nicht so leicht, weil die Geschlechter schwer zu unterscheiden sind. Der Praktiker geht aber davon aus, dass Rogener zur Laichzeit einen weichen Bauch haben und auch bedeutend schwerer sind. Das Männchen darf im Verhältnis zum Weibchen nicht zu klein sein. Zum natürlichen Ablaichen gibt man den Welsen Laichsubstrat in den Teich, um den Erfolg zu verbessern. Dafür haben sich Baumwurzeln gut bewährt, besonders wenn ausgewaschene Weidenwurzeln daran befestigt sind. Bei einer anderen Methode stellt der Teichwirt in 1–1,5 m Tiefe ein Gestell ähnlich einem Heubock mit ebenfalls daran befestigten ausgewaschenen Weidenwurzeln auf. Im Grunde sind es dieselben Laichsubstrate wie für den Zander.

Der Teichwirt sollte nicht verzagen, wenn er 4–6 Wochen nach dem Laichtermin der Welse noch keine Welsbrut zu sehen bekommt. Junge Welse sind meist sehr scheu und verstecken sich während des Tages am Boden oder hinter Pflanzen. In der Vorstreckphase eignet sich Naturfutter in Form von Plankton und Fischbrut, aber auch Fertigfutter, das mit Bandautomaten verabreicht wird. Versuche an der Außenstelle für Karpfenteichwirtschaft haben gezeigt, dass es günstig ist, in der Nähe der Futterautomaten Rohre von etwa 10 cm Durchmesser zu versenken. Die kleinen Welse verstecken sich tagsüber darin und sind in Nähe des Futters. Im ersten Jahr erreichen Welse durchschnittlich 13–16 cm Länge. Welse sind wärmeliebende Fische. Deshalb müssen für sie unbedingt die wärmsten Aufzuchtteiche vorgesehen werden. Im zweiten Jahr lassen sich Welse mit Naturfutter, in erster Linie kleinen Fischen, besser noch kombiniert mit Trockenfutter aufziehen. Waller gehen relativ gut an Futterautomaten. Hierfür eignet sich extrudiertes Forellenfutter mit 40–45 % Rohprotein und 15–20 % Fettgehalt. Damit sich die Welse an die Selbstfütterer rasch gewöhnen und um das Wasser zu trüben, werden 5–10 % Karpfen oder Schleien in der gleichen Größe dazugesetzt. Die Wassertrübung verhindert die Algenbildung. So erreichen Waller in warmen Teichen unter kontrollierten Bedingungen im ersten Jahr bis zu 100 g, im zweiten Jahr bis zu 1200 g und im dritten Jahr 2–3 kg/Stück. Im dritten Jahr werden Welse überwiegend mit Trockenfutter gefüttert. Bei gleichzeitigem Vorhandensein von kleinen Futterfischen jagen sie zwar diesen nach, wachsen aber schlechter als wenn sie nur Trockenfutter zu fressen bekommen.

Hat man aber K_v oder größere Futterfische im Überfluss, kann man diese intensiv mit Trockenfutter am Pendelautomaten füttern. Die Waller stehen sternförmig um den Automaten und schnappen die vollgefressenen K_1. Dann wachsen und schmecken die Welse am besten. Der gleiche Trick bewährt sich auch bei Zandern und Hechten.

In Supermärkten und Fischgeschäften wird bei uns häufig Welsfilet angeboten. Dies sind meist minderwertige rotfleischige Afrikanische Welse *(Ictalurus punctatus)* aus Kreislaufanlagen. Die Filets des heimischen Welses sind fast weiß. Leider hat billiger Pangasius den Absatz unserer vorzüglichen Waller weitgehend verdrängt.

Füllner hat in Königswartha wirtschaftlich sehr interessante Versuche mit gleichzeitiger Aufzucht von einsömmerigen Wallern und einsömmerigen Schleien durchgeführt. Dort wurden pro ha bis zu 300 kg Waller und 200 kg Schleien einsömmerig abgefischt. Die Umstellung auf extrudiertes Forellenfutter gelingt nach unserer Erfahrung sehr gut, besonders wenn um die Futterstelle (Band- oder Pendelautomat) eine schwimmende schwarze Luftpolsterfolie angebracht wird. Darunter stehen die Waller auch bei Tag und fressen ausgezeichnet. Aus hygienischen Gründen soll die Futterstelle alle 4 Wochen gewechselt werden.

Ein unkomplizierter Weg, Welse als Nebenfische in Karpfenteichen aufzuziehen, ist es, 50 bis 100 zweisömmerige Welse im dritten Aufzuchtsommer zu Karpfen zu setzen. Die Zahl der

Karpfen muss dabei nicht reduziert werden. Wird Fertigfutter an die Karpfen verabreicht, partizipieren die Welse daran. Die Welse können sich aber auch von eventuell unerwünschten Beifischen ernähren.

Für Welse und andere Raubfische wie Hecht und Zander gilt, dass sie nicht im Boden wühlen. Es ist zwar möglich, Welse in Monokultur mit Fertigfutter im Teich aufzuziehen. Doch selbst bei einer Besatzdichte von 1000 zweisömmerigen Welsen wird der Schlamm nicht umgearbeitet. Das Wasser bleibt klar, es entwickeln sich Fadenalgen; der Schlamm bildet Faulgase in großer Menge. Um dies zu vermeiden, müssen stets ca. 100 starke K_2 oder 200 S_3 als Beifische mit eingesetzt werden.

9.5 Ostasiatische Pflanzenfresser

Bei diesen Fischen handelt es sich im Wesentlichen um drei Arten:

1. Grasfisch (*Ctenopharyngodon idella* V.), auch Graskarpfen oder Amur genannt.
2. Silberfisch (*Hypophthalmichthys molitrix* V.), auch Silberkarpfen oder Tolstolob genannt.
3. Marmorfisch (*Hypophthalmichthys nobilis* R.), auch Marmorkarpfen oder Gefleckter Silberfisch genannt.

Wirtschaftliche Bedeutung haben in erster Linie der Grasfisch, der Silberfisch und dann die Kreuzung aus Marmor- und Silberfisch. Das Wesentliche an diesen ostasiatischen Pflanzenfressern ist, dass sie ein ganz anderes Nahrungsspektrum haben (Ausnahme Marmorkarpfen) als in Mitteleuropa heimische Fischarten. Sie fressen zum größten Teil Pflanzen oder auch Schwebealgen.

Sie sind wärmeliebender als die heimischen Fischarten, weshalb sie sich hier nicht natürlich vermehren können. In der Teichwirtschaft haben sich in Deutschland 2 oder 3 Betriebe auf die Vermehrung von Grasfischen spezialisiert. Das Hauptproblem besteht darin, dass bei uns die Fische trotz Hypophysieren zu spät ablaichen, sodass die Einsömmerigen selten größer als 8–10 cm werden. Deshalb gibt es im Winter häufig große Verluste, wodurch diese Fischarten in Misskredit geraten sind. Aus diesem Grunde werden die meisten vorgestreckten Grasfische heute aus wärmeren Ländern wie Österreich (Teichwirtschaft Waldschach) und Ungarn bezogen. Dennoch sollten in Deutschland zukünftig Laichfische aber im Warmwasser gehalten werden, damit, von Einfuhren unabhängig, rechtzeitig Grasfischbrut angeboten werden kann. Die Pflanzenfresser sind als Nutzfische für die Teichwirtschaft anzusehen, da die Erträge an anderen Nutzfischen durch zusätzlichen Besatz mit diesen Fischen größer werden. Auch der wirtschaftliche Erfolg ist meist größer als ohne deren Einsatz. Darüber hinaus haben die asiatischen Pflanzenfresser Bedeutung für die Pflege der Teiche und können regelmäßige Entlandungen häufig überflüssig machen. Leider sind die Absatzmöglichkeiten für Gras- und Silberfische zu Speisezwecken begrenzt, als Satzfische jedoch günstiger. Der Besatz freier Gewässer (Flüsse und Seen) mit diesen drei Arten ist nicht erlaubt.

9.5.1 Grasfisch, Amur, Graskarpfen

Dieser Fisch ähnelt zwar stark dem bei uns heimischen Aitel (Döbel), hat jedoch sehr tief liegende Augen und einen weitgehend drehrunden, walzenförmigen Körper (Abb. 108). Als ausgesprochener Pflanzenfresser verspeist er fast alle höheren Wasserpflanzen, verwertet aber noch besser Pflanzen, die vom Land aus hineingeworfen werden. Wie alle ostasiatischen Fische frisst er große Mengen erst bei Temperaturen ab 20 °C. Je nach Herkunft erreichen bei uns Grasfische im ersten Jahr eine Größe von 8–15 cm. In diesem Alter ernähren sie sich hauptsächlich von Fadenalgen, fressen aber auch gern weiche Unterwasserpflanzen. Die hauptsächliche Bedeutung für die Teichwirtschaft liegt im zunehmenden Alter, wo die Grasfische hartstängelige Pflanzen fressen und so wesentlich zur Verminderung von Überwasser- und dichten Unterwasserpflanzenbeständen beitragen. Sie wachsen bei höheren

Abb. 108 Grasfisch, Graskarpfen (*Ctenopharyngodon idella* V.) (Foto: LfL/IFI).

Temperaturen sehr gut und erreichen im zweiten Jahr 20–30 cm mit einem Stückgewicht von 100–300 g. Ihre Aufgabe als Pflanzenfresser erfüllen sie hauptsächlich in extensiven Teichen, da sie bei intensiver Fütterung ihre Arbeit als Pflanzenvertilger vernachlässigen und lieber an die Futterautomaten gehen. Außerdem werden diese Fische bei überwiegender Ernährung mit Beifutter leicht krank, da ihnen die notwendigen Rohfaserstoffe zur Verdauung fehlen. Die Wasserpflanzen werden nur sehr unvollständig verdaut. Ein hoher Anteil wird halbverdaut wieder ausgeschieden. Diesen Kot fressen Karpfen und Schleien häufig, oder er düngt das Teichwasser. Im dritten Jahr erreichen Grasfische in Deutschland 0,8–1,5 kg Stückgewicht und sind mit ihrem kernigen Fleisch bereits ausgezeichnete Speisefische, deren Geschmack dem der Karpfen zumindest gleichkommt. Es entwickelt sich ein Absatzmarkt, vorrangig an hier lebende Osteuropäer und Asiaten.

9.5.2 Silberfisch, Silberkarpfen, Tolstolob

Dieser Fisch lässt sich am ehesten mit einer Brachse vergleichen (Abb. 109). Er ist feinschuppig und mit silbrigem Kleid, Phytoplanktonfresser und damit hervorragender Nutzfisch für eutrophierte, also nährstoff- und algenreiche Gewässer. Dies gilt für mit Abwasser belastete oder gut gedüngte Teiche; es dürfen nur geschlossene Gewässer mit ihm besetzt werden. Besonders wertvoll sind Silberfische bei uns in Teichen, die durch Abwassereinleitungen oder hohe Besatzdichten überdüngt sind. Dabei bewirken sie durch ständiges Wegfressen des Phytoplanktons, dass sich keine überalterten Algenbestände bilden können. So werden die gefürchteten Algenzusammenbrüche mit den darauffolgenden Sauerstoffdefiziten im Spätherbst vermieden. Gleichzeitig werden der pH-Wert gesenkt und die Sauerstoffbilanz insgesamt im Gewässer verbessert (siehe Kap. 2, Das Teichwasser). In vielen Teichen ermöglichen daher Silberfische die Haltung von Hechten und Zandern erst, wenn zuvor pH-Werte oder schwankende Sauerstoffwerte natürliche Grenzen gesetzt hatten.

Durchschlagende Erfolge sichern Silberfische allein dabei allerdings nicht. Sie können nur Algen über etwa 10–20 μm (1000 μm = 1 mm) Durchmesser aufnehmen. Die kleineren Algen verbleiben im Teich und vermehren sich stärker, da ihre größeren Konkurrenten ja entfernt werden. Außerdem filtern Silberfische auch die Algen fressenden Zooplankter heraus. Grundübel für die Algenexplosion ist in der Regel der übermäßige Fraßdruck zu vieler Fische auf das tieri-

Abb. 109 Silberfisch, Silberkarpfen (*Hypophthalmichthys molitrix* V.) (Foto: LfL/IFI).

sche Plankton. Eine Regulierung der Cyprinidenbestände durch Raubfische ist hilfreich.

Leider sind Silberfische als Speisefische nicht begehrt und schwer verkäuflich. Häufig werden sie deshalb nach dem zweiten Jahr als Futterfische für Laichhechte und Laichzander verwendet.

Im ersten Jahr erreichen sie je nach Herkunft 8–15 cm, im zweiten Jahr 20–30 cm und ein Stückgewicht von 100–300 g. In gut gedüngten Teichen können die Erträge sehr hoch liegen, und zwar ohne Fütterung bei 300–500 kg/ha. Diese Fische sind bei der Abfischung gegen Verschlammung äußerst empfindlich. Wie alle ostasiatischen Pflanzenfresser kann sie der Teichwirt erst bei Temperaturen unter 10 °C sicher abfischen, da sie sonst überaus lebhaft springen, rot anlaufen und anschließend eingehen.

9.5.3 Marmorfisch, Marmorkarpfen

Dies ist die robusteste Art asiatischer Grasfische, und sie wächst auch am besten (Abb. 110). Da der Fisch aber das gleiche Nahrungsspektrum wie der Karpfen hat, ist er sein direkter Konkurrent. Weil er außerdem kaum verkauft werden kann, setzt er sich in der Teichwirtschaft nur schwer durch.

Von Bedeutung ist jedoch die Kreuzung zwischen Marmor- und Silberfisch, denn diese vereint die Vorteile des Marmorfisches, nämlich seine Robustheit, mit dem Nahrungsspektrum des Silberfisches, also der überwiegenden Aufnahme von Mikroalgen.

Erst ab 4–6 cm Länge stellen sich die drei pflanzenfressenden Arten auf ihre spezielle Nahrung um, Grasfische auf Pflanzen, Silberfische auf schwebende Algen, Marmorfische ebenso wie unsere Karpfen auf Würmer, Mückenlarven u. Ä. Die Kreuzung zwischen Marmor- und Silberfisch frisst zu etwa 90 % Schwebealgen und 10 % Zooplankton. Für diese Kreuzung verwendet der Teichwirt männliche Marmor- und weibliche Silberfische.

Das Wesentliche bei allen drei ostasiatischen Pflanzenfressern ist, dass sie bei uns in Mischkulturen mit Karpfen und anderen Nebenfischen gehalten werden. Dabei soll der Anteil der Karpfen und einheimischen Nebenfische mindestens 50 % vom Besatz ausmachen. Das Stückverhältnis innerhalb dieser Pflanzenfresserarten beträgt im Wesentlichen 1/3 Gras- und 2/3 Silberfische. Nur in stark verkrauteten Teichen kann man, um eine Entlandung zu verhindern, 50–60 % Graskarpfen einsetzen, da diese bei höheren Temperaturen sehr wirksam den Pflanzenwuchs beseitigen. Die gleiche Aufgabe erfüllen sie in Park- und Hobbyteichen. Im Sommer besteht die Möglichkeit, gemähtes Gras, etwa vom Damm,

Abb. 110 Marmorfisch, Marmorkarpfen (*Hypophthalmichthys nobilis* R.) (Foto: LfL/IFI).

nutzbar zu verwerten, indem es der Teichwirt maßvoll an die Grasfische verfüttert. Bei intensivem Besatz muss aber genauestens auf Parasiten (Bandwürmer) geachtet werden.

9.6 Futter- und Köderfische

Große Bedeutung haben neuerdings neben der Aufzucht von Karpfen und dessen Nebenfischen auch Futter- und Köderfische. Sie dienen entweder als Nahrung für Raubfische oder werden gezielt als Besatz für öffentliche Gewässer, als Köderfische oder auch direkt als Futterfische verkauft. Es handelt sich dabei in erster Linie um Rotaugen, Rotfedern, Karauschen, Moderlieschen und Gründlinge. Dies sind im Allgemeinen robuste Fischarten, die ohne künstliche Hilfe ablaichen. Für die Aufzucht von Zandern oder Hechten ist es fast unerlässlich, sich für eine oder mehrere dieser Arten zu entscheiden, da diese sicherer und besser ablaichen als Schleien. Außerdem hat es sich gezeigt, dass es gerade für die Aufzucht von Raubfischen günstig ist, wenn verschiedene Fischarten nacheinander ablaichen, sodass stets geeignete Futterfischgrößen vorhanden sind. Dies gilt besonders für Moderlieschen, die als Portionslaicher mehrmals im Sommer ablaichen. In manchen Betrieben sind sie die wertvollsten Fische für die Aufzucht von Zandern, ja, man kann sagen, ohne Moderlieschen ist es unmöglich, gezielt die gewünschten einjährigen Zander von 12–15 cm oder noch größer heranzuziehen.

Rotaugen und Rotfedern sind beliebte Besatzfische für viele Angelgewässer und sie haben einen kg-Preis, der etwa 50 % höher ist als der von Karpfen. Die Rotfeder ist eine der schönsten heimischen Fischarten, bedeutend robuster als Rotaugen. Rotfedern und Rotaugen eignen sich auch besonders gut als Besatz für Gartenteiche, da sie dort Algen dezimieren. Weiterhin sind Karauschen sehr beliebt, die als Köderfische an Angler verkauft werden können. Sie dienen ferner als hervorragende Futterfische, besonders für Hechte. Hechte bis 25 cm haben mit 2–3 den besten Futterquotienten, wenn einsömmerige Karauschen oder Karpfen verfüttert werden. Das Verhältnis von Energieaufwand zum Fangen und Beutegröße ist dabei optimal. Blaubandbärblinge (*Pseudorasbora parva* L.) gehören zu den sogenannten invasiven Arten gemäß EU-Verordnung Nr. 1143/2014 und dürfen keinesfalls gehandelt oder gezielt besetzt werden; sie müssen nach EU-Recht entfernt werden. Da sie eine geeignete Beute für Zander und Hechte sind, kann dies durch deren Besatz geschehen.

9.7 Goldfische und Koi

Mit Zunahme der Gartenteiche hat es bei einigen Betrieben Bedeutung gewonnen, Gold- und Buntfische (Abb. 111) gezielt neben den karpfenartigen Fischen in Teichen aufzuziehen. Im Allgemeinen sind es Goldkarauschen, Goldorfen, Goldschleien usw. Alle diese Fischarten haben im Wesentlichen das gleiche Nahrungsspektrum wie die Karpfen und sind somit auch Nahrungskonkurrenten. Bei geeigneter Vermarktung erzielen sie aber einen weitaus höheren Preis, sodass es durchaus sinnvoll sein kann, diese Fische in Karpfenteichen mit aufzuziehen. In Parkteichen und Gartenteichen, die in der Regel relativ klein sind, besteht die Gefahr, dass hier Überbesatz erreicht wird, da die Gewässer dann stark eutrophieren und so verschmutzen oder veralgen, sodass die Goldfische nicht mehr zu beobachten sind. Die Hauptschwierigkeit in diesen Gewässern entsteht dadurch, dass die Fische im Herbst nur selten abgefischt werden. Bei der Überwinterung gibt es Probleme, da diese Gewässer durch Laub und Futter überdüngt und für die Überwinterung meist zu flach angelegt sind (siehe Kap.16, Hältern und Wintern). Eine weitere Schwierigkeit in diesen Park- und Gartenteichen besteht darin, dass die Goldfische sich meist unkontrolliert vermehren. Bei Überbesatz treten leider häufig Schwierigkeiten durch Krankheiten und Parasiten auf. Ist die Wasserqualität dauerhaft gut, kann der Betreiber zur Regulierung des Besatzes einige Forellen dazusetzen, die sich leicht wieder herausfangen lassen. In anderen Fällen erweist es sich als durchaus sinnvoll, Zander oder Hechte einzusetzen, damit die überschüssigen Goldfische vertilgt werden.

In der Teichwirtschaft können die Goldvarianten der verschiedenen Fischarten genauso aufgezogen werden wie ihre wildfarbenen Verwandten. Gute Qualitäten erzielen gerade in der Direktvermarktung hohe Preise.

Abb. 111 Goldkarausche, „Goldfisch" (*Carassius carassius auratus* L.) (Foto: LfL/IFI).

Abb. 112 Koi (*Cyprinus carpio* L.) Typ Showa-Sanshoku (Foto: Gerstner).

Dasselbe gilt natürlich für den Koi (Abb. 112 und 113)). Er ist die aus Japan stammende Farbvariante des Karpfens (*Cyprinus carpio* L.). Dort heißt Koi schlicht Karpfen.

Gartenteiche aller Größen sind derzeit groß in Mode. Das Hauptinteresse gilt Pflanzenteichen, aber nach kurzer Zeit stellen die Betreiber fest, dass Wasserflächen ohne Fische hervorragende Brutstätten für Schnaken und Stechmücken sind. Fische als natürliche Feinde dieser Plagegeister sind das Mittel der Wahl – am besten schön bunt.

Geschäftstüchtige Berater schlagen wegen des guten Verdienstes möglichst viele teure original japanische Koi vor. Pflanzenteiche werden flach angelegt, der Chemismus des Wassers schwankt extrem, deshalb sind solche Gartenteiche für die empfindlichen japanischen Koi völlig ungeeignet. Im harmlosesten Fall verlieren Koi durch den Stress nur Farbe – meist endet es in kürzester Zeit mit dem Tod der schönsten Japaner, da die auf besonders kräftige Farben gezüchteten Fische am empfindlichsten sind.

Neben den Fehlern beim Teichbau ist der Überbesatz in den Gartenteichen die häufigste Ursache für Verluste.

In herkömmlichen Teichen werden pro ha 500–1000 kg Karpfen abgefischt. Das sind pro m^3 Teichvolumen 0,05–0,1 kg Fisch.

Im Gartenteich wird häufig mehr als 1 kg Fisch pro m^3 gehalten, also die zehn- bis zwanzigfache Menge. Die Betreiber sind in der Regel fachlich wenig vorgebildet und werden schlecht beraten. Teich- und Hygienebedingungen sind meist völlig unzureichend, was sich besonders im Winter bemerkbar macht. So ist es wichtig, dass Gartenteiche im Herbst gereinigt werden. Kritische Sauerstoff- und Ammoniakverhältnisse werden häufig nicht rechtzeitig erkannt. Aufwendige Therapien helfen wenig, wenn die Ursachen von Parasiten und Krankheiten nicht erkannt und beseitigt werden.

Die wirksamste Maßnahme für gesunde Fische ist eine stressarme, optimierte Haltung, die jeweils auf die einzelne Fischart zugeschnitten ist. Dabei sind die wichtigsten Parameter der Sauerstoffgehalt, der gut verträgliche Temperaturbereich (für jede einzelne Fischart), pH-Werte und Härtegrad, die Wasserbelastung mit Ammonium, Pestiziden, Schwermetallen, besonders aber die Besatzdichte.

Einige optimale Werte, die von dem Koispezialisten Peter Waddington angegeben werden, sind erstrebenswert, aber nur mit viel Erfahrung und großem Aufwand einzuhalten:

Abb. 113 Koi (*Cyprinus carpio* L.), Schwarm aus Teichabfischung (Foto: Gerstner).

- ein stabiler pH-Wert zwischen 7,2 und 7,8;
- ständig Nitritwerte gegen Null;
- ständig Ammoniumwerte gegen Null;
- ständig ein Sauerstoffgehalt über 8 mg/l;
- stabile Nitratwerte, so niedrig wie möglich.

Dazu ist eine zuverlässige Wassertemperaturkontrolle über das ganze Jahr erforderlich. Den meisten Koihaltern ist die Bedeutung dieser Idealwerte nicht bewusst.

In der Koiliteratur ist der Begriff SBV weitgehend unbekannt. Dort arbeitet man mit dem Begriff der Karbonathärte, 1° deutscher Karbonathärte (°dKH) entspricht dem 2,8-fachen SBV-Wert. Koihalter bevorzugen weiches Wasser mit einer geringen Karbonathärte, möglichst um 0,3. Dies entspricht etwa einem SBV um 1. Wertvolle Spitzenkois sind nur bei Annäherung an diese optimalen Wasserwerte auf Dauer zu halten. Das ist teuer, da ständig Strom verbraucht wird und eine Kilowattstunde pro Jahr etwa 2500 € kostet. Wasseraufbereitung, Belüftung und eventuell sogar Heizung benötigen viel Strom.

Es ist daher empfehlenswert, dass Anfänger mit den temperaturunempfindlicheren Euro-Koi beginnen. Die Eltern dieser Fische sind unter europäischen Verhältnissen in Teichen aufgewachsen. Nach Einarbeitung und Verständnis der Probleme der Koihaltung kann man stufenweise auf original japanische Koi und als Krönung auf Spitzenkoi umsteigen. Koi sind karpfenartige Fische (Cypriniden). Diese wachsen am besten bei Temperaturen über 20 °C. Unter natürlichen Bedingungen sind europäische Cypriniden weitgehend winterfest. Das heißt, sie halten eine Winterruhe, nehmen für einen Zeitraum von 4–5 Monaten keine Nahrung zu sich und vertragen Wassertemperaturen bis 0,5 °C über einen längeren Zeitraum. Der Stoffwechsel dieser wechselwarmen Tiere ist im Ruhezustand minimal, solange die Fische nicht durch Lärm (z. B. Schlittschuhlaufen) oder grelles Licht aufgeschreckt werden. In den Wintermonaten nehmen die Fische unter guten Bedingungen ca. 5 % des Körpergewichts ab. Es gibt nur minimale Verluste, auch wenn der Sauerstoffgehalt langsam bis auf 2 mg/l oder die pH-Werte bis auf 6 sinken. Europäische Koi sind von der genetischen Veranlagung her an diese Bedingungen angepasst. Entscheidend ist, dass deren Laichfische selbst schon den Freuden und Leiden der natürlichen Teichhaltung ausgesetzt waren und diese vertragen. Fische können in der Jugend am besten an harte Umweltbedingungen angepasst werden. Wichtig ist aber immer ein ausreichender Zeitraum für die Umstellung. Dies gilt besonders bei der Adaption an kaltes Wasser, da dafür im Körper andere Enzyme gebildet werden müssen. Je tiefer die Temperatur auf Dauer sinkt, desto länger dauert die Adaptionszeit. Von 30 °C auf 20 °C etwa 3 Tage, von 20 °C auf 10 °C etwa 3 Wochen und von 10 °C auf 0,5 °C etwa 3 Monate. Umgekehrt geht es um ein Vielfaches schneller.

Bei original japanischen Koi ist durch die spezielle Selektion auf Farben, besonders aber durch eine ständige Warmwasserhaltung über 10 °C oder 15 °C, die Anlage der Kälteadaption auf unsere natürlichen Verhältnisse verloren gegangen. Das rasche Anpassungsvermögen gegen natürliche Schwankungen von z. B. Sauerstoff- und pH-Werten gehen bei ständiger optimaler Haltung ebenfalls verloren. Europäische Koi überleben z. B. häufigen Sauerstoffmangel dadurch, dass der Anteil der roten Blutkörperchen stark zunimmt. Die einseitige Auswahl original japanischer Fische auf Schönheit, Form und Farbe hat also viele Nachteile. Das Argument, dass warm gehaltene Koi bessere Farben haben, stimmt. Die Ursache liegt aber eher darin, dass sie ständig farbfördernde Substanzen (z. B. die Alge Spirulina oder Carotinoide) mit dem Spezialfutter aufnehmen, während in der langen Winterpause diese Wirkstoffe fehlen. Es bleibt dem persönlichen Geschmack überlassen, ob man ganzjährig Vorzeigekoi präsentieren will oder ob man natürlichen Zyklen mit geringeren Kosten den Vorrang einräumt.

Für Spitzenkoi ist die ganzjährige Warmwasserhaltung und die gezielte Beeinflussung der Wasserqualität (pH-Werte, Härte usw.) wahrscheinlich unverzichtbar. Anfängern und Normalverdienern ist diese Haltungsform nicht zu empfehlen.

Auch bei europäischen Koi gibt es große Qualitätsunterschiede. Hier sollte man beim Einkauf auf die äußere Form, den Gesundheitszustand und die Färbung achten. Entscheidend ist, dass dem Kunden der Koi gefällt. Aus all diesen Gründen sind Anfängern nur einheimische Koi-Nachzuchten zu empfehlen. Anfänger sollten pro m^3 Teichvolumen max. 0,5 kg Fische halten. Dabei ist deren Wachstum zu berücksichtigen. Für jeden eingesetzten Koi sollten daher unabhängig von seinem Anfangsgewicht etwa 5 m^3 Teichvolumen zur Verfügung stehen. Nachsetzen bei Verlusten ist ja immer möglich. Spezielles Zierfischfutter ist vollwertig und hoch verdaulich. Damit wird die Belastung durch Kot reduziert. Füttern darf man nur, solange die Fische gierig fressen. Überfütterung ist der häufigste Fehler bei Zierfischhaltern. Kois sind u. a. auch deshalb so beliebt, weil sie schnell zutraulich werden und nach kurzer Zeit aus der Hand fressen.

Seit einigen Jahren kommt es in den Koibeständen, aber auch bei den Nutzkarpfen, zu hohen Verlusten infolge der Koi-Herpes-Virose (siehe Kap. 11.6.2, KHV). Wer seinen Koiteich neu besetzen möchte, sollte beim Zukauf größte Vorsicht walten lassen und Tiere nur vom Züchter seines Vertrauens beziehen. Abzuraten ist der Kauf bei fliegenden Händlern. Ohnehin ist es der größte Fehler in der Zierfischhaltung, das biologische und seuchenbiologische Gleichgewicht durch häufiges Neu- und Umbesetzen zu stören.

10 Natürliche Feinde und Schädlinge

10.1 Der Mensch

Im Zuge vermehrter Freizeit drängen die Menschen in die Natur und dabei sehr gerne auch an Teiche. Neben den klassischen Freizeitbeschäftigungen wie Baden, Schlittschuhlaufen und Eisstockschießen gibt es noch weitere, z. B. Surfen und Bootfahren. Das Wasserhaushaltsgesetz und das Wasserabgabegesetz sowie die Landesgesetze regeln diese Nutzung oberirdischer Gewässer. Unter der Bezeichnung „Gemeingebrauch" ist es der Bevölkerung grundsätzlich gestattet, an oberirdischen Gewässern die genannten Sportarten zu betreiben. Ausdrücklich ist aber die Benutzung „ablassbarer, ausschließlich der Fischzucht dienender Teiche" davon ausgenommen. Hier darf im Sinne des Gesetzgebers kein Freizeitsport betrieben werden. Diese an und für sich klare Situation wird durch die aktuelle Rechtsprechung allerdings wieder infrage gestellt. So wurde z. B. ein Teichwirt durch Gerichtsbeschluss gezwungen, Baden und Bootfahren an seinem 10 ha großen Teich zu dulden. Begründet wurde dies mit der für Fischzuchtteiche „untypischen Größe" und mit der Tatsache, dass bereits über viele Jahre die Anwesenheit Badender geduldet worden war. Daraus ist der Rat abzuleiten, dass von Anfang an konsequent jeder Wassersportler von Fischteichen fernzuhalten ist.

Die rund 10 000 Biogasanlagen in Deutschland haben den Maisanbau sehr verstärkt. Dies wiederum bedeutet einen erhöhten Eintrag von Ackerboden in Fließgewässer und Zulaufgräben von Teichen. Daraus erwächst fallweise die Anreicherung von Sedimenten und Nährstoffen in den Teichen.

10.2 Bisam

Die Heimat des Bisams ist Nordamerika. Er gehört dort zu den Wildtieren, deren Pelz, aber auch deren schmackhaftes Fleisch geschätzt wird. Im Jahre 1905 wurden einige Paare von einem Pelztierzüchter nach Böhmen eingeführt. Seitdem verbreitet sich der Bisam von dort über ganz Europa.

Die Bezeichnung „Ratte" ist nicht korrekt. Der Bisam ist ein Verwandter der Wühlmaus. Von ihr unterscheidet er sich besonders durch seine Größe. Er wird bis zu 40 cm lang und trägt darüber hinaus einen etwa 25 cm langen, abgeplatteten Schwanz. Das dämmerungs- und nachtaktive Tier lebt ausschließlich an stehenden oder langsam fließenden Gewässern. Dort legt er sich eine Reihe von Fluchtröhren an, die meist unter Wasser beginnen und über dem Wasserspiegel enden. Der Zugang zur eigentlichen Wohnhöhle liegt ebenfalls unter Wasser, während die Wohnhöhle selbst über dem Wasser und knapp unter der Dammoberfläche liegt.

Gern nimmt der Bisam daneben auch verlassene Höhlen und Rohrleitungen an. Durch die Wühlaktivitäten beschädigt der Bisam Dämme erheblich (Abb. 114). Als Folge davon tritt eine Undichtigkeit der Dämme bis zum völligen Auslaufen der Teiche ein. Der Bisam ist eigentlich ein reiner Vegetarier. Er ernährt sich von Pflanzen, wie z. B. Kalmus, Schilf und Landpflanzen. Darüber hinaus frisst er allerdings auch Schnecken, Muscheln und Krebse. Im Sommer gelingt es ihm normalerweise nicht, der Fische habhaft zu werden. Befinden sich die Fische aber bereits in der Winterruhe, erwischt er sie leichter. In der Hauptsache liegt die Gefahr jedoch in der Beunruhigung der Fische, die durch diesen Stress mehr vom ohnehin knappen Sauerstoff benötigen und durch die erhöhte Aktivierung stärker als normal an Körpersubstanz und damit Widerstandskraft verlieren.

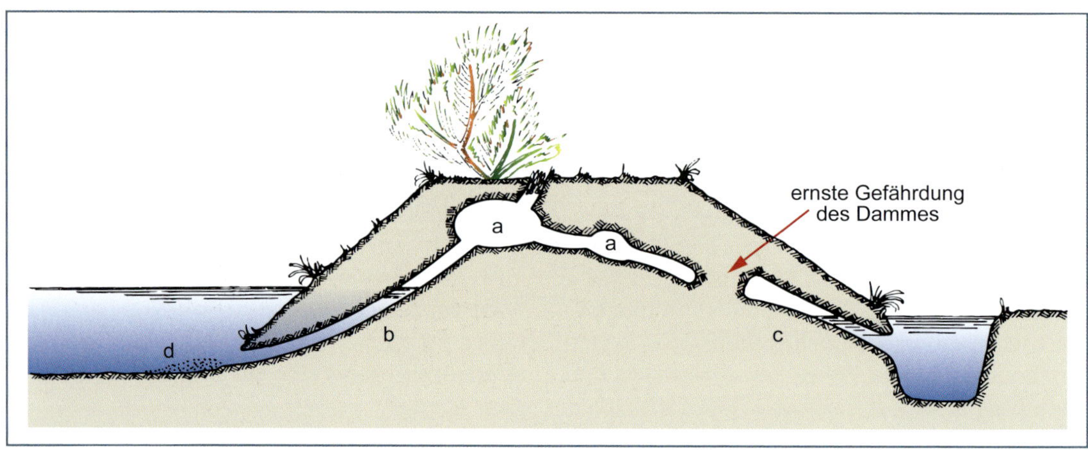

Abb. 114 Gänge und Wohnhöhlen des Bisams: a. Wohnhöhle mit begonnener Nebenhöhle, b. Zugangsröhre, c. Fluchtröhre mit über dem Wasserspiegel liegendem Luftraum, d. ausgewühlte Erde.

Der Bisam hat in Europa keine natürlichen Feinde. Darüber hinaus ist er enorm vermehrungsfähig. Ein Weibchen wirft im Jahr 2- bis 3-mal je 6–8 Junge. Diese wiederum können im gleichen Jahr bereits wieder fortpflanzungsfähig werden. Es ist daher erforderlich, den Bisam zu bekämpfen, wozu sich folgende Möglichkeiten anbieten.

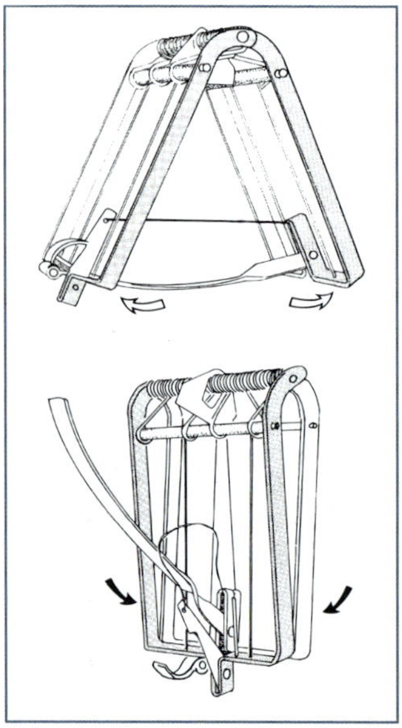

Abb. 115 Haargreiffalle, gespannt und fangbereit (oben) und zusammengeklappt (unten).

10.2.1 Fallen

Zum Fang des Bisams dürfen nur Fallen verwendet werden, die genehmigt sind, also Reusenfallen bestimmter Bauart, MWS-Spezial-Bisamköderfallen, ungeköderte Haar- und Stabgreiffallen (Abb. 115) sowie die ungeköderte Conibear-Falle. Wie die gängigste dieser Fallen, die Haargreiffalle, aufzustellen ist, zeigen die Abbildungen 115 und 116.

10.2.2 Fallen im Kunstbau

Frei zugängliche Fallen können u. U. für spielende Kinder oder Jagdhunde und andere Tiere gefährlich sein. Auch soll es Zeitgenossen geben, die sich solche Fallen gerne „ausleihen“. Daher bietet der einschlägige Handel Betonkästen an, in die derartige Fallen gestellt werden. Die Betonkästen werden mit einem Deckel verschlossen und lassen sich auch absperren. Wie Abbildung 117 zeigt, ist dieser Kunstbau für jeden Bisam durch ein Rohr (∅ 15 cm) erreichbar. Das Rohr sollte unter der Wasseroberfläche beginnen und ein max. Gefälle von 20 % aufweisen. Ein weiterer Vorteil dieses Systems: Es ist leicht zu kontrollieren.

Abb. 116 Haargreiffalle, in die Ausfahrt gestellt, noch nicht entsichert

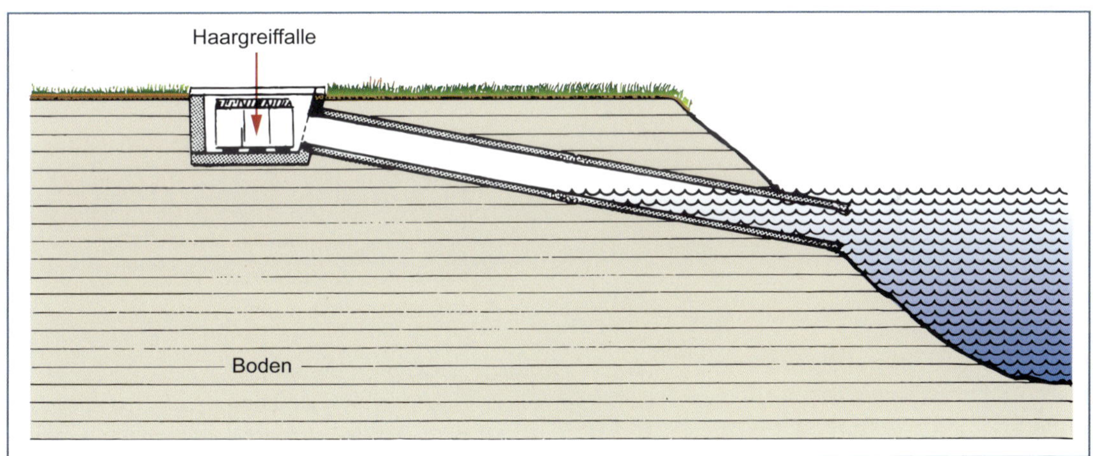

Abb. 117 Kunstbau zum Bisamfang.

10.2.3 Schafe

Dieser Weg der Bisambekämpfung bietet sich demjenigen an, der die örtliche Möglichkeit hat, einen Schafzaun aufzustellen. Schafe halten als biologische Rasenmäher das Gras der Dämme kurz. Dadurch wird dem Bisam natürliche Deckung entzogen. Er sucht lieber dicht bewachsene Dämme auf. Baut der Bisam trotzdem seine Wohnhöhle in den beweideten Damm, so wird er durch die Tritte der Schafe beunruhigt. Dies ist besonders dann der Fall, wenn die Schafe mit ihren spitzen Hufen immer wieder in den Bau einbrechen. Der Teichwirt kann dies durch möglichst hohes Anstauen des Teiches unterstützen.

Nun muss der Bisam seine Wohnhöhle sehr knapp unter die Dammoberfläche legen, was Durchtritt- und Einsturzgefahr natürlich erhöht. Außerdem baut der Bisam keine Wohnhöhlen, wenn der Abstand zwischen Wasseroberfläche und Dammoberkante weniger als 30 cm beträgt, der Teich also sehr hoch angestaut ist.

10.3 Graureiher (Fischreiher) und Silberreiher

Der Graureiher wird wegen seiner Hauptnahrungsquelle von Fischereitreibenden seit jeher auch Fischreiher genannt. Neben Fischen frisst er bei Gelegenheit auch Frösche, Schnecken, Mäuse und andere Kleintiere. Seit etlichen Jahren treten auch Silberreiher in steigender Zahl an Teichen auf, entweder einzeln, in Gruppen oder in Vergesellschaftung mit Graureihern. Verhalten und Nahrungsspektrum beider Vögel sind gleich. Nach Aussagen mehrerer Fachleute nimmt ein ausgewachsener Reiher pro Tag etwa 500–700 g Nahrung zu sich. Hält er sich zur Nahrungssuche an bewirtschafteten Fischteichen auf, dürfte dieses Tagespensum fast ausschließlich aus Fischen bestehen. Der Graureiher jagt lauernd. Das heißt, er steht mit seinen langen Beinen (Ständern) bewegungslos in seichten Stellen des Teiches und wartet, bis ein Fisch in seine Nähe kommt. Mit einem blitzschnellen Schnabelhieb versucht er nun, den Fisch zu packen. Oftmals gelingt ihm das nicht vollständig, und er verletzt den Fisch dabei nur. Von Fischreihern heimgesuchte Fischbestände weisen daher bei einem Großteil der Fische die typischen V-förmigen Stichverletzungen (Abb. 118) oder deren Narben im Rückenbereich auf. Als Folge

Abb. 118 Karpfen mit Verletzungen durch Reiherhiebe (Foto: LfL/IFI).

solcher Verletzungen sind weitere Fischverluste unausbleiblich. Der Graureiher greift aber nicht nur kleinere Exemplare, sondern z. B. auch dreisömmerige Karpfen an. Fische, die ihm zu groß sind, wirft er auf den Damm. Sicher sind die beiden Reiher schützenswerte Vögel, doch konzentrieren sie sich eben an Fischteichen und verursachen dort große Schäden. Dies trifft insbesondere an den Teichen zu, die im Herbst abgelassen werden. Dann ist in der letzten Phase für die Reiher der gesamte Teich begehbar. Die Fische konzentrieren sich im flachen Wasser und die Reiher, die dann in Massen einfallen, haben leichtes Spiel.

Von den möglichen Abwehrmaßnahmen gegen den Graureiher sind nahezu alle entweder zu teuer oder unwirksam. So zeigt der Abschuss des Graureihers allein nicht die erhoffte nachhaltige Abschreckungswirkung auf andere Reiher. Zudem werden weggefangene Reiher schnell durch nachrückende am Futterplatz ersetzt. Auch können optische und akustische Abwehrmaßnahmen, z. B. Böllerschüsse, den Graureiher auf Dauer nicht vom Teich fernhalten. Er erkennt die Harmlosigkeit dieser Anlagen sehr rasch.

Einigermaßen Erfolg versprechend ist das Anbringen von Stolperdrähten oder Netzen, kombiniert mit Einzelabschüssen. Netze haben jedoch den Nachteil, dass sie sehr teuer sind: Das Abdecknetz kostet etwa 0,50 € pro m². Zudem behindern diese Vorrichtungen die Bewirtschaftung der Teiche. Lediglich für kleine, intensiv geführte Hälter-, Winter- und Forellenteiche ist das Überspannen mit Netzen einigermaßen sinnvoll. Bei Karpfenteichen gibt es eigentlich nur eine Methode, Reiherschäden vorzubeugen. Wenn die Wassertiefe des Teiches an der flachsten Stelle 60 cm, besser 70 cm nicht unterschreitet, kann der Reiher den Teich nicht mehr betreten und nur noch vom Ufer aus jagen. Meist ist diese Lösung aus bautechnischen oder Kostengründen nicht möglich. Es wurden aber schon Graureiher beobachtet, die sich vom Mönch oder vom Futterspender aus auf die Fische im Teich stürzen. Auch extra angelegte Futterteiche, die dem Graureiher zur Nahrungssuche sozusagen angeboten werden, sind meistens erfolglos. Der Reiher wendet sich stets den Fischzuchtteichen zu, die erstens in größerer Zahl vorhanden und zweitens wesentlich dichter besetzt sind. Einige Bundesländer haben auf Grundlage des Jagdrechts Verordnungen zum grundsätzlichen Abschuss des Graureihers erlassen, andere wiederum stellen Einzelgenehmigungen aus. Der Silberreiher hingegen untersteht nicht dem Jagd-, sondern ausschließlich dem Naturschutzrecht, also der EU-Vogelschutzrichtlinie (RL 2009/147/EG, erste Fassung 1979), was seine Vergrämung erschwert. Nähere Hinweise zur Draht- und Netzabdeckung finden sich beim Kormoran.

10.4 Kormoran

Mitte der 1980er-Jahre nahmen die Zahl der überwinternden Kormorane und damit die Schäden in der Fischerei deutlich zu. Zum einen ist dies dem rechtlichen Schutz u. a. durch die EU-Vogelschutzrichtlinie zuzuschreiben; die Zahl der Kormorane stieg von etwa 300 000 im Jahr 1984 auf zur Zeit 2 Mio. in Europa. Zum anderen veränderte der Zugvogel auch sein Wanderverhalten. Zog er ursprünglich im Herbst von den Brutgebieten Skandinaviens und der Nord- und Ostseeküste zum Überwintern über die Alpen in den Mittelmeerraum, so überwintert er nun in großer Zahl bereits nördlich der Alpen, in Bayern z. B. sind es 6000–8000 Tiere. Auch die Zahl der im Sommer hier verbleibenden und brütenden Kormorane stieg an. Wurden 1980 in Deutschland 800 Brutpaare gezählt, so sind es 2020 schon 25 000, davon allein in Mecklenburg-Vorpommern 14 000.

Der Kormoran gehört mittlerweile zu den größten Schadfaktoren der Teichwirtschaft. Er ernährt sich ausschließlich von Fischen; seine Tagesration liegt bei rund 0,5 kg. Der teichwirtschaftliche Schaden geht allerdings über den direkten Fraßverlust hinaus. Ein erheblicher Anteil der Fische wird bei einer Attacke nur verletzt, stirbt dann später oder ist wegen der Narbenbildung unverkäuflich (Abb. 119). Bei massivem Kormoraneinfall verhalten sich die überlebenden Fische unnatürlich. Sie drängen sich ans Teichufer, zeigen dort wochenlang keinerlei Fluchtreflex und nehmen kein Futter mehr auf. Dann hat auch der Reiher ein leichtes Spiel. Fällt eine Gruppe Kormorane in einen Teich ein, lassen sie häufig erst davon ab, wenn nur noch 10 bis 20 % des Besatzes übrig geblieben sind.

Zur Minderung dieser enormen Schäden wäre die Reduzierung der Gelege an den Nord- und Ostseeküsten die effektivste Maßnahme. Den schon lange geforderten EU-weiten Kormoranmanagementplan wird es aber wohl nie geben. So verbleiben nur noch die strittig diskutierten Abschüsse, für die eine spezielle Landesverordnung gegeben sein muss. Die meisten Bundesländer haben welche, doch unterscheiden sie sich inhaltlich oder werden beim Wechsel der politischen Führung geändert bzw. sogar wieder zurückgezogen. Liegt eine solche Verordnung nicht vor oder handelt es sich um ein EU-Vogelschutzgebiet, müssen bei der Naturschutzbehörde Einzelanträge auf Abschussgenehmigung gestellt werden. In Bayern werden seit 2009 für bestimmte Gebiete auch sogenannte Allgemeinverfügungen erlassen. Dies erspart die Einzelanträge und das lange Warten auf den Genehmigungsbescheid. Das häufige Ablehnungsargument von Kormoranabschüssen in Schutzgebieten, es würden dabei auch schützenswerte, seltene Vogelarten vergrämt werden, wurde durch ein mehrjähriges Projekt der oberen Naturschutzbehörde an der Regierung Mittelfranken widerlegt. Im Vogelschutzgebiet Aischgrund wurde von Kluxen nachgewiesen, dass keine Verschlechterung des Erhaltungszustands dieser Zielarten eintrat und die Fischverluste deutlich abnahmen.

Als am wirksamsten hat sich das intensive Bejagen der ersten Kormoranspäher erwiesen; sie bilden die Vorhut größerer Schwärme. Eine nachhaltige Wirkung stellt sich ein, wenn Kormorane gleich in den ersten sechs Wochen nach dem Fischbesatz bejagt und vergrämt werden.

Zum Fernhalten der Kormorane von Teichen haben sich weder akustische noch optische Methoden bewährt. Böllerkanonen aus dem Weinbau

Abb. 119 Typische Kormoranverletzungen (Foto: Beer).

können in der Nähe von Wohngebieten nicht eingesetzt werden bzw. vergrämen auch andere, seltene Vogelarten. Kleine Hälterteiche und Winterungen sollten mit Netzen oder engmaschig mit Drähten oder Schnüren überspannt werden. Doch für die meisten Karpfenteiche scheiden auch diese Methoden aus, da deren Fläche dafür zu groß ist, die Bewirtschaftung behindert wird und andere Vögel sich darin verhängen. Um Letzteres zu vermeiden, wurden in den „Empfehlungen für Bau und Betrieb von Fischteichen" zwischen der bayerischen Fischerei- und Naturschutzverwaltung abgestimmte Vorgaben für die Überspannungen dargelegt; Weiteres dazu siehe Kapitel 12, Abfischen, und Kapitel 13, Teichbau. Danach soll z. B. bei Überspannungen mit Drähten oder Schnüren die Drahtstärke wegen der besseren Erkennbarkeit und längeren Haltbarkeit mindestens 2 mm betragen. Drähte sollten verzinkt oder kunststoffummantelt sein, Schnurstärken bei Querverbindungen sollten mindestens 1 mm Durchmesser haben. Leider brachte auch der Einsatz von Schutzkäfigen, in die sich die Fische hätten flüchten können, keine Besserung. Versuche mit dem gezielten Einsatz von Falken erwiesen sich zwar kurzfristig als erfolgreich, waren auf Dauer jedoch zu kostspielig.

In Bayern, dessen Fischerei besonders betroffen ist, besteht ein staatliches Kormoranmanagement, das sich sehr bewährt hat. Rechtliche Grundlage für den Abschuss bilden die Artenschutzrechtliche Ausnahmeverordnung (AAV) und zahlreiche Allgemeinverfügungen, je eine Arbeitsgruppe im obersten Naturschutzbeirat und in den Fachbehörden, zwei Kormoranmanager und für die Fläche ca. 30 Kormoranberater. Vor dem Abschuss findet eine Beratung zur Prävention oder Vergrämung statt.

Die Ergebnisse der beiden Kormoranmanager sind in einem Leitfaden und in den zwei Projektberichten zur Teichwirtschaft und zu Fließgewässern unter https://www.lfu.bayern.de/natur/kormoranmanagement/index.htm veröffentlicht.

10.5 Lachmöwe

Die Ausdehnung der Müllhalden brachte die Voraussetzung für die drastische Vermehrung der Möwen. In naturbelassenen Teichen mit Verlandungszonen bilden sich darüber hinaus oft sehr starke Brutkolonien. Naturschutz und Teichwirtschaft müssen feststellen, dass die Möwe nicht in das ökologische Gefüge einer Teichlandschaft passt. Das massenhafte und aggressive Auftreten der Lachmöwen verhindert ein Ansiedeln und Brüten seltener und bedrohter Vogelarten. Lediglich der Schwarzhalstaucher lässt sich angeblich im Bereich von Möwenkolonien nieder. Fischereilicher Schaden entsteht durch die Jagd auf kleine Karpfen, also K_0 bis K_v und kleine K_1. Die Möwen stürzen sich hierzu im Flug auf das Wasser oder warten schwimmend am Futterautomaten auf Fische. Während einer Abfischung einfallende Möwen verursachen besonders große Schäden. Möwen übertragen zudem, wie alle Wasservögel, Bandwürmer und andere Parasiten. Auch wird Heu, das auf benachbarten Wiesen gewonnen werden soll, durch Möwenkot praktisch unbrauchbar. Da die Möwe ein jagdbares Tier ist, wäre theoretisch der Abschuss ein Lösungsweg. Doch verhindert ihre große Zahl einen Erfolg dieser Maßnahme. Auch das Sammeln der Eier ist aussichtslos, da es sehr arbeitsaufwendig und wenig effektiv ist. Abhilfe gegen Brutkolonien kann nur die Beseitigung der Verlandungszonen schaffen.

10.6 Weitere Schadvögel

In älteren Fachbüchern werden hierzu Fischadler, Bussard, Gabelweihe, Eisvogel, Storch, Haubentaucher u. a. gezählt. Gewiss leben diese Vögel mehr oder weniger von Fischen und richten Schaden an. Es handelt sich jedoch um bedrohte und seltene Arten, deren Schutz das Anliegen aller sein sollte. Die Bejagung dieser Tiere ist außerdem verboten. Wir kennen übrigens einige Teichwirte, die stolz sind auf „ihren" Eis-

Abb. 120 Abschirmung eines Futterautomaten gegen Schadvögel mit Drahtgeflecht (Foto: LfL/IFI).

vogel und dessen Standort vernünftigerweise geheim halten. Enten, besonders tauchende Formen, allen voran die Reiherente, können in Vorstreckteichen oder K_1-Winterungen erhebliche Verluste bewirken. In den letzten Jahren treten zunehmend Gänsesäger an den Teichen auf. Da sich die Fische unter den Futterautomaten konzentrieren, lauern die Enten besonders hier auf Beute. Eine gute Abschirmung des Futterautomaten gegen raubendes Wassergeflügel und auch Möwen verhindert einen Großteil der Verluste. Zu diesem Zweck wird ein Netz oder Drahtgeflecht so um den Automaten geschlagen, dass er noch befüllbar bleibt. Die Abschirmung (Abb. 120) sollte erst etwa 60 cm unter der Wasseroberfläche enden.

10.7 Fischotter

Anfang dieses Jahrhunderts begann sich der Fischotter im östlichen Grenzgebiet Bayerns auszubreiten; die Schadensmeldungen aus der Fischerei nahmen zu. Ein Gutachten ergab seine flächendeckende Verbreitung im Bayerischen

Abb. 121 Fischotter fressen Fische häufig im Kopfbereich an (Foto: Maschke).

Wald, worauf ein Fischotter-Managementplan (FMP) erstellt wurde. Dieser besteht vorerst aus drei Säulen: Ein Ottermanager wird von drei Otterberatern unterstützt, die über Präventionsmaßnahmen informieren bzw. Schäden feststellen. Daneben besteht die Möglichkeit der Förderung von Präventionsmaßnahmen, wenn die konkreten baulichen Vorgaben eines Merkblattes eingehalten werden, z. B. eine Elektrolitze am oberen Ende des Zauns. Das Merkblatt ist unter dem Link https://www.stmelf.bayern.de/mam/cms01/agrarpolitik/dateien/merkblatt_abwehrzaeune_fischotter.pdf einzusehen. Weiterhin wird seit 2016 ein Entschädigungsverfahren angeboten; die jährlich aus der Teichwirtschaft gestellten Anträge pendeln um 0,5 bis 1,0 Mio. €. Prävention durch Zäune ist nur bei Forellenteichen oder kleinen Hälter- und Winterteichen möglich. Bei Karpfenteichen scheidet sie in den meisten Fällen aus, weil das Gelände nicht geeignet ist, die Teiche in der freien Natur liegen oder zu groß sind. Das Einzäunen von einem ha Teich kostet etwa 40 000 €. In solchen Fällen muss die Entnahme als vierte Säule eingerichtet werden.

Mittlerweile breitet sich die Otterpopulation immer weiter Richtung Westen und Norden aus und erreichte 2020 schon den Aischgrund. Fischotter können in kleinen Forellenteichen zu 100 %igen Ausfällen führen. Wegen des Fischotters wurden Karpfenteiche bereits aufgegeben und zu einem Maisacker umgewandelt.

Der Wassermarder frisst Fische meist nur zum Teil an, tötet aber mehr als er benötigt (Abb. 121). Teichwirte erkennen oft sehr spät oder gar nicht, dass der Otter in den Teich einfällt, da Füchse die Reste beseitigen. Hier sind Wildkameras zu empfehlen.

10.8 Biber

Der Biber vermehrte sich besonders in Bayern während der letzten Jahre mit zweistelligen Zuwachsraten. Aktuell zählt man dort ca. 22 000 Exemplare, in Deutschland sind es insgesamt etwa 30 000. Biber fügen der Teichwirtschaft Schäden zu, indem sie z. B. die Zuläufe verbauen und es in Hälterungen und Winterteichen zu Fischverlusten wegen Sauerstoffmangel kommt.

Abb. 122 Biberloch im Damm, Unfallgefahr und drohender Dammbruch (Foto: Beer).

Sie erschweren Abfischungen durch das nächtliche Verschließen des Ablaufbauwerkes. Das Entfernen des Materials durch den Teichwirt am Tag und das anschließende Wiederverbauen durch den Biber kann sich tagelang hinziehen. In Winterungen beunruhigen sie die Fische in deren Winterruhe und führen zu teilweise erheblichen Verlusten. Die größten Schäden richtet der Biber jedoch durch das Unterhöhlen der Dämme an, das zu Dammbrüchen und zum Auslaufen des Teiches führen kann (Abb. 122). Gegen die Dammschäden kann am besten mit einem wasserseitigen Steinwurf vorgebeugt werden. Die Steine müssen dabei einen Durchmesser von mindestens 30 cm haben. Auch wird teilweise Baustahlgitter in den Damm eingearbeitet, um den Biber vom Graben abzuhalten; doch ist diese Maßnahme teuer, aufwendig und infolge des Rostens nicht sehr langlebig. Mit Baustahlgitter können aber um Zu- und Abläufe Käfige mit mindestens 2 m Durchmesser errichtet werden, um das direkte Verbauen und Abdichten durch den Biber zu verhindern.

Aufgrund der hohen Biberschäden wurde in Bayern auch ein staatliches Bibermanagement organisiert. Die rechtliche Grundlage für eine Entnahme (Fallenfang oder Abschuss) bildet die erwähnte Artenschutzrechtliche Ausnahmeverordnung. Zwei Bibermanager werden von etwa 400 ehrenamtlichen Biberberatern unterstützt, die Vorschläge zur Prävention unterbreiten. Schäden in Land-, Forst- und Teichwirtschaft können entschädigt werden.

10.9 Wildtiermanagement

Wie oben beschrieben, gibt es in Bayern für Biber, Kormoran und Fischotter jeweils Managementpläne. Das ist eine Folge der großen, die Existenz von Betrieben gefährdenden Schäden. Stets mussten vorher zeit- und geldaufwendige Gutachten über die hohe Präsenz diese Schadtiere, ihren Erhaltungszustand und die von ihnen verursachten Schäden erstellt werden. Erst dann konnte, ebenfalls zeitaufwendig, im zähen Ringen zwischen den Behörden und Verbänden der Fischerei auf der einen und des Naturschutzes auf der anderen Seite jeweils ein Managementplan erstellt werden. Dabei stoßen die Rechtsgebiete des Naturschutzes (EU-Vogelschutzrichtlinie 2009/147/EG, erste Fassung 1979, und EU-FFH-Richtlinie 2013/17/EU, erste Fassung 1992) und das Jagdgesetz aufeinander. Auch sind u. a. das Förderrecht, das Baurecht (Zaunbau im Außenbereich) und das Tierschutzrecht zu berücksichtigen. Ein idealer Managementplan beinhaltet folgende Säulen:

1. Beratung, durch Manager, meist Biologen, die fachlich begleiten und nach außen kommunizieren, sowie flächenhaft präsente Berater. Sie beurteilen vor Ort die Situation und klären über mögliche Maßnahmen oder Fördermöglichkeiten auf.
2. Prävention, soweit wirksame Methoden zur Verfügung stehen und machbar bzw. finanzierbar sind, siehe Vorschläge zu den genannten Schadtieren. In allen Managementplänen werden Hinweise zur Förderfähigkeit der Präventionsmaßnahmen gegeben.
3. Entschädigung; sie wird, zumindest in den bayerischen Managementplänen, für Otter- und Biber-, jedoch nicht für Kormoranschäden gewährt. Die Feststellung der Schadensursache und -höhe obliegt den Beratern. Entscheidend ist, dass der Staat die nötigen Mittel auch bereitstellt. Soll zum Wohle aller der Schutz seltener Arten auf manchen Teichen gesichert werden, darf diese Maßnahme, die der Allgemeinheit dienen möchte, nicht auf alleinige Kosten einzelner Teichwirte betrieben werden. Deren wirtschaftliche Einbußen sind dann auch von der Allgemeinheit auszugleichen.
4. Entnahme ist immer dann notwendig, wenn die Schäden sehr hoch sind und durch Prävention nicht verhindert werden können. Gleichzeitig darf der Erhaltungszustand des Schadtieres nicht gefährdet werden. Dies ist auch kaum der Fall, denn es ist ja gerade dessen stark wachsende Population, die zu gro-

ßen Schäden führt. Außerdem beschränkt sich die Entnahme auf die Teiche als Hot Spots der wirtschaftlichen Schäden. Entnahme kann durch Lebendfallen oder Abschuss geschehen.

Eine wesentliche Erkenntnis bei der Erstellung der Managementpläne ist, dass sie immer zu spät in Wirkung traten. Der steinige Weg vom Beginn der ersten Schäden bis zum allseits abgestimmten Plan dauerte stets etwa 10 bis 15 Jahre. In dieser Zeit wächst die Population des Schadtiers ungehindert weiter an und erreicht eine Verbreitungsdynamik, die nicht mehr aufzuhalten ist. Daher ist eine für all diese und kommenden Fälle kompetente Fachbehörde zu fordern, die zügig die Belange aller Beteiligten in einem Managementplan umsetzt.

10.10 Sonstige Schädlinge

Molche und Froschlurche wie Frösche, Kröten, Unken gelten im weiteren Sinn als Schädlinge, weil sie der frisch geschlüpften Fischbrut nachstellen. Da Molche nie in größerer Zahl auftreten, ist ihre Schadwirkung gering. Unter den Froschlurchen dürfte der grüne Wasserfrosch, auch Teichfrosch genannt, der bedeutendste Fischräuber sein. Während die meisten Arten nach Abschluss ihrer Entwicklung das Wasser verlassen und auf dem Land weiterleben, verbleibt er im Bereich des Wassers. In großen Teichen hält sich der Wasserfrosch nur an den Randzonen auf, während er in Teichen unter etwa 1000 m^2 Fläche das gesamte Areal belegt. Ähnlich wie Möwen und Enten schwimmt er unter den Futterautomaten und wartet auf Beute, in seinem Fall auf Fische im Stadium K_0 bis K_v. Hier kann das Abschirmen mit Netzen, wie bereits geschildert, Abhilfe bringen. Das aktive Verfolgen und Töten von Amphibien sind verboten. Unangenehm wird auch die starke Vermehrung des Frosches in Vorstreckteichen. Da K_v und Kaulquappen etwa gleich groß sind, müssen sie nach der Abfischung umständlich auseinander sortiert werden. Es ist empfehlenswert, das Einwandern von Amphibien in den Teich bereits vor deren Laichzeit durch Krötenzäune zu verhindern.

Aus der Welt der Insekten ist der Gelbrandkäfer als Fischräuber zu nennen. Zu erkennen ist er an dem gelben Rand, der seinen Körper einsäumt. Er wird etwa 3–4 cm lang. Der Gelbrandkäfer ist ein sehr guter Schwimmer und er-

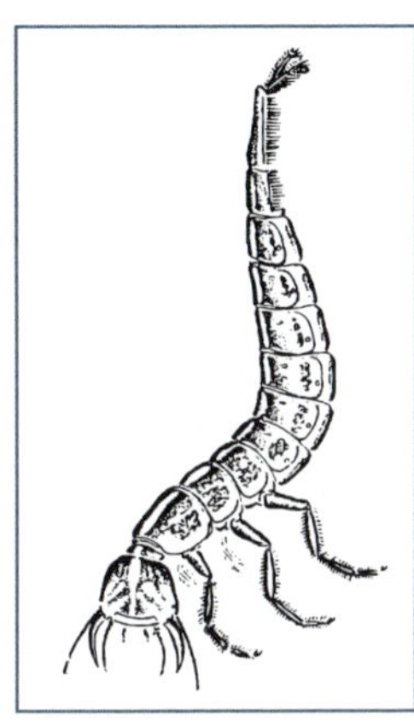

Abb. 123 Larve des Gelbrandkäfers, Originalgröße.

Abb. 124 Rückenschwimmer, natürl. Größe 3 cm.

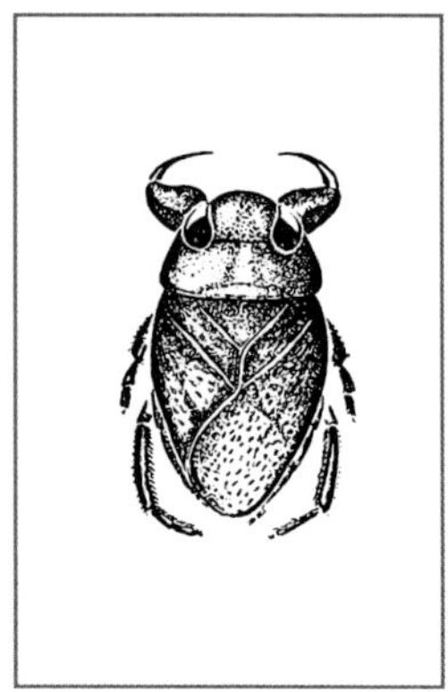

Abb. 125 Ruderwanze, natürl. Größe 3 cm.

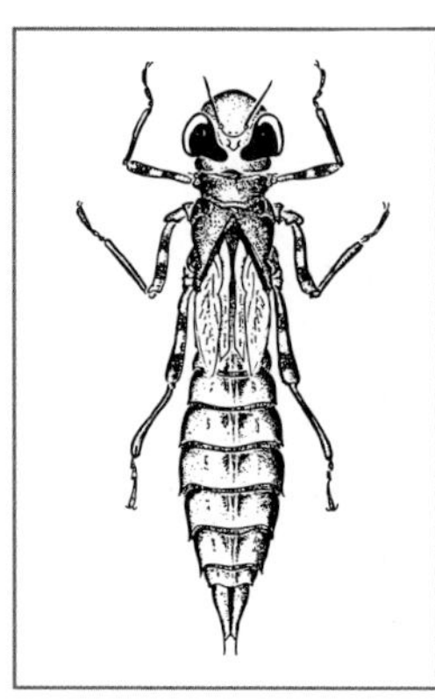

Abb. 126 Larve der Libelle, Originalgröße.

beutet in der Hauptsache K_0 bis K_v. Nachts fliegt er auch über weite Strecken. Im März bis April legt er zum ersten Mal Eier. Die daraus schlüpfenden Larven sind noch größere Räuber als ihre Eltern. Sie stechen die Fischchen an und saugen sie aus. Der Kopf der Larve ist mit zwei sichelförmigen Oberkiefern versehen, die wie eine Zange benutzt werden (Abb. 123). In sehr kleinen Teichen kann man Käfer und Larven mit engmaschigen Keschern herausfangen, sobald sie zum Atmen an die Oberfläche kommen. Von den Wasserwanzen sind Ruderwanze und Rückenschwimmer die bekanntesten Räuber (Abb. 124 und 125). Der Rückenschwimmer rudert mit seinen langen, stark behaarten Hinterbeinen auf dem Rücken liegend durchs Wasser. Sein Rücken ist, gleich der Bauchseite anderer Wassertiere, weißlich gefärbt, sein Bauch dagegen dunkel. Bei Massenbefall kann es während des Abfischens von Vorgestreckten zu großen Verlusten kommen, offensichtlich durch Ausscheiden eines giftigen Sekrets.

Die Larve der Libelle lebt ebenfalls im Wasser (Abb. 126). Ihr Unterkiefer ist zu einem Greifer ausgebildet, der zum Erfassen der Beute vorgeschnellt wird.

Alle genannten Wasserinsekten vergreifen sich an kleinen Fischen der Größe K_0 bis K_v und ein wenig darüber. Da es kein direktes Mittel oder Vorgehen gegen diese Schadinsekten gibt, muss sich die Bewirtschaftung des Vorstreckteiches so weit wie möglich darauf einstellen. Um frühzeitiges Ansiedeln und Vermehren der Insekten im Vorstreckteich zu verhindern, sollte er so spät wie möglich bespannt werden. Das zulaufende Wasser ist über ein Siebnetz zu filtern, sodass auch auf diesem Weg die Schädlinge abgehalten werden.

11 Krankheiten

Wer sich noch weiter vertiefende Kenntnisse auf diesem Gebiet verschaffen möchte, sollte ausgesprochene Fachliteratur über Fischkrankheiten zu Rate ziehen.

Das EU-Rechtsgebiet der Tier- und damit Fischseuchenbekämpfung hat sich aktuell stark geändert. Mit der ab 21. April 2021 geltenden Verordnung (EU) 2016/429 (EU-Tiergesundheitsgesetz, auch Animal Health Law, AHL, genannt) sollen die Vorbeugung und Bekämpfung gelisteter Tierseuchen für Land- und Wassertiere geregelt werden. Auch dieses Rechtswerk der EU ist höchst kompliziert und umfangreich. Es umfasst allein 235 Seiten und wird von weiteren 15 Verordnungen begleitet. Wann und wie das in deutsches Recht umgesetzt wird, ist noch völlig offen. Es ist empfehlenswert, sich bei Problemen an Fischerei- und Veterinärverwaltung zu wenden.

Selbst nach dem sicheren Erkennen einer Krankheit bleibt noch die Frage, ob und welche Maßnahmen zur Behandlung überhaupt notwendig sind. Oft ist die Schadensschwelle, also das Ausmaß der Krankheitsschäden, noch nicht erreicht, die eine Behandlung notwendig macht. Dabei wird auch die Selbstheilungskraft der Fische unterschätzt. Bei großen bzw. langanhaltenden Verlusten sind allerdings Fachtierärzte, staatliche Einrichtungen oder Fischgesundheitsdienste zu konsultieren.

In den meisten Fällen treten Krankheiten dann auf, wenn der Fisch aus verschiedenen Gründen geschwächt ist. Das ist z. B. im Frühjahr und Herbst der Fall, wenn sich die Temperaturen stark ändern, nach Abfischung oder Transport, aber auch, wenn die Besatzdichten zu hoch oder Fütterung und Wasserverhältnisse suboptimal sind. Da es in Deutschland kein zugelassenes Medikament für Speisefische einschließlich aller Altersstadien gibt, also ein Therapienotstand besteht, gilt den vorbeugenden Maßnahmen größte Aufmerksamkeit. Das sind im Grunde alle Empfehlungen des Buches zu Teichpflege, Wasserbehandlung, Fütterung usw. Müssen die Fische bei Befall mit Außenparasiten doch einmal in Kochsalz- oder Kalklösungen behandelt werden, so sind selbst diese eher harmlosen Stoffe bereits ein Medikament im Sinn des Arzneimittelrechts. Streng genommen müsste man sie vom Tierarzt verschreiben lassen und in der Apotheke kaufen. Sie hinterlassen keinerlei Rückstände im Fisch und werden in der Praxis seit rund hundert Jahren angewandt.

Hinweis: Generell bei allen Bädern keine Zinkgefäße verwenden, stets Frischwasser – mit angeglichener Temperatur – und nach Möglichkeit Belüfter bereithalten. Immer zunächst mit einer kleinen Zahl an Fischen deren Empfindlichkeit gegen das Bad testen. Die angegebenen Konzentrationen der Badlösungen beziehen sich nur auf zwei- und dreisömmerige Karpfen, bei den jüngeren Stadien gilt Vorsicht. Zander, Welse und Hechte sind völlig davon ausgenommen.

11.1 Außenparasiten

11.1.1 Fischegel

Schadbild: Die 3–4 cm langen Fischegel sind leicht zu erkennen. Sie heften sich mit ihrer Saugscheibe an die Fische an und saugen deren Blut (Abb. 127). Bei Massenbefall werden die Fische dadurch sehr geschwächt und sind anfällig für weitere Krankheiten. Die Saugstellen sind zudem Eintrittspforten für Krankheitserreger.

Egel setzen sich vor allem zuerst an der Bauchseite zwischen den Brust- und Bauchflossen, aber auch im Maulbereich an.

Ursache: Egelbefall ist meist auf mangelnde Teichpflege zurückzuführen. Besonders ständiges Überstauen ohne Winterpause fördert die Vermehrung des Egels. Fische, die in der letzten

Abb. 127 Karpfen mit starkem Egelbefall, typisch an Kopfregion (Foto: LfL/IFI).

Abb. 129 Nach dem Tauchbad sofort umsetzen in frisches Wasser (Foto: LfL/IFI).

Phase der Abfischung lange im flachen Wasser bzw. Schlamm stehen, werden besonders leicht von Egeln befallen.

Maßnahmen, kurzfristig: Nach der Abfischung bzw. vor dem Besetzen sollte ein Kalkbad („pH-10-Bad") durchgeführt werden. Hierzu werden in einem gesonderten Gefäß 200 g Branntkalk in 100 l Wasser gelöscht und diese Lösung dann in das eigentliche Behandlungsgefäß umgeschüttet,

Abb. 128 Ansetzen eines Branntkalkbades, Kalkteilchen absetzen lassen, nur reine Lösung verwenden (Foto: LfL/IFI).

ohne dabei den Bodensatz aus restlichem Branntkalk mitzugießen (Abb. 128). Die befallenen Fische werden im Kescher für etwa 5 Sekunden (!) in die Kalklösung getaucht (Abb. 129). Je nach Fischgröße und -art muss hier sehr sorgfältig beobachtet werden. Zunächst also eine geringe Menge Fische zur Probe baden, um Konzentration und Zeitdauer des Bades zu prüfen. Anschließend werden die Fische sofort in eine Wanne mit frischem Wasser getaucht oder gleich in ein größeres Hälterbecken verbracht. Die Frischwasserwanne muss öfters erneuert werden. Die Egel fallen etwa eine Viertelstunde später ab.

Langfristig: Nach der Abfischung den Teich oder wenigstens die Abfischgrube mit 5 t pro ha Branntkalk kalken und den Teich austrocknen und ausfrieren lassen.

Nähere Erläuterungen zu diesen langfristigen Maßnahmen siehe Kapitel 4, Teichpflege.

11.1.2 Karpfenlaus

Schadbild: Obwohl die Karpfenlaus einen Durchmesser von 5 mm erreicht, ist sie nur bei genauem Hinsehen zu erkennen. Das scheibenförmige Krebschen ist fast durchsichtig und presst sich flach an den Fisch (Abb. 130). Die Karpfenlaus ist ebenfalls Blutsauger. Der Befall mit wenigen Karpfenläusen ist bei gesunden zweisömmerigen und älteren Karpfen zu tolerieren. Erst Massenbefall bzw. Befall kleiner Fische sollte zu Abwehrmaßnahmen führen. Neben der Schwächung der Fische durch Blutentzug und Beunruhigung stellt auch die Möglichkeit von Infektionskrankheiten hier eine Gefahr dar.

Ursache: Ähnlich wie bei Egeln ist gehäuftes Auftreten von Karpfenläusen auf mangelnde Teichpflege zurückzuführen. Egel und Läuse können auch durch den Besatz mit befallenen Fischen oder mit verseuchtem Zulaufwasser in den Teich gelangen. Auch beim Transport können sich die Fische mit Läusen und Egeln infizieren.

Maßnahmen, kurzfristig: Früher badete man von Läusen befallene Fische für 30 Sekunden in einer Lösung von 10 g Kaliumpermanganat in 10 l Wasser; oder für 5–10 min in einer Lösung von 1 g in 10 l. Diese Substanz ist derzeit nicht mehr zugelassen; sie ist jedoch auch für das Lebensmittel Fisch harmlos. Zur Behandlung muss der Tierarzt zugezogen werden, um andere Arzneimittel für Fischbäder einsetzen zu können.

Langfristig: Wie beim Egel nach dem Abfischen des Teiches Branntkalk streuen, austrocknen und ausfrieren.

Abb. 130 Karpfenlaus, Bissstellen sind potenzielle Infektionsherde (Foto: LfL/IFI).

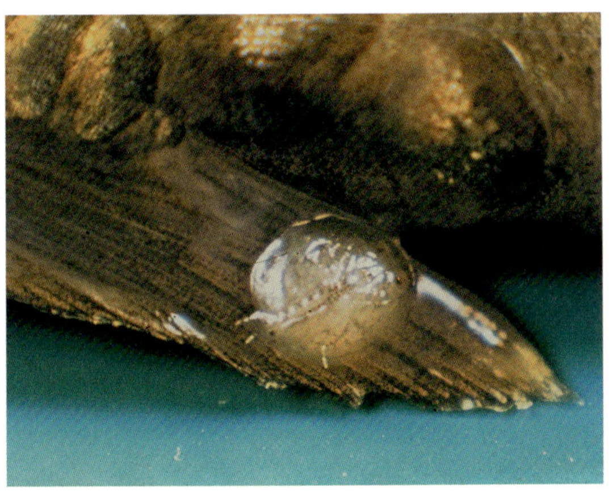

11.2 Hauterkrankungen

11.2.1 Milchig weiße Trübung der Haut

Schadbild: Die Fische zeigen hauptsächlich im Schädelbereich und entlang des Rückens eine milchig weiße Trübung der Haut. In manchen Fällen löst sich diese trübe Schicht stellenweise ab. Bei extremer Ausprägung kommt es zum Absterben des Fisches.

Ursachen: Zum einen sind mikroskopisch kleine Wimpertierchen oder Würmchen, die auf der Haut schmarotzen, für diese Veränderung verantwortlich. Andererseits kann auch ein sehr hoher oder sehr niedriger pH-Wert des Wassers zu einer solchen Trübung führen. Man spricht in diesem Fall von Laugen- bzw. Säurekrankheit.

Maßnahmen: Genaues Feststellen der Ursachen ist nur mithilfe eines Mikroskops möglich. Der Teichwirt sollte deshalb eine Beratungsstelle aufsuchen. Da sich die mikroskopisch kleinen Hautschmarotzer besonders in sehr dichten Fischbeständen vermehren, ist eine vernünftige Besatzstärke (Kap. 8, Besatz und Bewirtschaftung) in Verbindung mit den bereits öfters genannten Teichpflegemaßnahmen eine gute Vorbeugung. Vor einem Besatz kann ein Tauchbad in 30 %igem Formalin mit einer Konzentration von 25 bis 30 ml auf 100 l und einer Dauer von einer halben Stunde angewandt werden. Vorher ist aber der Tierarzt zu konsultieren. Hohe bzw. niedrige pH-Werte und ihre Beseitigung werden im Kapitel 2, Das Teichwasser, beschrieben.

11.2.2 Grießkörnchenkrankheit (Ichthyophthiriose)

Schadbild: Über den Körper verstreut, insbesondere im Kopf- und Rückenbereich, sitzen auf der Haut, ebenso auf den Kiemen, kleine helle Knötchen, die Grießkörnchen sehr ähneln (Abb. 131). Sie entstehen durch die Abkapselung eines einzelligen Schmarotzers in der Haut. Bei extrem starkem Befall kommt es zu Fischsterben. Da sich besonders bei dichten Beständen bzw. in Winterungen und Hälterungen diese Krankheit schnell ausbreitet, ist rasche Behandlung erforderlich.

Abb. 131 Ichthyophthirien („Grießkörnchen“) am Rücken (Foto: LfL/IFI).

Ursache: Der mikroskopisch kleine Einzeller vermehrt sich außerhalb des Fisches und bildet Schwärmerstadien. Diese befallen die Fische und graben sich dort in die Haut ein. Der Erreger befällt in der Hauptsache bereits geschwächte Fische.

Maßnahmen, kurzfristig: Verbringen in ein Hälterbecken mit starkem Frischwasserdurchfluss.

Abb. 132 Starke Verpilzung, oft Folge von Verletzungen oder Temperaturschock (Foto: LfL/IFI).

Langfristig: Die Fische rechtzeitig kontrollieren und die Winterungen nicht zu dicht besetzen. Vor dem Besatz die Winterung austrocknen lassen, zumindest aber kalken. Konditionsfütterung im Herbst. Fische auf weiten Raum setzen, also geringe Besatzdichte.

11.2.3 Verpilzung

Schadbild: Auf den Fischen sind zuerst nur an bestimmten Stellen watteartige Beläge sichtbar, die beim Herausnehmen aus dem Wasser zusammenfallen. Ohne Behandlung breitet sich dieser Pilzbelag sehr rasch aus (Abb. 132). Es kommt zu einer allgemeinen Schwächung des Fisches und schließlich zum Sterben.

Ursache: Der Pilz nistet sich auf vorher bereits geschädigter Haut ein. Diese Schädigung kann durch Umwelteinflüsse, wie z. B. extreme pH-Werte, oder durch Verletzungen verursacht worden sein. Schlechte Hälterungen, Kescher mit scharfen Stellen u. Ä. sind häufig der eigentliche Grund von Verpilzungen.

Maßnahmen: Eventuell Suche nach den Ursachen mechanischer Verletzungen. Hochwertiges Futter verabreichen. Ist man der Fische habhaft, kann ein halbstündiges Tauchbad in einer Kochsalzlösung von 2,5 bis 3,0 kg pro 100 l etwas Abhilfe schaffen.

11.2.4 Pocken

Schadbild: Auf der Haut bilden sich helle, warzenartige Wucherungen (Abb. 133), die im Verlauf der Krankheit immer größere Bereiche befallen. Im Gegensatz zum Pilzbelag sind diese Wucherungen mit dem Fingernagel nicht abzuschieben. Das fortgeschrittene Stadium dieser Krankheit ist erreicht, wenn der Fisch weich und biegsam ist wie ein Waschlappen. Todesfälle treten selten auf. Als Speisefisch lassen sich befallene Fische allerdings nicht mehr verkaufen.

Ursache: Als Erreger wurden Herpes-Viren erkannt.

Maßnahmen: Bei Viruserkrankungen sind direkte medikamentöse Behandlungen nicht möglich. Die befallenen Fische erholen sich, wenn

Abb. 133 Pockenbefall an Schwanzflosse (Foto: LfL/IFI).

Abb. 134 Kiemenfäule, Schleimbildung, bräunliche Beläge (Foto: LfL/IFI).

man sie in einen guten Teich setzt und mit hochwertigem Futter füttert.

Die Erfahrung hat gezeigt, dass sich Teiche mit stark lehmigem Boden hierzu besonders gut eignen.

11.3 Kiemenerkrankungen

11.3.1 Kiemenfäule

Schadbild: Im Anfangsstadium sind die Kiemen aufgrund von Durchblutungsstörungen stellenweise sehr hell und stellenweise dunkelrot (Abb. 134). Die Kiemenblättchen sterben ab. Daher sehen die Kiemen danach oft wie ausgefressen aus. Stellenweise sind braune, schwammige Beläge zu sehen. Es kommt zu Fressunlust und Atemnot.

Ursache: Als direkte Ursache wurde ein Pilz festgestellt, dessen Fäden die Blutgefäße der Kiemen verstopfen Der Befall mit diesem Pilz tritt meist jedoch erst dann auf, wenn das Teichwasser durch Pflanzen-, Futter- und Kotreste übermäßig belastet und gleichzeitig die Temperatur hoch ist. Fischverluste treten häufig nach Sommergewittern auf, wenn viel Mikroalgen (Phytoplankton) absterben.

Maßnahmen, kurzfristig: Auf den bespannten Teich sind je nach SBV pro ha 100–300 kg Branntkalk auszubringen. Bei einem SBV unter 0,5 bzw. Wassertemperaturen unter 10 °C höchstens 100 kg pro ha.

Langfristig: Jeweils nach der Abfischung Kalken des Teichbodens und diesen danach austrocknen und ausfrieren lassen.

Regelmäßige Wasserkalkungen ab Juli. Bei Gefahr von Überdüngung rechtzeitig das nährstoffreiche Bodenwasser durch den Mönch abziehen.

11.3.2 Kiemennekrose

Schadbild: Die Erkrankung beginnt mit hellen Belägen auf den Kiemenblättchen. Hinzu kommt extreme Schleimbildung der Kiemen (Abb. 135). Im Verlauf der Krankheit sterben die Kiemen teilweise ab. Es bilden sich ähnlich wie bei der Kiemenfäule ausgefranste Stellen. Es kommt zu Fressunlust und Atemnot.

Ursache: Wegen hoher pH-Werte und meist auch hoher Ammonium- bzw. Ammoniakwerte des Teichwassers und Eiweißüberschuss in der Nahrung kommt es zu langsamer Ammoniak-Vergiftung der Kiemen. Sie tritt in diesem Fall häufig im August auf. Bei Kiemennekrose ist

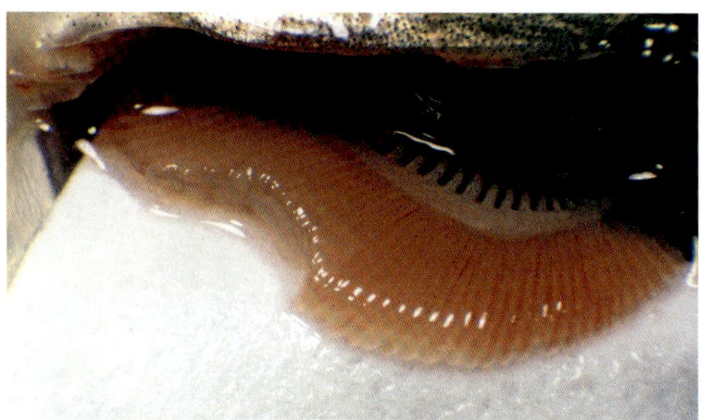

Abb. 135 Kiemennekrose, dicke Beläge auf den Lamellen, einige bereits zerstört (Foto: LfL/IFI).

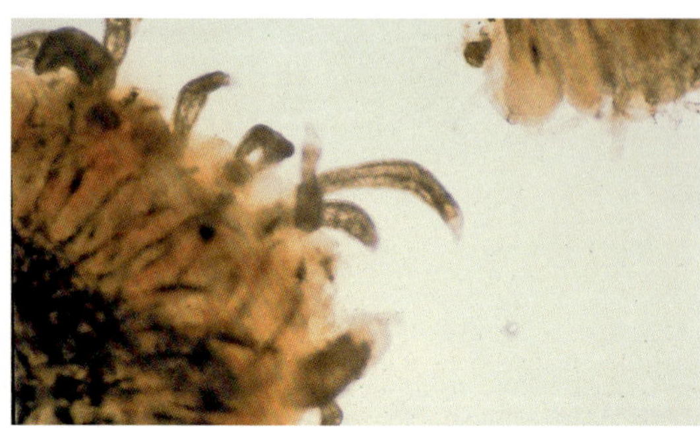

Abb. 136 Extremer Befall einer Kieme mit Kiemenwürmern (Foto: LfL/IFI).

aber auch, gerade im Frühjahr, an eine Virose zu denken (siehe Kap. 11.6).

Maßnahmen, kurzfristig: Um den pH-Wert zu senken, ist für eine ausreichende Trübung zu sorgen (Kap. 2, Das Teichwasser).

Fütterung reduzieren bzw. auf eiweißarme, energiereiche Futtermittel wie Getreide zurückgreifen. Auch steigert Getreidefütterung die Trübung. Wenn in dieser Zeit überhaupt Fertigfutter verwendet wird, sollte dies mindestens 8–12 % Fett enthalten.

Langfristig: Abbau der Schlammschicht durch Teichpflege. Hohe pH-Werte vermeiden (Kap. 2, Das Teichwasser). Keine Eiweißüberfütterung bei hohen pH-Werten.

11.3.3 Kiemenwürmer (*Dactylogyrus* und *Gyrodactylus*)

Schadbild: Ernsthaft gefährdet sind Jugendstadien der Fische K_0–K_v. Bei starkem Befall werden die Kiemendeckel abgespreizt. Die Fische magern ab und stehen apathisch an der Wasseroberfläche. Bis die Fische ein Körpergewicht von 1–2 g erreicht haben, kann es zu starken Verlusten kommen. Die Kiemen zeigen blasse Färbung und schleimen stark. Unter dem Mikroskop ist eine Zipfelbildung der Kiemenblättchen zu erkennen.

Ursache: Diese Kiemenwürmer (*Dactylogyrus*, Abb. 136) leben auf den Kiemen und zerstören deren oberste Zellschichten. Dadurch und durch die starke Schleimbildung kommt es zu Sauerstoffmangel beim Fisch. Sie befallen in der Hauptsache kleine Fische oder Fische, die sich bereits in schlechtem Gesundheitszustand befinden.

Maßnahme, kurzfristig: Baden in 2,5 %iger Kochsalzlösung (2,5 kg pro 100 l), etwa 15 Minuten, gleichzeitig die Nahrungsbedingungen für die Fische verbessern.

Langfristig: Austrocknen und Kalken der Teiche nach der Abfischung.

11.4 Bandwürmer

Schadbild: Starker Befall mit Bandwürmern äußert sich durch Hohläugigkeit, Gewichtsverlust und dem typischen Messerrücken. Besonders anfällig sind hier junge Fischstadien. Bei extremem Befall kommt es zu Fischsterben.

Ursache: Im Darm schmarotzen Bandwürmer. Die weißen, mehrere cm langen Parasiten nehmen dem Fisch wichtige Nährstoffe weg. Bandwürmer scheiden Eier aus, die den Fisch verlassen und von Fischnährtieren aufgenommen werden. Durch das Fressen derart infizierter Nährtiere bilden sich abermals Bandwürmer im Fischdarm. Unter anderem überträgt Wassergeflügel Zwischenstadien der Bandwürmer. Häufig

Abb. 137 Geschwüre bei Erythrodermatitis (Foto: LfL/IFI).

sind Fische Zwischenwirte für Würmer, die in Wasservögeln geschlechtsreif werden.

Maßnahmen, kurzfristig: Kommt es zu sichtbarem Schaden, sollte eine Beratungsstelle oder ein Tierarzt aufgesucht werden. Die Medikamentierung im Rahmen einer Umwidmung ist rezeptpflichtig.

Langfristig: Teiche nach dem Abfischen kalken, austrocknen und ausfrieren lassen.

11.5 Erythrodermatitis *(CE, Carp Erythrodermatitis)*

(ehemals „chronische Form der Bauchwassersucht" genannt)

Schadbild: Geschwüre über den Körper verteilt. Häufig gehen die Geschwüre bis in die Muskulatur (Abb. 137). Auch beulenartige Vorwölbungen der Haut sind festzustellen. Flossen können ausfransen. Rötliche Entzündungen an Flossen und in der Bauchgegend sind nicht selten. Ebenso wie bei der SVC ist im Extremfall Totalverlust möglich und dies aber vorwiegend bei höheren Wassertemperaturen.

Ursache: Befall mit Bakterien, meist infolge von Verletzungen.

Maßnahmen, kurzfristig: Nach Beratung durch einen Fachmann antibiotikahaltiges Futter verabreichen. Wartezeiten für den Verkauf als Speisefische beachten!

Langfristig: Teichpflege sowie über Jahre hinweg möglichst den gleichen Fischlieferanten. Bestände nicht mischen. Belastungen durch Überbesatz, schlechte Fütterung und mindere Wasserqualität vermeiden.

11.6 Virosen

Viruserkrankungen sind grundsätzlich nicht therapierbar. Den Fischen ist nur durch die Verbesserung der Haltungsbedingungen vorbeugend oder bei Erkrankung zu helfen. Das Immunsystem der wechselwarmen Tiere ist stark temperaturabhängig; daher kommt es vorwiegend im Frühjahr nach einem schwächenden Winter und langsam steigenden Temperaturen zunächst zu Einzelausfällen, die sich dann im Extremfall zu 100 %iger Sterblichkeit entwickeln können. Treffen Viren, wie die der Koi-Herpes-Virose und der Koi-Schlafkrankheit, völlig neu auf Fischbestände ganzer Regionen mit unvorbereitetem Immunsystem, so sind die Seuchengänge und Verluste

Abb. 138 Aufgetriebener Bauch, Glotzaugen, typisch für Frühlingsvirämie (Foto: Friedrich).

besonders hart. Es dauert dann viele Jahre und Jahrzehnte, bis die Verlustraten durch diese Virosen einigermaßen erträglich werden, wie es z. B. bei der Frühlingsvirämie der Fall ist, die mindestens seit den 1960er-Jahren in Deutschland als „Bauchwassersucht" präsent ist. Diskutiert wird ebenfalls, ob die Widerstandskraft nicht auch durch genetische Unterschiede, also die Herkunft bedingt wird. Man sollte auch aus seuchenhygienischen Gründen die Satzfische nur von bewährten, fachtierärztlich betreuten Betrieben beziehen. Impfstoffe sind nicht auf dem Markt und dürften bei anzeigepflichtigen Virosen auch nicht angewandt werden.

11.6.1 Frühlingsvirämie (SVC)

(früher „akute Form der Bauchwassersucht" genannt)

Schadbild: Die Krankheit tritt besonders bei niedrigen, aber leicht steigenden Wassertemperaturen auf, also im Frühjahr, manchmal auch nach längeren Kälteperioden im Sommer bzw. im Herbst. Befallene Fische haben einen mehr oder weniger aufgetriebenen Bauch (Abb. 138), der mit einer hellen, klaren Flüssigkeit gefüllt ist. Die Schwimmblasen zeigen punktartige Blutungen. Manchmal sind auch Glotzaugen festzustellen. Weiterhin ist oft ein geröteter, vorgestülpter After zu beobachten. Typisch ist eine Verfärbung der Leber.

Ursache: Befall mit Rhabdoviren.

Maßnahmen: Medikamentöse Behandlung ist nicht möglich. Im Frühjahr sollten die Fische bedarfsgerecht gefüttert werden. Impfaktionen im Frühjahr vor dem Besetzen der Teiche bringen keine Hilfe.

11.6.2 Koi-Herpes-Virose (KHV)

Diese seuchenhafte Viruserkrankung trat weltweit erstmalig Ende der 1990er-Jahre in Koi-Beständen auf. Seit 2003 ist sie auch in den Beständen der Nutzkarpfen Deutschlands nachgewiesen. Wenige Tage nach der Infektion kommt es im schlimmsten Fall zu Verlustraten von bis zu 100 %. In Sachsen erreichte der Gesamtverlust an Karpfen mit 1000 t im Jahr 2007 bislang seinen absoluten Höhepunkt; das sind etwa 30 % der Jahresernte dieses Bundeslandes. Über die Gründe, weshalb es in Bayern kaum zu größeren Verlusten kam, führten das Referat Fischerei des Sächsischen Landesamtes für Umwelt, Landwirtschaft und Geologie (Königswartha) und das Institut für Fischerei der Bayerischen Landesanstalt für Landwirtschaft (Starnberg) ein mehrjähriges Untersuchungsprojekt durch. Im Endbericht wird die Vermutung geäußert, dass Satzfische besser aus wenigen, regionalen und immer denselben Herkünften bezogen werden sollten. Aus der Feststellung, dass gut 90 % der sächsischen Betriebe in Schutzgebieten liegen und daher die Verwendung von Branntkalk ausgeschlossen ist, während in den bayerischen Betrieben Branntkalkgaben quasi Standard sind, scheint hier der Grund für das unterschiedliche Seuchengeschehen zu liegen. Aufgrund ihres großen Verlustpotenzials wurde die KHV 2005 in die Anzeigepflicht und 2006 in den Anhang IV der EU-Fischseuchenrichtlinie übernommen.

Schadbild: Im Gegensatz zur SVC treten bei der KHV klinische Krankheitserscheinungen und Verluste erst bei relativ hohen Temperaturen von etwa 15 bis 25 °C auf, darüber klingen diese wieder ab. Erkrankte Fische zeigen apathisches Verhalten; sie stehen dicht zusammen und bewegen sich kaum. Es kommt zu starken Schleimhautablösungen, eingefallenen Augen und Blutungen an den Flossenrändern. Kiemennekrose ist ebenfalls ein Symptom der KHV. Daraus entwickelt sich wiederum Atemnot, die sich im Schnappen an der Oberfläche oder in der Versammlung vor dem Zulauf bemerkbar macht.

Ursache: Befall mit dem erst im Jahr 2000 identifizierten Herpesvirus CHV-3. Dieses Virus verbleibt lebenslang im Karpfen. Die infizierten Fische können unter Stressbedingungen das Virus ausscheiden, ohne selbst Krankheitserscheinungen zu zeigen.

Maßnahmen: Ein Impfstoff für Notfälle wäre denkbar; seine Entwicklung am Friedrich-Löffler-Institut ist angekündigt. Bis zur Marktreife werden aber noch etliche Jahre vergehen. Gesundheitszeugnisse über die zugekauften Fische geben nur sehr bedingt Sicherheit, da die für den Erregernachweis angewandte PCR-Methode insbesondere bei niedrigen Wassertemperaturen das Virus nicht immer verlässlich erkennt. Pro Bestand sollten für eine PCR-Analyse mindestens 10 Fische ausgewählt werden, die dann vor der eigentlichen Probenahme für etwa 3 Tage bei einer Wassertemperatur von über 20 °C gehalten werden. Empfehlenswert ist in jedem Fall eine etwa vierwöchige Quarantäne der zugekauften Fische. In dieser Zeit muss jede Übertragung des eventuellen Erregers auf andere Teiche durch Wasser, Fischwechsel, Kescher, Netze oder den Menschen vermieden werden. Wie alle Herpesviren verbleibt das KHV-Virus auch nach überstandener Erkrankung lebenslang im Fisch. Die KHV kann dann bei entsprechender Temperatur oder bei Stresssituationen wieder ausbrechen.

Da es aber erst ab 15 °C zu erkennbaren Krankheitserscheinungen kommen kann, sollte die Wassertemperatur in dieser Zeit überwiegend bei mindestens etwa 17 °C liegen. Liegt die Vermutung oder gar ein Anzeichen einer KHV-Infektion vor, müssen für den Karpfen optimale Lebensbedingungen zur Unterstützung seiner Abwehrkräfte vorliegen. Dazu gehört ein pH-Wert des Wassers von 7 bis höchstens 8 und eine eiweißarme Fütterung, am besten mit Getreide. Erste Erfahrungen zeigen, dass ein mindestens 4-wöchiges Trockenlegen des Teiches und eine kräftige Bodenkalkung mit Branntkalk die Ausbreitung der KHV vermindern können. Zurzeit besteht bereits bei Verdacht Anzeigepflicht.

11.6.3 Koi-Schlafkrankheit (KSD)

Diese Krankheit wird als Koi Sleepy Disease (KSD) bezeichnet und tritt seit erst seit einigen Jahren auf, bzw. wird erst als solche erkannt. Sie wird von einem Pockenvirus (Carp Edema Virus, CEV) verursacht und hat ein von der KHV kaum zu unterscheidendes Schadbild. Die Fische sind apathisch, stehen am Teichrand oder sinken zu Boden, haben eingefallene Augen, Blutungen auf der Haut, auch Entzündungen der Analregion und Kiemennekrose. Wie bei KHV und SVC kommt es im Frühjahr bei steigenden Temperaturen zur Erkrankung. Es gelten auch hier dieselben vorbeugenden Maßnahmen wie bei KHV und SVC zur Vorsorge. Die überwiegende Zahl an Fischverlusten durch Krankheiten und Parasitosen ist auf Bewirtschaftungsfehler zurückzuführen.

Betrachtet man die angegebenen langfristigen Maßnahmen, so erscheint in fast eintöniger Weise stets der Rat: Kalken, Austrocknen und Ausfrieren der Teiche. Hinter den allermeisten Krankheitsursachen steckt irgendeine Nachlässigkeit bei der Teichpflege. So manche teure Behandlung wäre nicht nötig gewesen, hätte sich die Bewirtschaftung an folgenden, einfachen Grundregeln orientiert:

- Vernünftiger Besatz: Nicht zu viele Fische und auch nicht Fische mehrerer Herkünfte zusammen in einen Teich bringen, also Treue zum Lieferbetrieb. Nicht das jeweils billigste Angebot ist das Beste. Fische schonend behandeln. Untersuchen und eventuell Behandeln der Fische bereits vor dem Aussetzen in den Teich.
- Intensive Teichpflege: Möglichst oft nach Abfischungen kalken, austrocknen, ausfrieren, aber auch Gründüngung, Pflege des Wassers durch organische Düngung und Sommerkalkungen.

- Angepasste Fütterung.
- Regelmäßige Kontrollen von Fisch und Wasser. Das Beobachten der Fische im Teich und Probefänge mit dem Wurfnetz geben nicht nur wichtige Hinweise zum Wachstum und zur weiteren Fütterung, sondern auch zum Gesundheitsstatus. Das hat klar einen wirtschaftlichen Hintergrund. Doch trägt der Teichwirt im Sinne des Tierschutzes auch Verantwortung über das Wohlbefinden seiner ihm anvertrauten Tiere. Dies ist auch im Tierschutzgesetz verankert. Nach § 11 Absatz 8 des Tierschutzgesetzes (TierSchG) hat, wer Nutztiere zu Erwerbszwecken hält, durch betriebliche Eigenkontrollen sicherzustellen, dass die Anforderungen des § 2 TierSchG eingehalten werden. Insbesondere hat er zum Zwecke seiner Beurteilung, dass die Anforderungen erfüllt sind, geeignete tierbezogene Merkmale (Tierschutzindikatoren) zu erheben und zu bewerten. Der Verband Deutscher Fischereiverwaltungsbeamter und Fischereiwissenschaftler e. V. (VDFF) hat zu den Indikatoren eine sehr umfassende Broschüre herausgegeben (Stichworte im Internet: VDFF Tierschutzindikatoren). Für den Karpfenteichwirt empfiehlt es sich, seine Teichkontrollen zu dokumentieren, Es genügen dazu einfache Notizen über die Wasserparameter und eventuelle Fischverluste.

Der Tierschutz hat besondere Bedeutung auch im folgenden Kapitel der Abfischung.

12 Abfischen

Die Abfischung ist der entscheidende Moment im Jahr. Fehler können jetzt alle bisherigen Mühen und Ausgaben zunichte machen. Besonders empfindliche Fischarten, wie z. B. der Zander, quittieren Abfischungsfehler sehr schnell mit hohen Verlusten.

Bei der Abfischung sind immer folgende Punkte im Auge zu behalten:

- Die Abfischung ist organisatorisch, technisch und bezüglich der Arbeitskräfte optimal vorzubereiten.
- Es gilt, möglichst unverletzte, verkaufsfähige Fische zu gewinnen.
- Gemäß EU-Wasserrahmenrichtlinie ist der Austrag von Schlamm auf das machbare Minimum zu reduzieren.
- Es sind alle erfüllbaren Bedingungen des Tierschutzes zu beachten.

Zu den beiden letztgenannten Kriterien, dem Austrag von Schlamm und dem Tierschutzaspekt, werden in den „Empfehlungen für Bau und Betrieb von Fischteichen", kurz „Teichbauempfehlungen", nähere Hinweise gegeben. Sie sind das Ergebnis jahrelanger Besprechungen zwischen der bayerischen Fischerei- und Naturschutzverwaltung, dem Tier- und dem Naturschutz und können als Richtschnur sowohl für die Praxis als auch für Behörden gelten, siehe auch Kapitel 4.2, Dammpflege und Kapitel 13, Teichbau.

12.1 Gerätschaften und vorbereitende Arbeiten

Der Abfischungstermin wird von mehreren Umständen beeinflusst. Speisekarpfen sollten im Idealfall genau dann abgefischt werden, wenn die Hauptmasse der Fische das Verkaufsgewicht von etwa 1100–1600 g erreicht hat. Dies lässt sich zuvor bei Probefängen mit dem Wurfnetz oder mit Reusen feststellen. In der Regel bestimmen aber noch zwei weitere Voraussetzungen den Zeitpunkt der Abfischung. Bei Teichen, die in einer Teichkette, also untereinander liegen, sollte in jedem Fall die Abfischung mit dem Unterlieger und Oberlieger besprochen werden. Eine klare Terminvereinbarung im persönlichen Gespräch ist unbedingt notwendig und verhindert nachträglichen Streit. Ein gutes Verhältnis zum Teichnachbarn kann durch keinen noch so erfolgreichen Wasserrechtsbescheid ersetzt werden. Und schließlich muss der Abnehmer, sei er Teichwirt, Angler, Fischhändler oder Gastwirt, über den genauen Abfischungs- und damit Liefertermin informiert werden und auch einverstanden sein.

Alle erforderlichen Geräte werden rechtzeitig besorgt bzw. auf ihre Gebrauchssicherheit überprüft. Wird zur Zwischenhälterung oder zum Transport Sauerstoff verwendet, so muss sich der Teichwirt vor dem Abfischen um die Füllung der Sauerstoffflaschen, um Verteiler und Ausströmer kümmern. Auch Kübel zum Tragen der Fische sollten in ausreichender Zahl vorhanden sein. Plastikkübel sind leicht und schonen durch ihre glatte Oberfläche die Haut der Fische. Die Kübel sollten breiter als hoch sein, um die zuunterst liegenden Fische durch das Gewicht der darüberliegenden nicht zu gefährden. Empfehlenswerte Abmessung: 40 cm hoch, 60 cm Durchmesser. In solchen Wannen können dann auch größere Hechte, Grasfische und Laichkarpfen transportiert werden. Beim Kauf der Kübel ist auf stabile und handgerechte Tragegriffe zu achten, da diese, besonders bei reiner Plastikausführung, leicht abreißen (Abb. 139). Speisekarpfen und Schleien können bei kühler Witterung trocken getragen werden. Hechte, Zander, Forellen und Weißfische sind auch selbst über kurze Strecken nur mit Wasser zu tragen.

Abb. 139 Optimaler Fischkübel: nicht zu hoch, stabile Griffe, tragbar für zwei Personen (Foto: LfL/IFI).

Kescher, zuweilen auch Hamen genannt, sind das zentrale Handwerkszeug des Fischers. Der Fachhandel bietet sie mittlerweile in allen erdenklichen Varianten an. Grundsätzlich sind jedoch zwei Typen zu unterscheiden: der Fang- und der Tragekescher.

Der Fangkescher ist in der Regel rund (Abb. 140 links). Damit arbeitet der Teichwirt hauptsächlich beim Abfischen oder beim Entnehmen von Fischen aus Aufstellnetzen. Durch die runde Form des Bügels können die Fische gut aus dem Schlamm aufgenommen werden. Auch passt sich ein Zug- oder Aufstellnetz eng und gut abschließend der Rundung des Bügels an. Da der Fangkescher bei seiner Arbeit der Funktion einer Schaufel ähnelt, sollte dessen Netzbeutel (= Netzsack) höchstens 25 cm durchhängen. Bildet der Beutel einen tieferen Sack, ist das Entleeren des Keschers erschwert. Auch würde ein tieferer Sack zum Sammeln einer größeren Zahl von Fischen bei einmaligem Keschern verleiten, was sie beeinträchtigt. Die so gefangenen Fische werden erfahrungsgemäß auf der Suche nach weiteren im Schlamm herumgezogen. Beim Fangkescher ist also der flachere Netzbeutel mit langem Stiel vorzuziehen.

Tragekescher sind wiederum an der Vorderkante eckig (Abb. 140 rechts). Sie dienen zum Tragen der Fische von einem Gefäß zum anderen und zum Herausfangen der Fische aus Hälterbecken, Transportgefäßen oder Abfischkästen. Der Netzsack muss deshalb mehr Fische fassen und sollte mindestens 45 cm durchhängen. Die eckige Form des Kescherbügels passt gut anliegend zu eckigen Kästen, Hältern usw.

Die Maschenweite der Keschernetze richtet sich nach der Fischgröße. Für große Vorgestreckte bis Einsömmerige sind es etwa 10 mm, für größere Fische etwa 20–25 mm. Kleine Vorgestreckte werden besser mit 5 mm Maschenweite gekeschert. Das Netz muss an den Bügel stets so

Abb. 140 Kescher für Abfischung aus Teich oder Netz (links) und aus Becken (rechts); wichtig: Schutzbügel zur Schonung des Netzsacks (Foto: Geldhauser).

Abb. 141 Abfischen mit Zugnetz: fischschonend und ohne Hektik (Foto: Drechsler).

angeschlagen sein, dass es sich am Bügel nicht aufscheuert. Meist sind dazu Ösen (Abb. 140) oder ein zweiter, innerer Bügel vorhanden. Beschädigte Netze müssen mit passendem Garn geflickt werden. Nie darf hierzu Draht verwendet werden, weil sich die Fische ganz sicher daran verletzen.

Nicht nur die Geräte, sondern auch die Fische im Teich werden auf die Abfischung vorbereitet. Während der Abfischung wird im Restwasser der Sauerstoff oft knapp, und der unvermeidliche Stress erhöht sogar noch den Sauerstoffbedarf der Fische. Wäre überdies nun noch der Verdauungskanal der Fische reichlich mit Futter gefüllt, erforderte das noch mehr Sauerstoff. Bei derart gehäuften negativen Voraussetzungen kann es dann zum Fischsterben durch Sauerstoffmangel kommen. Deshalb wird etwa 3–5 Tage vor der Abfischung jegliches Füttern eingestellt. Vorgestreckte oder Einsömmerige sollten allerdings nur 1–2 Tage hungern. Dies wird umso wichtiger, je wärmer das Teichwasser ist. Soll also bereits im August oder September abgefischt werden, sind dafür die frühen Morgenstunden vorzuziehen, wenn das Wasser noch kühler ist. An trüben und kalten Tagen sind kleinere Teiche auch tagsüber unbedenklich abzufischen. Große Teiche, deren Abfischung mehrere Stunden dauert und sich weit in den Vormittag hinein erstreckt, sollten erst im Spätherbst drankommen.

Mit dem Ablassen des Teiches wird rechtzeitig begonnen. Kleine Teiche bis 1000 m^2 laufen etwa in 12–24 Stunden ab. Größere benötigen oft mehrere Tage bis Wochen. Beim Ablassen ist zu beachten, dass das Wasser nicht zu stark, dafür aber ständig abläuft. Zu rasches Abfließen belastet den Abflussgraben (Vorfluter) und kann zu Auskolkungen am Ablauf führen. Bedeutender ist aber das in der Schlussphase leicht auftretende starke Ausschwemmen des Teichschlammes. Dieser Schlamm lagert sich im Vorfluter ab und muss nach wenigen Jahren maschinell und daher auf kostspielige Art entfernt werden. Außerdem belastet der Schlamm dessen Wasserqualität dann massiv. Bei sehr großen Teichen benötigen die Fische ausreichend Zeit, um mit dem abfließenden Wasser in Richtung Ablaufstelle zu ziehen. Senkt sich der Wasserspiegel zu rasch, bleiben die Fische oft in Gumpen weitab vom Mönch stehen. Langsames und dosiertes Ablassen des Wassers ist nur mithilfe eines Mönchs möglich, weil hier die Höhe des Wasserspiegels exakt reguliert werden kann. Alte Ablaufrohre mit Schlegelverschluss bieten diese Möglichkeit nicht bzw. nicht mit ausreichender Betriebssicherheit. Da früher zum Ablassen eines Teiches der Schlegel ähnlich einem Stöpsel gezogen wurde, spricht man auch heute noch beim Mönch vom „Ziehen" eines Teiches bzw. der Staubretter.

12.2 Abfischen vor dem Mönch

Bei dieser althergebrachten Methode werden die Fische nach dem Ablassen der Hauptwassermenge aus einer Restmenge vor dem Mönch in Kübel gekeschert und über den Damm aus dem Teich getragen. In den Morgenstunden kurz vor der Abfischung muss der Abfluss des Teiches etwas verlangsamt werden. Der Teichwirt sollte den Karpfen Zeit geben, sich in der Abfischgrube vor dem Mönch zu sammeln. Wird das Wasser zu schnell abgelassen, bleiben viele Fische mitten im Teich auf dem Schlamm liegen. Die Abfischgrube hat die Grundform eines Tortenstücks, dessen Spitze auf den Mönch zeigt. Im Bereich der Abfischgrube liegt der Teichboden etwa 30–50 cm unter dem Niveau des übrigen Teichbodens. Je nach Größe des Teiches ragt diese Grube kanalartig etwa 5–30 m in den Teich hinein.

Mit fortschreitender Entnahme von Fischen muss gleichzeitig der Wasserspiegel in der Abfischgrube weiter gesenkt werden. Nun erreicht der Teichwirt die restlichen Fische mit dem Ke-

Abb. 142 Treppe zur Erleichterung der Handarbeit, Breite für zwei Leute und eine Wanne (Foto: Geldhauser).

Abb. 143 Abfischen mit Bagger und Spezialwanne (Foto: Jakob).

scher immer leichter. Es hat sich gut bewährt, einen Teil der Abfischgrube mit einer Betonplatte auszulegen (Abb. 153). Auf der so entstandenen festen, waagerechten Unterlage stehen die Fische im nicht allzu tiefen Schlamm und bleiben relativ parasitenfrei. Nicht zu vergessen ist auch die Arbeitserleichterung. Von der ebenen Betonfläche lassen sich die Fische leichter abkeschern. Auch das Tragen der schweren Fischkübel wird dadurch erleichtert. Eine weitere Erleichterung der ohnehin arbeitsintensiven und anstrengenden Abfischung wird nahe dem Mönch durch Aufstellen oder Bau einer stabilen Treppe, die bis zur Dammkrone hinaufführt, erreicht (Abb. 142). Die Treppe ist so anzulegen, dass sie zwei Leute, die einen Kübel mit Fischen zwischen sich tragen, bequem und sicher benutzen können.

Ein Zugnetz ist zwar in den meisten Fällen nicht unbedingt notwendig, erleichtert aber das Abfischen und schont vor allem die Fische (Abb. 141). Damit ist es möglich, bereits dann Fische zu konzentrieren und zu keschern, wenn sie sich noch nicht alle in der Fischgrube eingefunden haben. Mit dem Zugnetz wird also schon bei relativ hohem Wasserstand erfolgreich gefischt. Gerade bei Anfall größerer Fischmengen verteilt sich dadurch die Kescher- und Tragearbeit vorteilhaft auf eine größere Zeitspanne. Dadurch, dass die Fische länger in tieferem Wasser stehen können, verringert sich auch der Stress des Abfischens. Dieser Vorteil ist besonders bei wärmerer Temperatur von Bedeutung. Höherer Wasserstand verringert zudem engen Kontakt der Fische mit dem Schlamm. Sie werden jetzt weitaus weniger von Egeln befallen.

Zugnetze ermöglichen es darüber hinaus, kleinen Teichen Fische zu entnehmen, ohne überhaupt Wasser abzulassen. Dies ist wichtig bei Hälterteichen bzw. für partieweises Verkaufen von Satzfischen. Bei der Anschaffung eines Zugnetzes soll nicht an der Netzhöhe gespart werden. Für einen 2 m tiefen Teich empfiehlt sich ein 3,5–4 m hohes Zugnetz. Durch die reichlich bemessene Höhe taucht die Korkenleine

Abb.144 Baggerkübel mit integrierter Waage (Foto: Drechsler).

(Obersimm) kaum unter. Das Netz wird fängiger und ist besser zu handhaben.

Das Stecknetz nach Dinkelsbühler Art ist etwa 5 m lang und wird in einem Halbrund um den Ablass, gleichgültig ob Schlegelloch oder Mönch, gesteckt. Es hat eine wesentlich größere Oberfläche als das Gitter im Mönch, verstopft daher weit weniger und staut das Wasser kaum auf. Fallen in einem Teich große und kleine Fische an, so werden zwei Stecknetze eingeschlagen, ein großmaschiges (Maschenweite etwa 20 mm), das zunächst die großen Fische zurückhält, die kleinen aber durchlässt und dahinter ein engmaschiges (Maschenweite etwa 8–10 mm), vor dem sich anschließend die kleinen Fische zusammenfinden. Auf diese Weise können z. B. so empfindliche Fischarten wie junge Zander schonend abgefischt werden. Auch ist mit Stecknetzen, wie gesagt, eine Vorsortierung bereits im Teich möglich. Das Stecknetz bietet weiter die Möglichkeit, das Zurückschwimmen von Fischen in Richtung Zufluss zu verhindern, was allerdings auch mit dem Zugnetz bewerkstelligt werden kann.

Besonders bei größeren Teichen bleiben nach dem Ablassen oft Gumpen mit Restwasser stehen. Die darin eingeschlossenen Fische müssen nun über weite Strecken über die abgelassene Teichfläche herangeschafft werden. Um das beschwerliche Tragen der Fische zu erleichtern, kann sie der Teichwirt in kiellosen, flachen Schiffchen (Schlickrutscher) transportieren. Sie sind etwa 1,70 m lang und 0,50 m breit, lassen sich relativ leicht über den Schlamm ziehen und eignen sich nicht nur zum Transport von Fischen, sondern auch von Kalk. Doch Achtung: Das Fahrzeug sorgfältig von Kalk säubern, bevor wieder Fische hineinkommen, sonst gibt es Verbrennungen.

Während der Abfischung fallen ständig Fische an, die kurzfristig zu hältern sind, bis der ganze Teich abgefischt ist. Die beste Lösung zur Zwischenhälterung, die höchstens einen Tag dauern sollte, bieten Hälternetze in einem benachbarten Teich, siehe Abb. 147–149. Das Aufstellnetz benötigt an Lagerung kaum Platz, kann leicht transportiert werden und ist schnell aufgestellt. Zudem werden die Fische darin viel schonender gehältert als in Holz- oder gar Drahtkästen. Gleiches gilt für Stecknetze, deren Stangen in den Damm gerammt werden. Durch das kurzzeitige Hältern verlieren die Fische den Schlamm, der ihnen von der Abfischung noch anhaftet. Besonders wichtig ist dies für die Kiemen. Saubere Fische lassen sich darüber hinaus besser verkaufen. Auch wenn Netze generell einen guten Wasseraustausch gestatten, sollte doch bei größeren Fischmengen laufend Frischwasser mit einer Pumpe zugeleitet werden. Aufstellnetze können mit Holz- oder Eisenstangen aufgestellt werden. Die Eisenstangen sind unten zugespitzt und haben oben einen Haken zum Einhängen des Netzes (siehe Abb. 148).

Beim Aufstellen von Fischen, speziell Karpfen, in Hälternetzen gibt es bei höheren Temperaturen Verluste durch Herausspringen. Abdecken mit Netzen hilft hier am besten.

Das Abfischen vor dem Mönch war und ist schwere körperliche Arbeit, weil die gesamte Frischmasse des Teiches über den Damm gehoben werden muss. Während in den Gebieten mit Großteichanlagen, wie Sachsen, Brandenburg oder gar Tschechien, technische Lösungen zur Abfischung schon lange existieren, haben sich in den klein strukturierten Betrieben Bayerns erst in den letzten Jahrzehnten Gerätschaften und Methoden zur Arbeitserleichterung entwickelt. Ch. Drechsler hat einen guten Überblick über die teilweise findigen Konstruktionen geschaffen. Da ist z. B. das Abfi-

Abb. 145 Befestigte Zufahrt in den Teich, Fischbehälter im Heckanbau (Foto: Drechsler).

Abb. 146 Zum Lift umgebaute Aluminiumleiter (Foto: Drechsler).

Abb. 147 Aufstellnetze zur Hälterung und Sortierung für kurze Zeit (Foto: LfL/IFI).

Abb. 148 Aufstellnetz, an vier Baustahlstangen aufgehängt. Aufnahme im abgesenkten Teich (Foto: LfL/IFI).

schen in Spezialwannen, die mithilfe eines Baggers angehoben werden, oder der selbst gebaute Lift (siehe Abb. 143–146).

12.3 Abfischen hinter dem Mönch

Hierbei wird außerhalb des Teiches gefischt. Die Fische schwimmen mit dem abfließenden Wasser im Abflussrohr durch den Damm und werden hinter dem Damm in ein Netz oder einen Abfischkasten geführt. Sie brauchen in der Regel dort dringend frisches, fließendes Wasser von einigen l pro s, um sich zu erholen. Falls ein Vorfluter für die Wasserversorgung nicht zur Verfügung steht, kann auch in Betracht gezogen werden, Frischwasser aus einem nahe gelegenen Teich zu entnehmen. Das Abfischen hinter dem Mönch bietet einige bedeutende Vorteile gegenüber dem Abfischen davor. So genügen zwei Arbeitskräfte zum Abfischen mithilfe eines Ab-

Abb. 149 Hälternetze mit Schwimmkörpern (Foto: Drechsler).

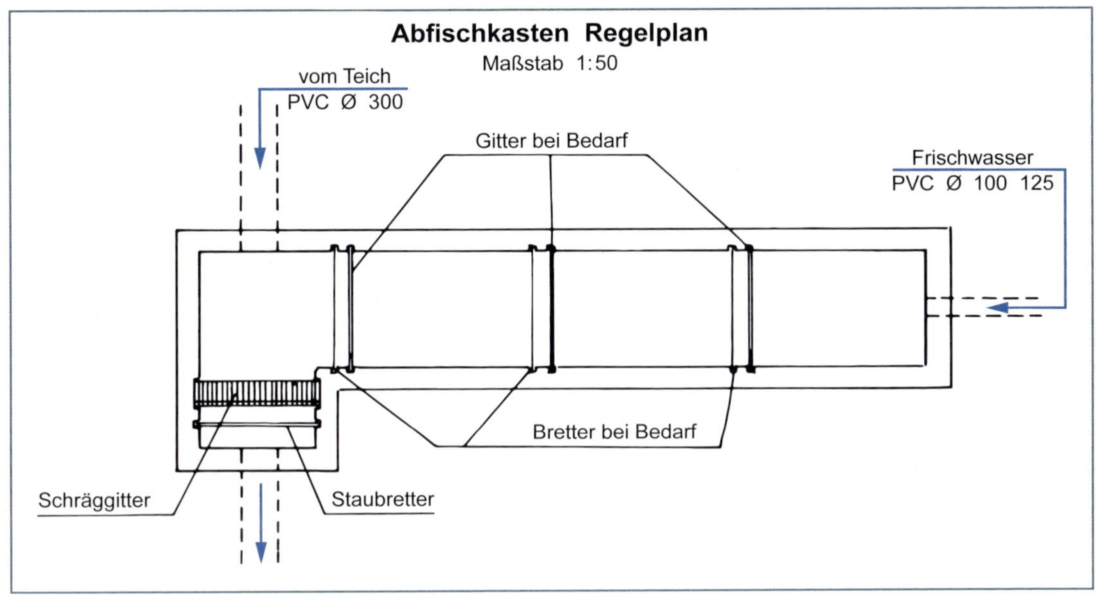

Abb. 150 Bauplan eines Abfischkastens (Zeichnung: Weißbrodt).

fischkastens. Zum einen entfällt das Tragen der Fische aus dem Teich, zum anderen spielt die Zeit keine so große Rolle, da sich die Fische stets im Wasser, sogar im Frischwasser befinden. Auch ist dieses Abfischungssystem aus den oben genannten Gründen sehr fischschonend. Empfindliche Fischarten bzw. Altersstufen sollten nur so abgefischt werden. Da sich die Fische im Abfischkasten sofort auf den Frischwasserstrom zubewegen, sortieren sie sich durch eine Anordnung verschieden großer Gitter ohne Arbeitsaufwand selbst (Abb. 150). Wird hinter dem Gitter am Abfluss des Abfischkastens eine zusätzliche Staubretterreihe angebracht, so kann über diese der Abfluss des Teiches reguliert werden. Das Abflussrohr muss für die Abfischung hinter dem Mönch aus Ton oder besser aus Plastik (Durchmesser 25 cm) gefertigt sein. Raue Betonrohre schädigen die Fische. Da ein fest eingebauter Abfischkasten für jeden einzelnen Teich sehr teuer ist, sollte die Abfischung mehrerer Teiche in einem zentral gelegenen Abfischkasten stattfinden können.

Eine andere Möglichkeit der Abfischung hinter dem Mönch bietet das Aufstellnetz. Hierzu wird der Abflussgraben des Teiches hinter dem Mönch durch Staubretter, Sandsäcke o. Ä. angestaut. Direkt an das Abflussrohr des Teiches wird nun das Aufstellnetz angebracht. Es hängt also im angestauten Bereich. Die Fische können damit ebenfalls sehr schonend abgefischt werden, da sie sich auch hier immer im Wasser befinden. Bei Kettenteichen bietet es sich an, auf ähnliche Weise den zuunterst liegenden Teich zuerst abzufischen. Anstelle eines Netzes sollte man besonders bei frisch geschlüpften Larven oder Vorstreckern besser einen Rahmenkasten verwenden, dessen Seitenwände mit feinem, nicht rauem Lochblech oder mit Gaze bespannt sind, siehe Abb. 151. Bei dieser Methode ist darauf zu achten, den Wasserzulauf nur so groß zu halten, dass der Abfischkasten oder das Netz nicht überschwemmt werden. Das gilt besonders für engmaschige Wände oder Gaze, die leicht durch Laub und Schlamm verstopfen.

Abb. 151 Siebkasten zur Abfischung kleiner Fische im Ablaufgraben hinter dem Mönch (Foto: Gerstner).

12.4 Sortieren

Streng genommen sollten alle Fische vor dem Besetzen und nach dem Abfischen über einen Sortiertisch geschleust werden. So bekommt der Teichwirt einen genauen Überblick über die Stückzahlen und damit auch Verlustraten. Nur wer die Fische auf dem Sortiertisch greifbar nahe sieht, kann sich einen Gesamteindruck von Qualität und Gesundheitszustand verschaffen. In jedem Fall aber wird ein Sortiertisch benötigt, wenn bei einer Abfischung verschiedene Altersklassen oder Arten anfallen. Mag zum bloßen Zählen und Begutachten der Fische ein normaler Sortiertisch genügen, so ist zum Sortieren und Trennen der Fische ein Sortiertisch der Abbildung 152 besser geeignet. Diese Ausführungen haben den Vorteil, dass die Fische nicht ergriffen und angehoben, sondern nur zum entsprechenden Ausgang geschoben werden müssen. Dies schont den Fisch und erleichtert die Arbeit.

Der Sortiertisch (Abb. 152) wurde von Fischzuchtmeister Weißbrodt für ausgesprochene Polykulturen entwickelt. Die anfallenden Fische werden vorsichtig über die Gitterstäbe geschüttelt. Alle Kleinfische fallen dabei durch das Gitter und rutschen sofort in einen der bereitgestellten Fischkübel. Die verbleibenden Fische werden wie üblich sortiert.

Sortiertische sollten möglichst zerlegbar und leicht zu transportieren sein. Weiterhin ist unbedingt zu beachten, dass die Bauteile, mit denen die Fische in Berührung kommen, eine glatte Oberfläche haben. Scharfe Kanten, vorstehende Nägel, Holzspreißel oder raue Oberflächen verletzen sonst die Haut der Fische. Zu Beginn jeder Benutzung muss der Sortiertisch mit Wasser abgespült werden. Zwischen den ein-

Abb. 152 Sortiertisch (nach Weißbrodt) zum Trennen mehrerer Arten und Größen. Die Fische werden über die schräg stehenden Gitterstäbe geschüttet; die kleineren fallen durch, die größeren rutschen weiter (Foto: LfL/IFI).

zelnen Fischpartien, die auf den Tisch kommen, ist immer wieder zu kontrollieren, ob sich nicht Sand, spitze Steinchen oder Ähnliches abgelagert haben.

Wichtiger Hinweis: Nach dem Abfischen und Sortieren, aber noch wichtiger währenddessen, müssen alle auf dem Boden liegenden Kleinfische aufgehoben und beseitigt werden. Dies gilt zum einen für den Damm und den Bereich um den Sortiertisch. Denn in letzter Zeit mehren sich Anzeigen kritischer Zaungäste, wenn auf diesen Fischchen, obgleich sie schon tot sind, herumgelaufen wird. Zum anderen erregt es Zuschauer, wenn Hunderte oder Tausende Kleinfische auf dem Schlamm des abgelassenen Teiches liegen bleiben. Allerdings wäre das Aufsammeln, je nach Größe des Teiches, für den Teichwirt weder machbar noch zumutbar. Diese Problematik wurde ebenfalls in den „Teichbauempfehlungen“ behandelt, die im Vorspann dieses Kapitels und im nächsten angesprochen werden.

13 Teichbau

13.1 Baukosten

Wer einen Teich neu bauen will, muss sich zuerst einen Überblick über die gesamten Kosten verschaffen. Zusätzlich zum Erwerb der Fläche sind Baukosten von 12 500 bis weit über 50 000 € pro ha aufzubringen. Kostensenkend wirken: fachgerechte und kostensparende Planung, große Teichfläche, Eigenarbeit, günstige Geländeverhältnisse, trockene Witterung und die Bauausführung durch eine erfahrene Teichbaufirma. Kostenvoranschläge von Tiefbaufirmen, die sich zum ersten Male mit Teichbau befassen, weisen häufig Beträge von 100 000–250 000 € pro ha aus und sind damit unannehmbar. Auf der Basis des beabsichtigten Produktionszieles ist dann eine realistische Ertrag-Aufwand-Rechnung zu erstellen.

Ein Beispiel für Wirtschaftlichkeitsberechnung zeigt Kapitel 17, Vermarktung und Rentabilität.

13.2 Voraussetzungen für den Teichbau

Grundlegendes Wissen über den Teichbau vermitteln die „Empfehlungen für Bau und Betrieb von Fischteichanlagen“, die von den bayerischen Landesbehörden für Wasserwirtschaft und für Fischerei erstellt wurden, siehe auch Kapitel 12, Abfischung und Kapitel 4.2, Dammpflege. Sie sind im Internet unter Eingabe des Titels zu finden.

Sollte nach einer kritischen Überprüfung der Rentabilität des Vorhabens die Entscheidung zugunsten des Teichbaus gefallen sein, sind bestimmte Voraussetzungen zu überprüfen bzw. zu erfüllen.

13.2.1 Geländehöhenverhältnisse

Das zur Verfügung stehende Gelände muss ein Gefälle aufweisen, das den Wasserzu- und -ablauf ermöglicht, also völliges Entfernen des Wassers sowie Trockenlegen des Teiches zulässt. Steiles, hängiges Gelände ist für den Karpfenteichbau ungeeignet, da hier die Dämme zu hoch, also aufwendig auszuführen wären, um eine größere Fläche überstauen zu können. Überprüft werden sollten auch die Hochwassersicherheit der Anlage und die Möglichkeit, jeden Teich, und besonders dessen Abfischstelle, mit Kraftfahrzeugen zu erreichen.

13.2.2 Untergrund

Die Bodenverhältnisse werden mit einem Spaten oder einem Bodenprobengerät überprüft. Ist der Anteil an kiesigem Material im Untergrund zu hoch, muss mit enormen Sickerverlusten gerechnet werden. Die Wasserhaltung des Teiches ist dann nicht mehr gewährleistet. Moorböden eignen sich ebenfalls nicht zum Anlegen von Teichen. Teiche auf Moorböden haben geringere Fruchtbarkeit. Hauptsächlich sprechen aber Gesichtspunkte des Naturschutzes gegen den Teichbau in Mooren. Quellenaustritte im Standort schließen ihn für den Teich aus. Durch den ständigen Quellwasserzulauf bleibt die Temperatur des Teichwassers unerwünscht niedrig, zugleich auch dessen Nährstoffgehalt. Zudem trocknet der Teichboden wegen des ständigen Quellwasserzuflusses nicht vollständig aus.

Die fruchtbarsten Teiche sind immer auf auch landwirtschaftlich ertragreichem Boden zu finden. Wer gute teichwirtschaftliche Erträge erzielen will, darf beim Kauf eines Teichgrundstückes nicht sparen. Schlechte Böden wie Ödland, Feuchtwiesen etc. können in manchen Fällen zudem höhere Baukosten zur Folge haben. Außerdem ist dort die Genehmigung aus ökologischen Gründen nicht oder meist nur mit teuren Auflagen zu bekommen.

13.2.3 Wasserzulauf

Wird der geplante Teich aus einem Fließwasser gespeist, kann die Gewässergütekarte, erhältlich beim Wasserwirtschaftsamt, bereits erste Rückschlüsse auf die Qualität des Zulaufes geben. Außerdem wird geprüft, ob und wo Ortschaften bzw. Kläranlagen am Zulaufgewässer liegen und es möglicherweise mit Abwasser belasten. Die Fläche des Einzugsgebietes für das Zulaufwasser muss von einem Fachmann ermittelt werden. Gerade bei Teichen, die nur durch Regenwasser versorgt werden, sog. Himmelsteiche, spielt die Größe des Einzugsgebietes die entscheidende Rolle für die Wassersicherheit. Pro Quadratkilometer Einzugsgebiet ist im Jahresdurchschnitt mit 1–10 l Wasser pro s zu rechnen. Diese Wassermenge muss zum Aufstauen des Teiches und zum Halten des Wasserstandes ausreichen. Das Einzugsgebiet sollte im Bereich landwirtschaftlicher Nutzflächen keine Steilhänge aufweisen. In einem solchen Fall besteht die Gefahr, dass Regenfälle Ackerboden, Gülle oder Herbizide kurz nach deren Ausbringung abschwemmen und in den Teich führen. Aus diesem Grund sollte, falls es geländemäßig möglich ist, um den Teich ein Umlaufgraben angelegt werden. Damit können solche Einträge und auch unerwünschte Zulaufmengen abgeleitet werden. Größere Flächenanteile an Nadelwald im Einzugsgebiet bewirken eine pH-Senkung im Zulaufwasser. Dies lässt sich durch Kalken allerdings gut ausgleichen.

Ideale Verhältnisse für den Neubau weiterer Teiche gibt es nur noch sehr begrenzt. Deshalb sollten die örtlichen Gegebenheiten rechtzeitig vor der Bauvoranfrage genau betrachtet werden. Empfehlenswert ist es, Wasseranalysen an mehreren Tagen, möglichst bei unterschiedlicher Witterung, vor und nach Regenzeiten, bei Schneeschmelzen und in Trockenzeiten durchzuführen.

13.2.4 Rechtliche Voraussetzungen

Grundsätzlich muss vor jedem Teichneubau ein Wasserrechts- und Planfeststellungsverfahren durchgeführt werden. Zuständig hierfür ist die Kreisverwaltungsbehörde. Sie schaltet, je nach Bedarf, weitere Gutachterbehörden mit ein, z. B. das Wasserwirtschaftsamt, Fischereifachstellen und die Naturschutzbehörde. Für den Antrag zum Wasserrechtsverfahren sind eine Reihe von Unterlagen und Plänen erforderlich. Zur Ausarbeitung des Bauentwurfes sollte auf jeden Fall ein Fachmann herangezogen werden, der sowohl wasserwirtschaftliche als auch fischereiliche Kenntnisse besitzt. Weitere Ausführungen teichbaulicher Details sind in den oben erwähnten „Empfehlungen für Bau und Betrieb von Fischteichanlagen" zu finden. Das Erstellen der kompletten Plansätze kostet, je nach Aufwand, einige Hundert Euro. Hinzu kommen noch erhebliche Genehmigungsgebühren des Landratsamtes. Häufig werden Teichbauanträge aber von Naturschutz- oder Wasserbehörden komplett abgelehnt. Es empfiehlt sich daher, vor der Fertigung von Plänen bei der Kreisverwaltungsbehörde eine Bauvoranfrage einzureichen.

13.3 Damm und Mönch

In hängigem Gelände muss der Damm aufgesetzt werden. Er sollte an der Krone vier Meter breit und befahrbar sein. Hohe Büsche oder gar Bäume auf dem Damm gefährden seine Standsicherheit.

Jeder Fischteich muss mit einem regelbaren Ablauf versehen sein. Der offene, kastenförmige Betonmönch hat sich hierzu in der Praxis bestens bewährt (Abb. 153). Der Mönch ist zu armieren und auf ein frostsicheres, standfestes Fundament an die tiefste Stelle des Teiches in unmittelbare Dammnähe zu setzen. Mönche können mit zwei oder drei Staubrettreihen ausgestattet sein. Bei der Ausführung mit drei Staubrettreihen besteht die bessere Möglichkeit, den Mönch völlig abzudichten. Zum Abdichten eignen sich zwischen

Abb. 153 Mönch mit Flügelmauern und Abfischplatte; beide sollten etwas größer ausfallen. Eine stabile Treppe zum Hochtragen der Fischkübel (Foto: LfL/IFI).

die Brettreihen gestampftes toniges, schlammiges Material oder auch Pferdemist. Sickert beim Bespannen noch Wasser durch, lässt man direkt an der teichseitigen Brettreihe Schlamm oder eingeweichte Sägespäne hinabgleiten. Die zerkrümelten Teilchen folgen dem abfließenden Wasser, verstopfen die undichte Stelle und quellen auf. Dadurch wird meist eine völlige Abdichtung erreicht. Die Staubretter, auch Mönchbretter genannt, sollten zum Teil möglichst niedrig sein, um die Stauhöhe auch auf wenige Zentimeter genau einstellen zu können. Zum anderen aber verkanten zu niedrige Mönchbretter leicht beim Herunterlassen und Aufziehen und erschweren so die Arbeit oder gleiten gar aus dem Falz. Für normale Staubretter gibt es ein optimales Format: Ein Staubrett, das 29 cm breit ist, sollte etwa 10–12 cm hoch sein. Damit es im Führungsfalz des Mönches gut gleitet, sollte es etwa 1 cm schmaler sein als der Abstand zwischen den sich gegenüberliegenden Falzen. Stehen bei einem Mönch die Führungsfalze 30 cm auseinander, so sollten die Staubretter also nur 29 cm breit sein. Staubretter dürfen auch in ihrer Stärke nicht so ausgelegt sein, dass sie im frischen, trockenen Zustand gerade eben in den Falz gezwängt werden können. Nach kurzer Zeit im Wasser quellen die Bretter, sitzen dann fest im Falz wie eingegossen und sind nur noch mit größter Mühe zu entfernen. Auch hier muss durch Abhobeln der im Falz laufenden Schmalseiten ein Spiel von jeweils 5 mm gewährleistet werden. Ober- und Unterkante des Staubrettes müssen ganz glatt sein. Im anderen Falle ist der Brettstapel nur schlecht abzudichten.

Der Führungsfalz der Staubretter wird bisweilen mit U-Eisenschienen ausgelegt. Nach mehreren Jahren können diese aber durch Rost zerstört sein. Sie lösen sich teilweise vom Beton ab und behindern dadurch das Gleiten der

Staubretter. Die exakte Ausführung dieser Falze allein in Beton ist dauerhafter und den Eisenschienen vorzuziehen.

Steckt man anstelle einiger Staubretter in die vorderste der drei Staubrettreihen ein Gitter, so kann dadurch Wasser aus jeder gewünschten Tiefenzone abgezogen werden, sofern es in entsprechender Höhe eingesetzt ist. Im Sommer bietet sich hierzu die tiefste Stelle der Staubrettreihe an, da somit kühles, sauerstoffarmes Wasser entfernt werden kann. Allerdings ist es üblich, auch dann unter dem Gitter wenigstens ein Staubrett zu belassen. Durchgang von Bodenschlamm durch das bodennahe Gitter wird so vermieden. Bei Teichen mit ständiger Frischwasserversorgung können im Winter diese Verhältnisse allerdings anders liegen. Nun ist zu berücksichtigen, dass Wasser mit einer Temperatur von 4 °C die größte Dichte hat („Anomalie des Wassers"). Daher sinkt frisches Zulaufwasser mit 4 °C auf den Boden des Teiches ab, selbst wenn das Teichwasser noch kälter ist. In diesem Fall würde durch das Abziehen des Wassers an der tiefsten Stelle das frische, sauerstoffreiche Zulaufwasser sofort wieder dem Teich entnommen werden.

Die Qualität der Fertigteilmönche ist in der Regel sehr gut und Eigenbau sehr aufwendig. Bei einer größeren Anzahl benötigter Mönche erweist es sich stets als angebracht, einheitliche Maße zu verwenden. Dadurch werden z. B. Beschaffung und laufender Ersatz von Staubrettern und Gittern wesentlich vereinfacht und verbilligt.

Als Zusatzbauwerke zum Mönch sind Flügelmauern und eine Abfischplatte sehr empfehlenswert (siehe Abb. 153). Durch die Flügelmauern wird verhindert, dass abrutschendes Dammmaterial sich vor dem Mönch ablagert und ihn verstopft. Die Abfischplatte bietet, wie erwähnt, den Fischern während des Kescherns vor dem Mönch eine trittfeste Unterlage. Außerdem kann wesentlich leichter gekeschert werden. Der bei der Abfischung vor dem Mönch anfallende Schlamm lässt sich von der ebenen Betonplatte gut entfernen.

14 Sonderformen der Teichwirtschaft

14.1 Baggerseen

In den letzten 60 Jahren hat sich die Zahl der Angler in Deutschland auf etwa 1,7 Millionen erhöht. Da die natürlichen Gewässerflächen nicht vermehrbar sind, konzentriert sich das Interesse der Angler auf Teiche und Baggerseen. Innerhalb der letzten 70 Jahre sind über 70 000 ha Bagger- und Stauseen neu geschaffen worden, und es kommen heute noch jährlich 500–1000 ha hinzu. Jeder neue Stau- oder Baggersee übt daher eine Sogwirkung auf Angler, aber auch Naturschützer und Freizeitsportler aus. Interessenkonflikte sind unausbleiblich, da ja jede Sparte andere Nutzungsvorstellungen zu realisieren sucht.

Angler möchten Fische fangen und sich dabei in der freien Natur erholen. Sie nehmen dafür hohe Kauf-, Pacht- und Pflegekosten auf sich und investieren viel persönliche Arbeit und Freizeit. Sie sind dabei von jeher an der Entstehung und Erhaltung denkbar natürlicher Verhältnisse außerordentlich interessiert.

Beim „Trockenbaggern" von Land aus sind meist flache, max. 6 m tiefe Baggerkuhlen entstanden, die häufig Seen- und Teichcharakter haben und die in wenigen Jahren nähstoffreich und sehr fruchtbar werden. Beim Entfernen des Rohkieses wird Grundwasser freigelegt. Die Wasserqualität dieser jungen Baggerseen ist deshalb zunächst sehr gut, die Fruchtbarkeit anfangs gering. Da flache Baggerseen im Allgemeinen geringen Grundwasserdurchstrom haben, erwärmen sie sich rasch. Sie haben keine unterschiedliche Schichtung des Wassers und erhalten durch Ablagerungen von Humus, Laub und absterbenden Pflanzen rasch eine Schlammschicht am Boden und somit Teichcharakter. Da Baggerseen nicht wie Teiche trockengelegt und gekalkt werden können, wird der Schlamm nur teilweise mineralisiert, und die Verlandung geht sehr rasch voran. Durch den Faulschlamm entsteht leicht Sauerstoffmangel. Diese Gewässer werden durch Einschwemmungen besonders mit Phosphaten überdüngt. Unterwasserpflanzen, speziell Laichkräuter und Algen, entwickeln sich sehr stark. Immer häufiger treten Algenblüten auf und infolgedessen extreme pH- und Sauerstoffwerte, wie bei Teichen. Anfangs begrüßen Angler diese Entwicklung, steigt doch der Fischertrag des Gewässers. Jedoch wird leider oftmals übersehen, dass sich am Ende dieser Entwicklung die Vielfalt der Tier- und Pflanzenwelt vermindert und ein einseitiger Tier- und Pflanzenbestand entsteht. Durch die stark schwankenden pH- und Sauerstoffwerte werden die Fische gestresst, nicht selten gibt es dann erhebliche Verluste, wenn der Fischbesatz den sich ändernden Bedingungen nicht angepasst wird.

Gegen diese gefährlichen pH-Schwankungen ist ein Gewässer umso besser geschützt, je weniger gedüngt wird (Laub, Fütterung, aber auch intensiver Badebetrieb) und je aktiver der Boden arbeitet, damit Kohlensäure produziert und Kohlensaurer Kalk in Hydrogenkarbonat umgewandelt werden kann. Diese im Wasser gelöste Kalkform hat die nützliche Eigenschaft, den pH-Wert des Wassers stabil und in fischgerechten Grenzen zu halten, siehe Seite 17.

Bei der Bepflanzung aller Gewässerufer wird die Hauptwindrichtung W-O möglichst wenig bepflanzt. So steigt die natürliche Belüftung und vermindert die unerwünschte Schichtung in den Gewässern.

In der ruhigen Bodenzone herrscht bei Gewässern mit Schichtung und Überdüngung stets größte Gefahr von Sauerstoffmangel und Fäulnisprozessen. Besonders die Westseite als Hauptwindrichtung muss von Laub tragenden Bäumen freibleiben, da das Laub sonst mit Sicherheit ins Gewässer niederfällt.

Um die Verschlammung der Gewässer zu verlangsamen und die Wasserqualität in stehenden

Gewässern zu verbessern, empfiehlt es sich, jährlich 200–300 kg fein gemahlenen Kohlensauren Kalk pro ha in ein oder zwei Gaben auszubringen.

Der Kalk fördert das Bakterienleben im Boden, es wird mehr Kohlensäure produziert, und die Wasserverhältnisse werden messbar stabilisiert und verbessert.

Beim Besatz gut gedüngter Gewässer, die starken Pflanzenwuchs aufweisen, sollten, soweit der Absatz gesichert ist, auch solche Fischarten bevorzugt werden, die Unterwasserpflanzen verdauen und somit in Fischfleisch verwandeln können. Dies sind bei uns besonders Rotfedern, auch Rotaugen. In begründeten Fällen ist es in geschlossenen Gewässern sinnvoll, Pflanzenfresser (siehe Kapitel „Grasfische“) einzusetzen. Dabei wäre zu beachten, dass das Aussetzen von asiatischen Pflanzenfressern in freie Gewässer durch Naturschutzgesetz verboten ist.

Bei Baggerseen mit guter Wasserqualität hat sich häufig sogar der Besatz mit Krebsen bewährt, da diese bevorzugt absterbendes Laub und Pflanzen fressen. Dies hat aber nur Erfolg, wenn Aalbesatz unterbleibt, da Krebse besonders beim Häuten (Butterkrebse) Aalen als Leibspeise dienen. In geeigneten Gewässern kann es einen nachhaltigen Krebsertrag pro ha und Jahr von 20–30 kg geben (Kap. 14.2, Das Halten von Edelkrebsen in der Teichwirtschaft).

Bei der Bewirtschaftung von Angelgewässern lassen sich oft zwei Hauptfehler vermeiden: Zu viele Raubfische werden eingesetzt, und die natürliche Ertragskraft wird weit überschätzt. Dies erklärt sich aus der Nahrungspyramide, siehe Abbildung 154. Fangberichte mit Einsatzzahlen, langfristig verglichen, zeigen meistens viel höhere Besatz- als Wiederfangzahlen.

Zur Erklärung: Der natürliche Zuwachs in jungen Baggerseen beträgt nur 10 kg/ha, in älteren, nährstoffreichen maximal 150 kg/ha. Düngung und Fütterung in Baggerseen sind in jedem Fall abzulehnen; das betrifft besonders das teilweise verantwortungslose, massive Anfüttern. Der See würde sich damit zu rasch mit Nährstoffen anreichern. Dies wiederum führt zu einer Reihe von Problemen wie Algenblüten und Faulschlamm, die im nicht ablassbaren Gewässer kaum zu bewältigen sind. Viele Fachleute empfehlen deshalb, nur so viele Angler zuzulassen, wie der nachhaltige Fischertrag des Gewässers hergibt, oder aber für den Einzelnen nur bestimmte Angeltage zuzulassen. Bei der großen Zahl der Angler, aber auch dem hohen Pachtpreis für Gewässer, ist diese Überlegung leider meist unrealistisch. Da in der Regel von einem durchschnittlichen Jahresfang von 10 bis 15 kg pro aktivem Angler ausgegangen wird, können pro ha eigentlich durchschnittlich nur 1–6 Angler zugelassen werden. Ist die Anglerzahl größer, muss das Fanglimit auf weit unter 10 kg verringert werden. Jedenfalls bleiben die natürlichen Voraussetzungen unbeachtet. Jetzt richtet sich die Höhe des Besatzes, meist mit fangfähigen Fischen, vorwiegend nach den Wünschen der Angler und den zur Verfügung stehenden Geldmitteln. Dadurch kommt es meist, fast wie selbstverständlich, zu Über- bzw. Fehlbesatz und damit zu unnatürlichen Verhältnissen.

Da viele Angler Raubfische bevorzugen, werden hiervon meist mehr eingesetzt, als es der natürlichen Nahrungsgrundlage entspricht. Die schwierigste und verantwortungsvollste Aufgabe, das Verhältnis von Fried- zu Raubfischen richtig zu bestimmen, fällt dabei den Gewässerwarten zu. Dafür sind Sachverstand und lange Erfahrung, aber auch viel Fingerspitzengefühl unabdingbar. Es ist für ein Gewässer äußerst schädlich, wird der Besatz durch Mehrheitsentscheidungen bei der Hauptversammlung und nicht nach biologischen Grundsätzen festgelegt.

Es ist widersinnig, in klare, nahrungsarme Gewässer Hechte oder in stark überdüngte Forellen einzusetzen. Im günstigsten Fall werden die Forellen sofort gefangen oder von den Raubfischen gefressen. Im Übrigen stresst sie die schlechte Wasserqualität. Sie werden von Parasiten befallen und gehen zugrunde.

In unbelasteten, nährstoffarmen (oligotrophen) Gewässern gibt es begrenzte Mengen an tierischem Plankton, Flugnahrung und Köcherfliegenlarven. Diese spärliche Naturnahrung wird von Salmoniden, z. B. Bach- und Regenbogenforellen, Saiblingen, Renken sowie Kleinfischen wie Elritzen, Moderlieschen und Lauben am besten genutzt. Nur wenige Salmonidenarten ernähren sich überwiegend räuberisch, z. B. Seeforellen und Huchen. In den nährstoffreichen (eutrophen) Gewässern gibt es dagegen massenhaft grobes tierisches Plankton, Zuckmückenlarven und andere Bodennahrung. Dies sind gute Voraussetzungen für Massenentwicklung von Cypriniden, wie z. B. Karpfen, Schleien, Rotaugen, Rotfedern usw. Diese bilden dann die natürliche Futtergrundlage von Raubfischen wie Hechten, Zandern, Barschen, Aalen usw. Dazu sollte man stets die Abbildung der Nahrungspyramide betrachten (Abb. 154). Im Grunde stellt die Nahrungspyramide nichts anderes dar als die Nahrungskette. Die Nährtiere, z. B. Wasserflöhe, fressen Algen und stellen bereits ihrerseits wieder die Nahrung für Fische dar. Dabei verjüngt sich diese Pyramide zur jeweils nächsten Stufe nach oben um den Faktor 10. Dieser Faktor 10 ist eine stark vereinfachte Angabe, die jedoch deutlich

Abb. 154 Nahrungspyramide. Sie verjüngt sich bei jeder Stufe nach oben etwa um den Faktor 10. Um einen 1 kg schweren Raubfisch zu erzeugen, muss die Natur mindestens 10 kg Futterfische bereitstellen, bzw. 100 kg Zooplankton.

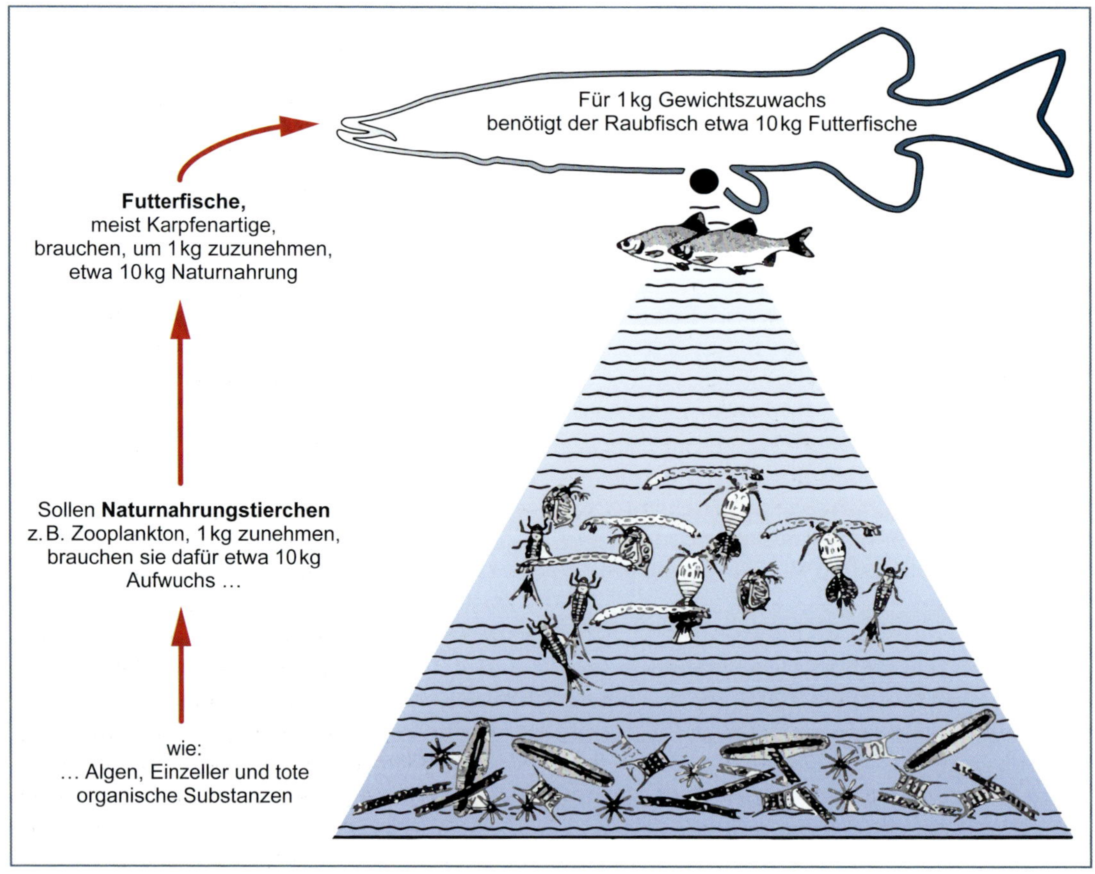

zeigt, welch breite Basis an Nahrung die Natur bereitstellen muss, um eine relativ kleine Menge Raubfische zu erzeugen. Unser Beispiel zeigt, dass ein größerer Hecht für den Zuwachs von 1 kg Körpergewicht etwa 10 kg Futterfische benötigt. Dabei muss die Menge der vorhandenen Futterfische noch bedeutend größer sein, denn der Raubfisch kann und soll auch nicht alle restlos vertilgen. Übermäßiger Besatz mit Raubfischen würde dieser Pyramide einen Wasserkopf verleihen, und einer großen Zahl von Raubfischen stünde keine ausreichende Futtergrundlage zur Verfügung.

Beim Altern durchlaufen Baggerseen alle Entwicklungsstufen vom nahrungsarmen (oligotrophen) zum nahrungsreichen See. Entsprechend ändert sich dann auch die vielfältige Zusammensetzung der Fischbestände.

In tiefen Baggerseen fehlen häufig Flachstellen mit Pflanzenbewuchs, die Voraussetzung zum Ablaichen der meisten Cyprinidenarten, aber auch der Hechte und Zander. Entweder fallen die Ufer zu steil ab, oder das Gelege kann sich nicht entwickeln, weil die Pflanzen durch intensives Baden, Surfen oder Wellenschlag zerstört werden. Jetzt hat es sich bewährt, pro 5 ha mindestens ein künstliches Laichbett anzulegen (Abb. 155). Besonders wichtig ist es, diese Laichbetten nicht zu nah am Ufer, am besten in einer Bucht, die für Fußgänger, Angler und Badende gesperrt ist, anzulegen. Dazu sollte zusammen mit der Kreisverwaltungsbehörde offiziell eine „Laichschonstätte" erlassen werden, die von jeder Nutzung ausgenommen ist. Dann laichen dort im Frühjahr in zeitlicher Reihenfolge Hechte, Zander, Weißfische, Karpfen und zum Schluss die Schleien ab.

Eine Fischart, die auf keinen Fall in Baggerseen eingesetzt werden sollte, ist der Wels. Diese Fische lassen sich ab einem Gewicht von 15–20 kg fast nicht mehr fangen, und sie richten großen Schaden an. Bevor sie nämlich die Weißfische und besonders etwa die unerwünschten Brachsen fressen, dezimieren die Welse z. B. die Schleien bis aufs letzte Exemplar.

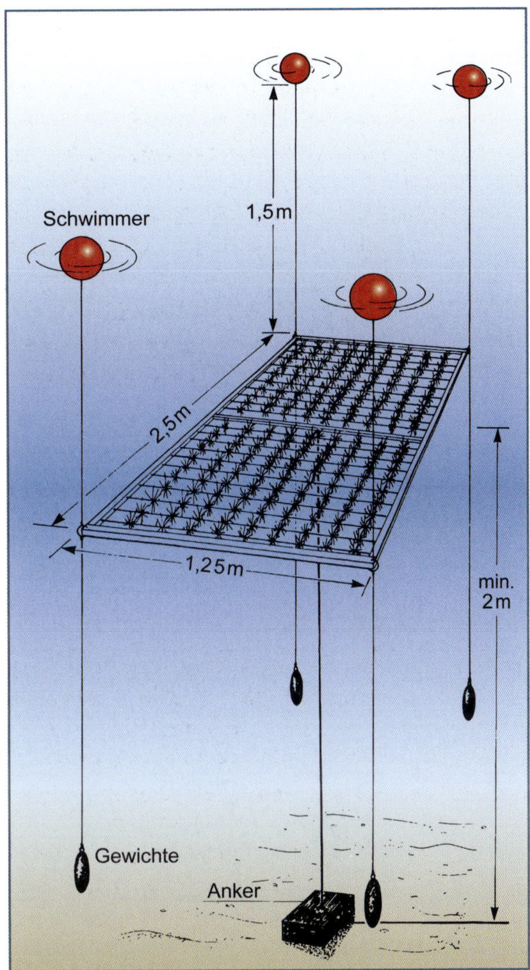

Abb. 155 Künstliches Ablaichbett.

Ein weiteres Problem in fast allen Angelgewässern ist das Überhandnehmen von Brachsenbeständen. Mit den Jahren wird deren Stückzahl immer höher, ihre Durchschnittsgröße aber immer kleiner. Anzeichen für den aufgetretenen Nahrungsmangel sind die Messerrücken. Die Fische werden nun anfällig für Massenbefall mit Parasiten und für Krankheiten. Brachsen werden leider als Speisefische nicht geschätzt und deshalb von Anglern meist zurückgesetzt. Dadurch wird deren Anteil am

Fischbestand immer größer, und die Probleme wachsen.

Wer im Garten nur Gemüse und Obst erntet und das Unkraut wuchern lässt, hat bald keine Erträge mehr. Deshalb müssen aus Angelgewässern auch alle gefangenen Brachsen ohne Schonmaß entnommen werden. Hier sind sie selbst als Beute für die Raubfische kaum geeignet. Häufig genügt aber das Herausangeln allein nicht. Dann müssen Brachsen zur Laichzeit mit Reusen, Stellnetzen oder gar mit Elektrofischereigerät intensiv herausgefangen werden, damit nicht noch ein weiterer halb verhungerter Jahrgang entsteht.

Es muss stets damit gerechnet werden: Krankheitserreger und Parasiten leben in allen Gewässern. Wer das natürliche Gleichgewicht durch Stress der Fische bzw. Überbesatz stört, muss mit seuchenhaften Erkrankungen und massivem Parasitenbefall rechnen.

Zur richtigen Bewirtschaftung eines Gewässers gehört mehr als Aussetzen und Wiederfangen der Fische. Es muss ein ausgewogenes Verhältnis der Fischarten untereinander geben und insbesondere eine ausreichende Nahrungsgrundlage sichergestellt sein. Zehn Fische zu wenig ist besser als einer zuviel.

14.2 Das Halten von Edelkrebsen in der Teichwirtschaft

Krebse haben in der Teichwirtschaft nur eine untergeordnete Bedeutung, obwohl sie in der extensiven Teichwirtschaft einen durchaus attraktiven Profit erbringen können. In guten Krebsteichen können Erträge bis zu 30 oder 50 kg/ha/Jahr Speisekrebse erreicht werden. Das Vermarktungsziel bei der teichwirtschaftlichen Krebszucht ist neben dem Speisekrebs überwiegend der Besatzkrebs, der in zunehmendem Maße auch von Bewirtschaftern natürlicher Gewässer verlangt wird.

Für die Zucht in der Teichanlage kommt im Grunde nur der heimische Edelkrebs *(Astacus astacus)* in Betracht. Die zweite bei uns heimische Art, der Steinkrebs *(Austropotamobius torrentium)*, ist im Teich nur schlecht zu halten und zu vermehren. Auch hat er wegen seiner geringen Körpergröße von kaum mehr als 11 cm als Speisekrebs keine Bedeutung. Man muss allerdings einräumen, dass die Intensität der Krebsproduktion bezüglich der Besatzdichte im Teich wegen der gegenseitigen Unverträglichkeit und Verletzungsrate der Tiere an natürliche Grenzen stößt. Auch ist zu bedenken, dass seit Ende des 19. Jahrhunderts durch den aus Amerika eingeschleppten Erreger der gefürchteten Krebspest, den Fadenpilz *Aphanomyces astaci,* ein nicht unbeträchtliches Infektionsrisiko besonders in solchen Anlagen besteht, die von Oberflächengewässern gespeist werden. Bei Ausbruch dieser nicht therapierbaren Krankheit tritt beim heimischen Edel- und Steinkrebs ein Totalverlust auf.

Seit dem Herbst 2001 ist in Bayern daher der Besatz fremdländischer Krebsarten auch in Teichen und allen anderen Gewässern verboten. Europaweit wird dies nun ebenso durch die „Verordnung (EU) 1143/2014 über die Prävention und das Management der Einbringung und Ausbreitung invasiver gebietsfremder Arten“ unterbunden. Zu ihr gehört eine Liste der Arten, deren Besatz und Weitergabe streng verboten sind. Dazu zählen u. a. die aus Amerika stammenden Arten Kamberkrebs *(Orconectes limosus)*, Signalkrebs *(Pacifastacus leniusculus)* und der Rote Amerikanische Sumpfkrebs, *(Procambarus clarkii)*, allesamt Überträger der absolut tödlichen Krebspest. Auch der Blaubandbärbling ist aufgelistet.

14.2.1 Anforderungen an den Krebsteich

Da der Krebs überwiegend den Uferbereich besiedelt, sind Naturteiche mit geschwungenen, gut strukturierten und vegetationsreichen Ufern und Inselstrukturen gut geeignet. Man kann durch das Einbringen von Steinschüttungen, Röhren und Wurzelstöcken das Angebot an Unterständen noch verbessern. Zumindest die Uferzone sollte hartgründig und nicht stark mit

Abb. 156 Krebsweibchen mit Eiern (Foto: Bohl).

Schlamm belastet sein. Die Tiefe muss eine frostsichere Winterung gewährleisten, ausreichend sind maximale Teichtiefen von ca. 1 m bis 1,20 m. Durchlauf zur Wassererneuerung ist günstig, muss aber nicht unbedingt sein. Ein ausreichendes Gefälle des Teichbodens und ein tief gelegtes Ablaufrohr sind erforderlich, damit bei der Abfischung der Teich bis auf den Grund entleert werden kann. Wenn sich das Wasser in einem Ablaufgraben im Teich konzentriert und die Seiten dieser Rinne mit Pflastersteinen oder Brettern begehbar sind, können die Tiere gut abgesammelt werden.

Für das Aufkommen der Brut und das Wachstum sind sommerliche Wassertemperaturen von ca. 15 bis 20 °C günstig. Eine Erwärmung über 24 °C kann zu Problemen bei den Häutungen führen. Die Anforderungen des Edelkrebses an die Wasserqualität sind nicht so hoch wie gelegentlich vermutet. Die Wasserbeschaffenheit eines üblichen Karpfenteiches ist in der Regel durchaus ausreichend, das Wasser sollte jedoch nicht überdüngt sein und keine hohe Sauerstoffzehrung haben.

14.2.2 Haltung und Besatz

Zur Vergesellschaftung mit Krebsen im Teich eignen sich nur Friedfische wie Karpfen, Schleien und andere Cypriniden. Forelle, Hecht, Waller, Zander und Barsch sind als Räuber für den Krebsteich dagegen nicht geeignet, keinesfalls darf mit Aal besetzt werden. Bei den Abfischungen ist mit Verlusten zu rechnen, da ein großer Teil der Brut oder Sömmerlinge mit dem Wasser abgeht oder anschließend im Teichschlamm stecken bleibt und verendet.

Abb. 157 Krebsteich (Foto: Bohl).

Will man die Krebszucht konzentrierter betreiben, die Verluste gering halten und die verschiedenen Größenklassen sortiert anbieten können, ist die Verwendung von verschiedenen Teichen und Becken für die Brutaufzucht, für das Abwachsen und die Winterung zu empfehlen.

Eine Intensivierung der Brutaufzucht ist möglich, wenn man vor dem Schlupf der Eier im April/Mai die Ei tragenden Weibchen (Abb. 156) aus der Winterung nimmt und sie in Becken bis zum Freiwerden der Jungen einige Tage nach dem Schlupf hält. Wenn in dieser Hälterung für jedes Weibchen ein Versteck (Dränagerohr o. Ä.) bereitgestellt wird, ist die gegenseitige Störung nur sehr gering. Abgelegte Weibchen werden entnommen, und man hat die frische Brut ohne Verluste und leicht zugänglich zur Verfügung.

Die Fütterung in Naturteichen ist immer dann ein Risiko für die Wasserqualität, wenn die Krebse das Futter verschleppen und die Reste irgendwo im Teich in Fäulnis übergehen. Die Verwendung von Futternetzbeuteln verhindert das Verziehen der Nahrung. Dennoch sollte im Naturteich die Besatzdichte immer so gering gehalten werden, dass die natürliche Nahrung dominiert oder gänzlich ausreicht. Neben Insektenlarven und Schnecken werden weichblättrige Wasserpflanzen wie die Wasserpest gern als Nahrung angenommen (Abb. 157).

Als Richtwert für eine naturnahe Besatzdichte nimmt man 2–3 Sömmerlinge pro Meter Uferlänge, bei Brut etwa die doppelte Anzahl, bei geschlechtsreifen Krebsen bis zu 1 Tier pro 2–3 m Uferlänge.

14.2.3 Transport und Ernte

1–2 Tage vor einem Transport sollten die Krebse nicht mehr gefüttert werden. Brut und Sömmerlinge können bei ausreichend kühlen Temperaturen in Plastiksäcken mit 1/3 Wasser auf 2/3 Volumenteile Sauerstoff versandt werden. Größere Krebse überstehen den Transport jedoch erheblich besser, wenn sie locker in feuchte Holzwolle, Stroh, sauberes Moos oder auch Styropor-Chips in mehreren Lagen geschichtet werden. Der Transport lebender Krebse auf Eis ist verboten. Als Behälter eignen sich luftige Holzsteigen und Körbe Natürlich darf das Versenden weder bei Frost noch bei heißen Sommertemperaturen erfolgen und sollte nicht mehr als 24–48 Stunden dauern.

Krebsteiche sollten höchstens einmal im Jahr abgelassen und dann sofort wieder bespannt werden. Um möglichst geringe Verluste an Eiern oder Brut zu verursachen, ist die Abfischung im Herbst vor dem Einsatz (vor Ende Oktober) oder im Frühjahr vor dem Schlupf der Jungen (vor Mitte Mai) günstig. Bei Nachtfrostgefahr oder während der sommerlichen Häutungszeiten (Juni bis September) sollten Krebsteiche nicht abgefischt werden.

Bei der Krebsernte können die Tiere mit dem abziehenden Wasser in Kescher oder Reusen geleitet und per Hand aufgesammelt werden. Für die Entnahme von Krebsen während der sommerlichen Abwachszeit eignen sich Reusen oder Krebsteller. Besatzkrebse werden als Brut, Sömmerlinge, Jungtiere oder erwachsene Geschlechtstiere gehandelt. Bei den Speisekrebsen unterscheidet man verschiedene Sortierungen und Handelsbezeichnungen, welche die Größe der Tiere ausdrücken. Diese wird beim Krebs als die Länge von der Kopfspitze bis zum Schwanzende gemessen.

14.3 Der Angelteich

Heute sind Angler für viele Teichwirte die wichtigsten Kunden. Ihre Bedeutung als Abnehmer nimmt weiter zu, da durch fischereirechtliche Vorschriften verlangt wird, dass der Besatz möglichst gebietsnah, zumindest aber aus dem gleichen Gewässersystem stammt. Kunden verlangen ausführliche Beratung – gute Verkäufer sind immer besser informiert als der Käufer.

Angler und Angelvereine konkurrieren auch zunehmend um die Bewirtschaftung von Teichen und treiben die Pachtpreise in für die Teichwirtschaft unwirtschaftliche Bereiche. Ursache dafür ist, dass die Zahl der Angler kontinuierlich zunimmt und andererseits die Angler von Bächen, Flüssen und Seen durch Naturschutzauflagen und Schutzgebiete mit Angelverboten zunehmend verdrängt werden. Beim Bau von Baggerseen werden vom Naturschutz häufig schon im Genehmigungsverfahren Angelverbote durchgesetzt. Teiche werden dadurch für Angler wesentlich interessanter, da dort die Rechtsstellung besser ist als in Baggerseen. Inzwischen wissen viele Angler, dass Teiche sehr produktiv sind und sich gezielt bewirtschaften lassen. Eigentümer, die ihre Teiche nicht selbst bewirtschaften, erzielen durch die Verpachtungen an Angler einen viel höheren Ertrag, werden allerdings steuerpflichtig. Übersehen wird häufig, dass für Angler grundsätzlich nur wassersichere Teiche mit Überwinterungsmöglichkeit geeignet sind. Pachtzuschläge zahlen Angler für gute Verkehrsanbindung, Ortsnähe und schöne Umgebung, besonders aber für Teiche, die für Salmonidenbesatz geeignet sind. Diese benötigen sicheren Zulauf und dürfen im Sommer nicht deutlich über 20 °C warm werden. Der optimale Temperaturbereich für Salmoniden liegt zwischen 8 und 14 °C.

Enttäuschungen erleben Verpächter, wenn von den Anglern die Teichpflegemaßnahmen vernachlässigt werden, sodass die Teichsubstanz gefährdet wird. Es empfiehlt sich, entsprechende Pflegeverpflichtungen im Pachtvertrag festzulegen. Kluge Eigentümer übernehmen gegen Bezahlung die Teichpflege und erzielen doppelte Einnahmen. Häufig werden nur einzelne Teiche verpachtet. Die Angler kaufen dann zusätzlich vom Besitzer den Besatz zu guten Preisen und sicherer Qualität.

Angelteiche unterliegen den gleichen fischereirechtlichen Vorschriften wie öffentliche Gewässer. Grundlagen sind z. B. gültige Fischereischeine, die Einhaltung der gesetzlichen Schonmaße und die Genehmigung der Kartenzahl bei der zuständigen Behörde (z. B. Landratsamt). Da Angelteiche sehr produktiv sind, werden bis zu 25 Jahreskarten pro ha genehmigt, während es bei Baggerseen max. etwa 8 Jahreskarten pro ha sind. Wichtig ist, dass auch Teiche je nach Landesrecht 2 Wochen bis 2 Monate nach dem Besatz mit fangfähigen Fischen nicht beangelt werden dürfen.

Preis- und Trophäenfischen sind in einigen Bundesländern ebenfalls verboten. Alle gefangenen maßigen Fische müssen aus tierschutzrechtlichen Gründen entnommen werden. Fachlich vernünftig ist es, Angelteiche im Spätherbst zu besetzen und im Frühjahr zum Angeln freizugeben.

Nun ein Modell für den Neubesatz eines Angelteiches von 1 ha Fläche mit einer natürlichen Produktivität von 400 kg/ha:

600 St. Karpfen à 800–1200 g
200 St. Schleien à 200–400 g
200 kg Laichrotaugen und
Laichrotfedern à 50–300 g
2000 Laichmoderlieschen
80 St. zweisömmerige Zander 30–40 cm
oder 80 Hechte 30–40 cm
oder 40 Hechte und 40 Zander 30–40 cm,
als Beitrag zur Biodiversität ist der Besatz mit Krebsen, Muscheln und Kleinfischarten denkbar.

Bei guten Wasserverhältnissen setzen viele Angler im Frühjahr zusätzlich pro ha 100 Forellen à 300 Gramm und 5–10 Störe mit ca. 1 kg ein. Die Forellen werden bis Juli herausgeangelt, haben rötliches Fleisch durch die Naturnahrung und schmecken ganz hervorragend.

Im ersten Sommer können bis zu $^2/_3$ des Besatzes herausgefangen werden. Bei dieser Besatzstärke wachsen die Fische gut ab, und häufig verdoppelt sich das Einsatzgewicht bis zum Herbst.

Im Herbst kann man wieder Fische nachsetzen:

400 St. Karpfen à 800–1200 g
100 St. Schleien à 200–400 g
und 50 Raubfische.

Der erneute Besatz mit Futterfischen wird notwendig, wenn durch Ablaichen im Teich nicht genügend Fischbrut aufkam. Vom Besatz mit Welsen ist in jedem Fall dringend abzuraten, da sie aufgrund ihres enormen Wachstums die anderen teuren Besatzfische aller Größenstadien vertilgen.

Grundsätzlich ist es sinnvoll, Besatzfische immer vom selben bzw. denselben Teichwirten zu beziehen, wenn die Erfahrungen immer gut waren. Zum einen hat sich das Immunsystem der schon im Teich lebenden Fische an die vom Neubesatz mitgebrachten Bakterien, Viren und Parasiten angepasst, was man als seuchenbiologisches Gleichgewicht bezeichnet. Zum anderen sind ganz offensichtlich die Wasserverhältnisse in den Herkunftsteichen und den Besatzgewässern ähnlich.

Am Ende des zweiten Angeljahres, spätestens nach dem dritten, ist eine Totalabfischung zweckmäßig. Der Teich wird anschließend ganz normal gekalkt, trockengelegt und saniert. Dies ist die beste Vorbeugung gegen Krankheiten und Parasiten. Auch die natürliche Fruchtbarkeit bleibt so erhalten (s. Kap. 4, Teichpflege). Werden diese regelmäßigen Abfischungen und Trockenlegungen nicht eingehalten, dann bildet sich eine wachsende Schlammschicht und die Wasserqualität leidet; auch wächst der Teich vom Rand her immer mehr mit Schilf, Röhricht und anderen Wasserpflanzen zu. Außerdem gerät der Fischbestand außer Kontrolle. Es können die Weißfische durch natürliche Vermehrung überhandnehmen oder im anderen Fall den Raubfischen als Nahrung fehlen.

15 Fischtransport

Ähnlich wie bei der Abfischung muss auch der Transport gut vorbereitet sein. Denn auch hier können Fehler die lange Aufzuchtphase in kurzer Zeit zunichtemachen. Seit einigen Jahren sind auch gesetzliche Vorschriften zu beachten. Der Tierschutz muss durch die „Verordnung (EG) 1/2005 zum Schutz von Tieren beim Transport" und die nationale Tierschutz-Transportverordnung gewährleistet sein. Wer seine eigenen Fische nicht weiter als 50 km transportiert, muss demnach keine Unterlagen mitführen. Ab dieser Entfernung sind folgende Angaben in einem formlosen Transportpapier zu dokumentieren:

- Eigentümer und Herkunft der Fische,
- Ort des Transportbeginns,
- Beginn des Transports (Tag und Uhrzeit),
- Zielort,
- ungefähre Dauer des Transports.

Die Vorschriften zu Transportgefäßen, Besatzdichte, Wasserqualität und Sauerstoffversorgung werden in jedem Fall eingehalten, wenn die nun folgenden Ausführungen beachtet werden.

Es ist Vorschrift, dass auf allen Fischtransport-Behältern ein Aufkleber „Lebende Tiere" oder „Lebende Fische" angebracht ist.

15.1 Grundlagen

Gute Versandvorbereitung ist Voraussetzung für Transporte ohne übermäßigen Stress und ohne Fischverluste. Die Fische müssen vor dem Transport ausgenüchtert werden, also 1–3 Tage ohne Nahrung und bei bester Kondition sein. Besonders vor dem Transport über längere Strecken müssen sich die Fische vom Stress der Abfischung ausreichend erholt haben. Damit die Kiemen einwandfrei sauber werden und der Darm völlig entleert wird, werden die Fische nach dem Abfischen 1–3 Tage in reinem, fließendem Wasser abgehältert. Damit sich die Fische dabei nicht am Einlauf konzentrieren, dunkelt man ihn ab. Noch besser ist es, das Frischwasser tritt am Boden des Hälterbeckens ein, da dadurch auch das Springen der Fische sicher verhindert wird. In dieser Abhälterungszeit können auch Bäder verabfolgt werden, um Außenparasiten wie Egel, Läuse oder Hauttrüber zu bekämpfen.

Je kühler das Wasser, desto ruhiger sind die Fische und umso geringer ist ihr Sauerstoffbedarf. Der Sauerstoffgehalt des Wassers soll am Ablauf der Hälterung noch mindestens 50 % des Sättigungswertes betragen (Kap. 2, Das Teichwasser), bei 10 °C z. B. 5,5 mg O_2 pro l Wasser. Zusätzliche Sauerstoffversorgung allein durch Luft mithilfe eines Kompressors ist über Bodenausströmer oder schwimmende Ausströmer vorteilhafter als die Begasung mit reinem Sauerstoff, da gleichzeitig Kohlendioxid und Stickstoff aus dem Wasser ausgetragen werden. Eine Übersättigung mit Sauerstoff wird so vermieden. Die Belüftung darf aber nicht so stark sein, dass die Fische gar herumgewirbelt werden.

Je kleiner die Fische, umso empfindlicher sind sie und umso mehr Wasser und Sauerstoff wird benötigt. Deshalb werden Fische vor dem Transport nach Arten, Größen und Altersklassen sortiert und getrennt verladen. Mischbesatz beim Transport ist für kleine und empfindliche Fische allemal von Nachteil. Außerdem sind Verletzungen beim Herauskeschern unvermeidlich. Wie aus den Transportzahlen hervorgeht, werden Speisefische 2- bis 3-mal so dicht gesetzt transportiert wie kleine Satzfische der gleichen Art.

Die Gefäße sollten vor dem Wasserfassen gereinigt, desinfiziert und schließlich gut ausgespült werden. Am einfachsten, schnellsten und zuverlässigsten nimmt dies der Teichwirt sogleich nach einem Fischtransport selbst vor. Sind Schmutz und Fischschleim erst eingetrocknet, müssen die Behälter längere Zeit einweichen oder mit einem Dampfstrahler bearbeitet werden. Zum Desinfizieren genügt klare Kalkbrühe. Auch käufliche Desinfektionsmittel, wie z. B. Actomar®, lassen sich dafür verwenden. Wichtig ist, dass die Behältnisse danach stets sorgfältigst ausgewaschen werden.

Während des Transports wird das Wasser durch die Ausscheidungen der Fische belastet; das sind Schleim, Ammonium und Kohlendioxid. Bei hoher Besatzdichte und zunehmender Transportdauer nimmt die Wasserqualität im Transportgefäß schnell ab. Je länger die Transportdauer, umso kleiner muss daher die Besatzdichte gewählt werden. Bei hohen Außentemperaturen und langen Transporten erwärmt es sich zudem, und seine Qualität wird messbar schlechter. Der Gehalt an Ammonium und Kohlendioxid steigt, die Fische erleiden Stress. Ist ein Wasseraustausch unterwegs nicht möglich, muss die Fischmenge im Transportbehälter entsprechend kleiner sein. Es genügt nicht, dass die Fische lebend ihr Ziel erreichen, sondern sie müssen unbeschädigt, ohne große Stressbelastungen und in guter Kondition ankommen. Nur so haben sie im neuen Gewässer gute Überlebenschancen. Der Transport in einer 0,3–0,5 %igen Salzlösung hält die Fische besonders in guter Verfassung.

Die optimale Transporttemperatur liegt im Allgemeinen zwischen 4 und 10 °C. Wer die Fische vor dem Transport zwischenhältert, kann die gewünschte Temperatur langsam anpassen. In vielen Fachbüchern wird gutes, nicht gechlortes Leitungs- oder Brunnenwasser empfohlen. Der Verfasser bevorzugt eine Mischung von halb Brunnen- und halb gutem Teichwasser. Da sich das Teichwasser stets der Außentemperatur anpasst, das Brunnenwasser aber meist konstant 8–10 °C hat, wird bei genannter Mischung im Sommer eine Transporttemperatur von etwa 15 °C und im Winter von etwa 5 °C erreicht. Es schadet den Fischen erheblich, werden sie zwar optimal mit gekühltem Wasser von 10 °C transportiert, dann aber rasch in Wasser von 20 °C oder mehr eingesetzt.

Je größer der Temperaturunterschied zwischen Transportwasser und Besatzgewässer ist, desto länger muss sich der Teichwirt mit dem Temperieren Zeit lassen. Dabei vertragen Fische das Umsetzen in wärmeres Wasser besser als in kälteres. Temperaturerhöhungen bis zu 5 °C können innerhalb einer halben Stunde ausgeglichen werden. Beim Umsetzen in kälteres Wasser sind es im gleichen Zeitraum nur 3 °C. Bei Temperaturunterschieden von 10 °C in wärmeres und 6 °C in kälteres Wasser muss über zwei Stunden lang sorgfältig temperiert werden. Bei sehr empfindlichen Fischarten, z. B. beim Silberfisch oder Zander, bei Jugendstadien oder bei Fischen mit geschwächter Kondition, muss das Temperieren noch langsamer vor sich gehen. Dabei wird jeweils Wasser aus dem Auslauf des Transportgefäßes ausgelassen und von oben Wasser aus dem neuen Besatzgewässer dazugegeben. Da während des Temperierens die Sauerstoffversorgung weiterläuft, bekommen die Fische keine Atemnot, und sie werden schonend akklimatisiert.

Es sind nämlich nicht nur die Temperaturunterschiede, sondern auch der Gasgehalt, die pH- und Sauerstoffwerte sowie sämtliche Gewässereigenschaften, an die die Fische angepasst werden müssen. Häufig wird davor gewarnt, den Fischen durch zu viel Sauerstoffzugabe die Kiemen und Schleimhäute zu verbrennen. Untersuchungen von Deufel, Langenargen, durch Andreas Mohr, Wielenbach, über die Gasblasenkrankheit haben überzeugend nachgewiesen, dass lang anhaltende Sauerstoffübersättigungen von 200–300 % für Fische noch nicht schädlich sein müssen. Es kommt allein auf den Gesamtgasgehalt im Wasser an. Neben Sauerstoff spielen besonders Stickstoff und Kohlendioxid eine bedeutende Rolle. Wird der verträgliche Gesamtgasgehalt nur um 5–10 % überschritten, erleiden die Fische erheblichen Stress. Übersättigung von 20 % kann zu raschem Absterben führen. Da die Löslichkeit von Gasen in Flüssigkeiten druck- und temperaturabhängig ist, wird durch diese Untersuchungen die Bedeutung des Temperaturausgleiches wissenschaftlich bewiesen. Bei rascher

Temperaturerhöhung um 5 °C sinkt die Löslichkeit von Gasen in der Flüssigkeit um etwa 15 %. Das überschüssige Gas wird aber erst langsam ausgeschieden. Es entsteht also bei dieser Temperaturerhöhung eine kurzfristige Gasmengenerhöhung von 15 %. Dadurch kann bereits Gasblasenkrankheit hervorgerufen werden.

Viele im Sommer gescheiterte Fischtransporte beruhen darauf, dass Fische mit eisgekühltem Wasser von 8–10 °C transportiert und dann zu schnell in Wasser von 20 °C und mehr umgesetzt wurden. Insgesamt kommen beim Transport bedeutend mehr Fische durch zu wenig Sauerstoff als durch zu viel Sauerstoff um, oder sie werden stark geschädigt.

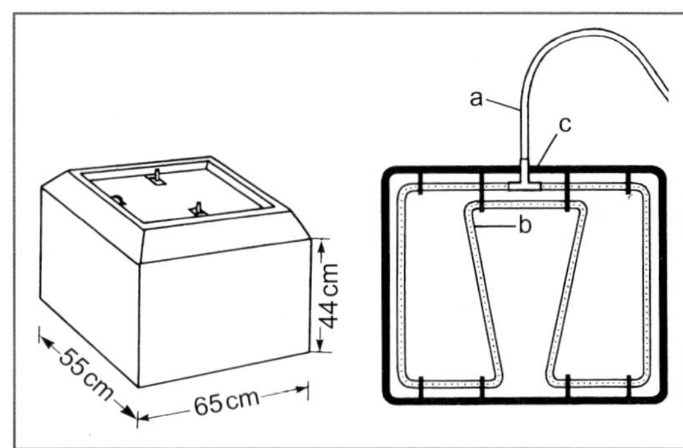

Abb. 158 *Links:* Kofferraumtransportbehälter für Pkw. Inhalt 100–150 l. *Rechts:* Flächenausströmer für Kofferraumgerät (Draufsicht)
a Schlauchanschluss mit T-Stück,
b gelochter Plastikschlauch oder Keramikausströmer,
c Metallrahmen zur Beschwerung, besonders bei Aalen (ca. 50 × 60 cm).

15.2 Transportgefäße und Transport

Die notwendige Ausrüstung eines Betriebes mit Transportgeräten und Fahrzeugen richtet sich nach der Größe, dem Umschlag, den Transportentfernungen und den Fischarten. Teuer wird es, erst bei der Abfischung festzustellen, dass die vorhandenen Geräte nicht ausreichen. Da meist kein frisches Wasser zur Verfügung steht, muss die Abfischung auf Biegen und Brechen beendet werden. Die verfügbaren Behälter werden dann meist überbesetzt. Im günstigsten Fall erleiden die Fische nur Stress, häufig gibt es aber erhebliche Verluste.

Vollmann-Schipper beschreibt die Anforderungen an Transportgefäße in seinem Buch „Transport lebender Fische" folgendermaßen:

„Die Behälter sollen geräumig, aber nicht zu schwer sein. Sie müssen glatte Wände haben, die sich leicht reinigen und desinfizieren lassen. Außerdem sollten sie temperaturbeständig und gegen mechanische Beschädigungen widerstandsfähig sein. Zur günstigen Anreicherung des Wassers mit Sauerstoff müssen sie genügend tief sein. Die Fische sollen sich dennoch leicht herausnehmen lassen. Der Deckel muss jeden Wasserverlust verhindern und noch eine große Öffnung freigeben. Ebenso wird gute Isolierfähigkeit gegen Erwärmung verlangt. Werden alle diese Gesichtspunkte berücksichtigt, können derartige Geräte nicht billig hergestellt werden. Diesen häufig widersprüchlichen Forderungen wird am ehesten noch durch moderne Kunststoffbehälter entsprochen."

Zum Ablassen des Wassers ist am Boden dieser Behälter noch eine Rohrverschraubung an-

Abb. 159 Transportbehälter für Lkw. Große Fischschleuse (F), Bodenschieber (B) zum Wasseraustausch.

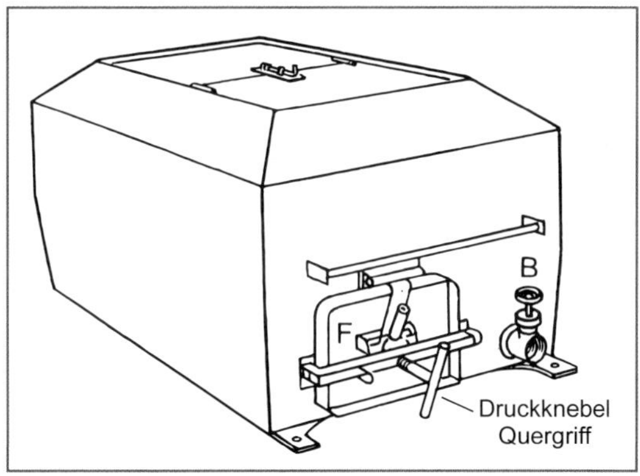

gebracht und bei großen Behältern dazu noch eine Schleuse von 30 × 40 cm eingebaut, um Fische über eine Rinne schonend abschwimmen zu lassen (siehe Abb. 158 und 159).

Die Sauerstoffzufuhr kann besonders bei kleineren Behältern durch Luft (Batteriegeräte oder Kompressoren), mit technischem Sauerstoff oder durch Umwälzpumpen erfolgen. Bei Letzteren wird das Wasser meist fein versprüht auf die Oberfläche aufgebracht. Besonders für dieses System wird viel Werbung gemacht. Nachdem aber weiterhin 95 % aller hauptberuflichen Teichwirte,

Abb. 160 Sauerstoffflaschen mit Manometer, Druckminderungsventil und Verteiler mit Durchflussregler, Keramikausströmer (Foto: Gerstner/Steinl).

außer bei Aalen, Sauerstoff verwenden, scheint dies zweifelsfrei immer noch die bewährteste Methode zu sein. Sauerstoff in Flaschen hat den großen Vorteil, dass der Teichwirt die Menge des Inhalts mit der Messuhr ablesen kann (Abb. 160). Der Verbrauch lässt sich während des Transports ablesen, und es gibt kaum technische Defekte wie bei Kompressoren und Batterien. Durch die Verwendung großflächiger feinporiger Verteilerschläuche wird der Sauerstoff zu etwa 20 % genutzt, während es früher bei den Kohle- und Keramikausströmern höchstens 5–10 % waren. Außerdem hat die Sauerstoffbegasung gegenüber der Belüftung den Vorteil, dass bei hohen Außentemperaturen das Transportwasser damit nicht erwärmt wird.

So praktisch die Verwendung der Sauerstoffflaschen ist, es müssen dennoch lebenswichtige Regeln beachtet werden:

- Beim Umgang mit reinem Sauerstoff, ob flüssig oder gasförmig, darf dieser auf keinen Fall mit Öl oder Fetten in Verbindung kommen. Das Schmieren jeglicher Teile der Sauerstoffeinrichtung muss deshalb unbedingt unterbleiben.
- Die Flaschen müssen vor Umfallen gesichert sein. Bricht das Ventil ab, fliegt die Flasche durch den Rückstoß des entweichenden Gases durch die Luft.
- Rauchen und offenes Licht sind beim Umgang mit reinem Sauerstoff lebensbedrohender Leichtsinn.

Gebräuchlich sind Flaschen mit 40 l Inhalt. Der Inhalt, multipliziert mit dem Höchstdruck 150 bar, ergibt rechnerisch einen Vorrat von 6000 l Sauerstoff. Größere Flaschen mit 50 l Inhalt 200 bar Druck ergeben 10 000 l Sauerstoffinhalt. Kleinere als 40-l-Flaschen werden kaum noch verwendet, da die Abfüllkosten ebenso hoch wie die für eine große Flasche und die TÜV-Auflagen bei ständigem Gebrauch viel zu aufwendig sind.

Auf die Sauerstoffflasche wird nun die sogenannte Sauerstoffuhr fest aufgeschraubt und die Dichtigkeit geprüft. Hierzu gießt der Teichwirt eine Handvoll Wasser über die Verschraubung. Zeigen sich Blasen, ist die Stelle noch nicht dicht. Das Manometer nahe der Flasche zeigt den Flaschendruck an, z. B. 150 bar, das Manometer nach dem Druckminderungsventil unterrichtet über den Gebrauchsdruck. Er liegt meist zwischen 0,5 und 2,5 bar.

Je nach Anzahl der Behälter werden bis zu 6 Verteilerstücke mit je einem Schlauchanschluss für jeden einzelnen Ausströmer benutzt. Sind die Transportbehälter mit Wasser gefüllt, wird in Ruhe der Sauerstoff für jeden einzelnen Behälter eingestellt, und zwar bevor die ersten Fische geladen werden.

Ein erfahrenes Auge ist beim Einstellen wichtiger als das Manometer, dem der Teichwirt wegen ungenauer Anzeige oft nicht blindlings trauen darf. Die Menge des ausströmenden Sauerstoffs hängt nämlich vom Gegendruck, also von der Höhe der Wassersäule und dem Material des Ausströmers ab. Bei der Versorgung von zwei Transportbecken strömt bei gleichem Gebrauchsdruck mehr Sauerstoff in das Becken mit dem niedrigsten Wasserstand. Deshalb soll jeder Transportbehälter getrennt eingestellt werden.

Beim Verladen sind die Fische erregt und brauchen etwa ⅓ mehr Sauerstoff als später beim Transport. Das Handrad am Flaschenventil soll beim Transport immer ganz geöffnet sein. Am Reduzierventil kann der Teichwirt den Druck stärker oder schwächer einstellen, wobei durch Drehen im Uhrzeigersinn der Gesamtdruck stärker wird, entgegengesetzt schwächer. Nach jeder Änderung müssen aber 20–30 s abgewartet werden, denn je feiner die Poren des Verteilers, desto langsamer wirkt sich die Änderung des Sauerstoffdrucks aus und wird dann erst mit Verzögerung ablesbar. Der Sauerstoffdruck ist richtig eingestellt, wenn die Fische ruhig am Boden stehen. Unmittelbar vor der Abfahrt kann der Sauerstoff um etwa ⅓ reduziert werden. Dabei stellt der Teichwirt z. B. den Gesamtdruck durch eine halbe Drehung nach links von etwa 2,5 auf 1,75 bar zurück und kontrolliert nach 15 Minuten die Fische nochmals. Stehen sie ruhig am Boden, genügt eine weitere Kontrolle alle 1–2 Stunden. Der Sauerstoffbedarf lässt sich auch deshalb um ⅓ reduzieren, weil schon durch Wasserbewegungen beim Fahren die Sauerstoffblasen hin- und herfliegen und nicht gleich senkrecht auf dem kürzesten Weg hochsteigen. Dadurch kann sich mehr Sauerstoff im Transportwasser lösen. Bei längeren Aufenthalten, z. B. zum Fischabladen oder für längere Ruhepausen, muss aber wieder ⅓ mehr Sauerstoff zugeführt werden.

Neuerdings können auch Durchflussmesser für Sauerstoff geliefert werden. Sie sind robuster gebaut als die Manometer, und der Sauerstoffverbrauch lässt sich direkt ablesen. Bei häufigen Transporten macht sich diese Investition rasch bezahlt.

Es hat sich bewährt, für jeden Behälter einen eigenen Durchflussmesser vorzusehen, da der Gegendruck der jeweiligen Ausströmer unterschiedlich ist (Abb. 161).

15.3 Sauerstoffbedarf von Forellen und Karpfen bei verschiedenen Temperaturen

Forellen

- 10 °C etwa 0,25 l Sauerstoff pro kg Fisch und Stunde
- 18 °C etwa 0,7 l Sauerstoff pro kg Fisch und Stunde

Karpfen

- 10 °C etwa 0,08 l Sauerstoff pro kg Fisch und Stunde
- 18 °C etwa 0,25 l Sauerstoff pro kg Fisch und Stunde

Große, feinporige Schlauchverteiler bewirken, dass etwa 20 % des Sauerstoffs gelöst werden. Deshalb muss beim Fischtransport die 5-fache Menge am Durchflussmesser eingestellt werden.

Beispiel:

- Behälter 1000 l Inhalt,
- Transportmenge Speisekarpfen 500 kg,
- Temperatur 10 °C,
- Verhältnis Fisch – Wasser 1:1.
- 500 kg Karpfen × 0,08 × 5 = 200 l Sauerstoffverbrauch pro Stunde.

Es muss hier mit 5 multipliziert werden, da nur ein Fünftel (20 %) des Sauerstoffs gelöst wird.

Der Sauerstoffdurchflussmesser zeigt den Verbrauch in Liter pro Minute an. Er muss deshalb bei diesem Beispiel auf etwa 3,5, das entspricht 210 l Sauerstoff pro Stunde, eingestellt werden.

Richtlinie: Satzfische werden gewichtsmäßig nur halb so dicht geladen wie Speisefische.

Bei Karpfen, Hechten und Schleien soll das Transportwasser einen Sauerstoffgehalt von mindestens 5 mg/l, bei Zandern und Forellen von 7 mg/l aufweisen.

Bei den günstigsten Wassertemperaturen zwischen 4 und 10 °C und bei bester Transportvorbereitung (Fische mindestens 3 Tage abgehältert, Kiemen restlos gespült) können, optimale Belüftung vorausgesetzt, pro 1000 l Behältervolumen maximal die in Tabelle 11 gelisteten Fischmengen schonend transportiert werden: Transportdauer bis zu 10 Stunden bei 10 °C Wassertemperatur.

Die Fischmenge pro 1000 l Transportbehälterinhalt hängt einmal von der Fischgröße, aber mehr noch von der Fischart ab. Bei den besonders transportempfindlichen Zandern und Barschen muss der Transportbehälter bis zum oberen Rand befüllt und mit einem absolut wasserdichten Deckel verschlossen sein. Nur so ist das schädliche Schwanken des Wasserkörpers zu verhindern (siehe auch Abb. 162 und 163).

Eine korrekte Lieferung von Satzfischen sollte etwa folgendermaßen abgewickelt werden: Der Verkäufer verständigt den Kunden mindestens ein bis zwei Tage vor der Lieferung mit Angaben über die Ankunftszeit, Fischart, Größe und Menge der geplanten Sendung. Der Kunde verständigt daraufhin genügend tatkräftige Helfer, damit der Besatz zügig und schonend durchgeführt werden kann.

Tab. 11 Verhältnis Transportvolumen – Wasser – Fischmenge.

	Behälter 1000 l	**Verhältnis Fisch : Wasser**
Karpfen 1-sömmerig 25–40 g	200 kg	1 : 4
Karpfen 2-sömmerig 200–500 g	400 kg	1 : 1,5
Karpfen 3-sömmerig ab 1000 g	500 kg	1 : 1
Schleien 2-sömmerig 100–300 g	400 kg	1 : 1,5
Schleien 3-sömmerig ab 200 g	500 kg	1 : 1
Hechte 1-sömmerig 50–200 g	200 kg	1 : 4
Hechte 2-sömmerig ab 500 kg	250 kg	1 : 3,0
Zandersetzlinge 8–12 cm (1000 Stück wiegen etwa 7 kg)	50 kg	1 : 19
Zandersetzlinge 12–15 cm (1000 Stück wiegen etwa 15 kg)	50 kg	1 : 19
fangfähige Zander oder Barsche	90 kg	1 : 10
Rotaugen ab 15 cm	200 kg	1 : 4
Forellen, fangfähig	200 kg	1 : 4

Abb. 161 Lkw zum Fischtransport. Nach den Sauerstoffflaschen folgt ein Manometer mit Druckminderungsventil; von da aus strömt der Sauerstoff über sechs Durchflussmesser mit Ventilen zur Mengenregelung (Foto: Gerstner/Steinl).

Bei Anglern kann vorausgesetzt werden, dass diese ihre langen Stiefel und häufig sogar Schutzkleidung mitbringen. Bei größeren Fischlieferungen soll der beauftragte Gewässerwart einen verbindlichen Besatzplan dabeihaben, da es sonst häufig zeitraubende Diskussionen der Angler untereinander gibt, weil jeder die Fische am liebsten an seinem bevorzugten Fangplatz einsetzen möchte. Bei Fließ- und großen Gewässern ist es empfehlenswert, handelt es sich um Raubfischbesatz, genügend Boote bereitzuhalten, damit die Fische gut verteilt werden können.

Der Lieferant zeigt dem Gewässerwart nach der Ankunft sofort den Ladeplan, also eine Aufstellung, die angibt, wie viel Fische und welche Fischarten in den einzelnen Behältern stehen. Dabei soll auch sofort die Rechnung oder der Lieferschein vorgelegt werden, damit vom Käufer die Fischgrößen und der damit zusammenhängende Preis kontrolliert werden können. Dann wird die Qualität der Fische in den einzelnen Behältern vom Kunden überprüft, auch, ob die Fische frei von Egeln, Läusen oder anderen Parasiten und Krankheiten sind.

In der Zwischenzeit muss die Temperatur des Transportwassers und des geplanten Einsatzgewässers gemessen werden. Entspricht die Qualität der Fische dem Käuferwunsch, werden sie nun vor dem Abladen sorgfältig temperiert. Dabei wird jeweils, das sei hier nochmals betont, Wasser am Ablauf der Transportgefäße portionsweise abgelassen und von oben Wasser aus dem neuen Besatzgewässer dazugegeben. Da die Sauerstoffversorgung weiterläuft, geraten die Fische nicht in Atemnot, und sie werden schonend akklimatisiert. Es sind ja nicht nur die Temperaturunterschiede, sondern auch der Gasgehalt sowie die pH- und SBV-Werte und das

Abb.162 Frontlader mit Transportbehälter, Arbeitshilfe zum Transport und Umsetzen im Betrieb (Foto: Oberle).

neue Wasser insgesamt, an die die Fische angepasst werden müssen. Ob sie in guter Kondition sind, erkennt der Käufer zuverlässig, indem er den Augenreflex kontrolliert.

Kleine Gefäße erlauben in der Regel nur geringe Transportdichte (s. Tab. 12), da sich eine kleine Wassermenge rascher erwärmt als eine große und der Aufwärtsweg der Sauerstoffblasen kürzer ist: Bei höheren Wassertemperaturen oder nicht völlig nüchternen Fischen muss die Transportmenge bis zu 50% vermindert werden. Unabhängig davon sollte bei starker Verschmutzung ein Wasserwechsel mit vorsichtigem Temperieren durchgeführt werden.

Abb. 163 Mit dem Frontlader lassen sich Transportfahrzeuge leicht beladen (Foto: Oberle).

Tab. 12 Beförderung von Karpfen und Forellen in dicht schließenden, kleineren Transportbehältern von 100 l Inhalt bei ständiger fein verteilter Sauerstoffzuführung und einer Wassertemperatur von 10 °C.

Karpfen								
Transportdauer/Std.	K_3 kg	K_2 kg	K_1 kg	9–12 cm Stck.	K_1 kg	6–9 cm Stck.	K_v kg	3–4 cm Stck.
5	50	40	30	1000	25	2500	10	10000
10	35	25	20	666	15	1500	6	6000

Forellen								
Transportdauer/Std.	200–500 g	18–22 cm		18–22 cm		12–15 cm		6–8 cm	
	kg	kg	Stck.	kg	Stck.	kg	Stck.	kg	Stck.
5	25	20	200	18	360	16	640	12	3300
10	20	16	160	14	280	12	480	10	2750

15.4 Versand in Plastikbeuteln

Fischbrut, vorgestreckte Fische, aber auch Setzlinge und fangfähige Fische werden zunehmend in speziellen wasserdichten Plastikbeuteln mit besonders festen Nähten transportiert (Abb. 164). Für kleine Fische benutzt man Beutel mit 60 l Inhalt, für große Fische werden auch größere bis 150 l verwendet. Sicherheitshalber nimmt der Teichwirt zwei ineinander gesteckte Säcke, die getrennt verschlossen werden. Zuerst füllt er den inneren Sack mit 15 l Wasser, einschließlich der Fische. Dann führt er den Füllschlauch mindestens bis zum Wasserspiegel hinunter. Der Sauerstoff wird aufgedreht und gleichzeitig die im Beutel enthaltene Luft hinausgedrückt, indem das obere Ende des Plastiksackes mehrfach locker um den Füllschlauch herumgewunden und bis zur Wasseroberfläche hinuntergedrückt wird. Dann wird das obere Ende fest um den Füllschlauch gepresst. Es entweicht kein Gas mehr, und der Beutel füllt sich mit Sauerstoff auf. Ist der Beutel zu etwa ¾ gefüllt, stellt der Teichwirt die Sauerstoffzufuhr ab und zieht den Füllschlauch heraus. Der Sackhals wird jetzt kräftig zugedreht und abgedrückt, damit kein Sauerstoff mehr entweichen kann. Über den abgeknickten Sackhals werden 2–3 elastische Gummiringe gestreift, mehrfach verschränkt und dabei straff angezogen. Beim zweiten Sack, der zum Schutz über den ersten gezogen wird, wiederholt man den gleichen Verschließvorgang, diesmal jedoch ohne Sauerstoffzufuhr. Die Säcke lassen sich umso leichter verschließen, je dünner das Material ist. Wenn Kunden, besonders Angler, fangfähige Fische wie Hechte und Karpfen in Plastiksäcken transportieren, muss ein Trick angewendet werden. Die stabilen, großen Säcke mit 120–150 l Inhalt und einer Wandstärke von 0,2–0,3 mm, die besonders bei Karpfen wegen des verstärkten Strahls der Rückenflosse („Säge“) Verwendung finden, sind sehr steif und lassen sich von Hand mit einem Gummi oder einer Schnur kaum luftdicht verschließen.

Viel besser ist es, wenn der Kunde pro Sack eine Wanne mitbringt. Die Plastiksäcke werden nach dem Füllen und Zudrehen auf die Seite gelegt, sodass die zugebundene Öffnung am Boden der Wanne liegt. Dadurch kann der Sack, auch wenn er nicht ganz luftdicht ist, nur einige Liter Wasser verlieren, denn Wasser entweicht viel schwerer als Gas, und die Sauerstoffblase bleibt für die Fische sicher erhalten (Abb. 164).

Abb. 164 Mit Sauerstoff gefüllter Plastikbeutel zum Postversand von kleinen Karpfen, Styropor isoliert (Foto: LfL/IFI).

Die Plastiksäcke sind besser nur einmal für den Fischtransport zu verwenden, da sie nach einmaligem Gebrauch schon meist beschädigt sind und so auch die Hygiene gewährleistet bleibt.

Der Verpackungsvorgang (Arbeitszeit) mit dem Sauerstoff ist viel teurer als der Beutel selbst und das Risiko für Transportverluste einfach zu groß.

Beim Transport sollen die Beutel möglichst flach liegen, damit die Oberflächengrenze zwischen Sauerstoffgas und Wasser möglichst groß ist. Für lange Transporte werden die Säcke in isolierte Behälter gegeben, z. B. Styroporverpackung, oder die Säcke kommen in einen Karton und werden von Styroporschnitzeln umhüllt (Abb. 164 und 165). Auf jeden Fall müssen die Fische dunkel transportiert werden, damit sie ruhig stehen und wenig Sauerstoff verbrauchen. Offen im Pkw transportiert, werden die Beutel durch das Sonnenlicht rasch aufgeheitzt und können sogar platzen. Bei Pkw-Transport hat es sich bewährt, unter die Säcke eine Wolldecke zu legen, damit diese wärmeisoliert und vor scharfen Kanten geschützt sind. Über die Säcke legt man ebenfalls eine Wolldecke.

Das Transportdurchstehvermögen der Fische wird verbessert, wenn ihnen nach dem Zählen oder Wiegen nochmals in einem feinen Netz oder Sieb der Schleim abgewaschen wird. Dafür sollte unbedingt das Transportwasser genommen werden, damit die Fische nicht unnötigen Temperaturschwankungen ausgesetzt sind.

Nach dem Abtropfen kommen die sauberen Fische in den bereits zu etwa ¼ mit Wasser gefüllten Beutel.

Gerade beim Transport in Plastiksäcken müssen die Fische besonders gut ausgewässert und ausgenüchtert sein, da ein Wasserwechsel unterwegs nicht möglich ist. Bei längeren Stopps, also über 10 Minuten, sollten die Plastikbeutel stets bewegt werden, damit sich genügend Sauerstoff löst. Dies ist besonders wichtig, wenn der Transport noch mehrere Stunden weitergeht.

Fische atmen Kohlensäure aus. Diese ist spezifisch schwerer als Sauerstoff. Bei längerem Stehen der Transportsäcke, also völlig ruhiger Wasseroberfläche, bildet sich zwischen dem

Abb. 165 *Links:* Befüllen eines Plastiksacks mit Wasser, Fischen und Sauerstoff *Rechts:* Styroportrommel mit versandfertigem Plastiksack.

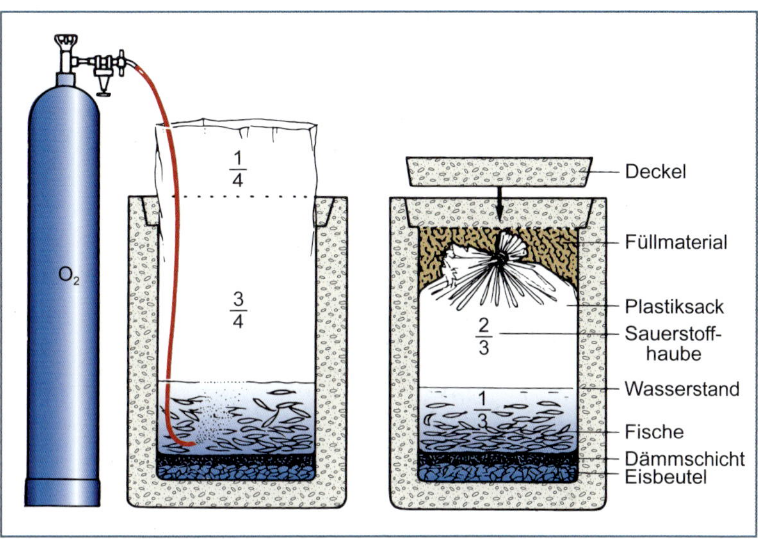

Wasser und der Sauerstoffglocke eine dünne Schicht Kohlensäuregas. Obwohl reichlich vorhanden, ist der Sauerstoff dadurch vom Wasser isoliert und kann sich dort nicht mehr lösen. Im Extremfall ersticken dann die Fische.

Nach der Ankunft am Gewässer legt der Transporteur die Beutel auf die Wasseroberfläche, damit ein Temperaturausgleich stattfindet. Bei höheren Temperaturen hat sich in den Beuteln häufig ein Überdruck ausgebildet, insbesondere wenn die Beutel anfangs schon zu prall gefüllt wurden. Hierbei gibt es übrigens erhöhte Gefahr von Gasblasenkrankheit. Man kann die Beutel entweder mit einer feinen Nadel anstechen, damit der Überdruck langsam entweicht, oder den Verschluss vorsichtig lockern, damit ein Druckausgleich langsam stattfindet. Nach dem Druckausgleich schöpft man langsam von dem neuen Wasser zu dem Transportwasser dazu. Wenn Fische dicht stehend verpackt wurden, besteht die Gefahr, dass nach dem Ablassen des Überdrucks rasch Sauerstoffmangel eintritt. Viele geraten dann in Panik, das Temperieren wird zu rasch durchgeführt, und die Fische erleiden starken Stress.

Bei einer besonders schonenden Methode, speziell für kleine H_0 oder K_0 und Vorgestreckte, werden die Fische nach dem langsamen Druckausgleich mit dem Transportwasser in eine große Wanne geschüttet. Dort lassen sie sich ganz normal aus einer Sauerstoffflasche, versehen mit Uhr, Verteiler und Ausströmern, versorgen. Dann wird in Ruhe Wasser dazugeschöpft. Nun passen sich die Fische, sorgfältig und langsam temperiert, sehr gut an.

Um Temperaturerhöhungen während des Transports zu vermeiden, können bei Kartons oder Styroporbehältern auch Eisbeutel in Plastiksäcken, allerdings getrennt von den Fischen, dazugegeben werden. Es ist jedoch darauf zu achten, dass das Transportwasser bei der Ankunft beim Kunden nicht über 5 °C kälter ist, als der Fisch es im neuen Milieu vorfindet, da es sonst große Schwierigkeiten mit der Anpassung gibt, insbesondere tritt Gasblasenkrankheit auf.

Bei hohen Außentemperaturen bewährt es sich, Bahn- und Autotransporte mit Plastikbeuteln so durchzuführen, dass die Ankunft am neuen Gewässer mindestens vor 8.00 Uhr erfolgt. Am Morgen sind in den Gewässern die niedrigsten Temperaturen, die niedrigsten pH-Werte, und es gibt auch noch keine Sauerstoffübersättigung. Kommt der Transport bedeutend später

Tab. 13 Besatzdichten beim Transport in Plastikbeuteln.

Fischart und -größe	Wassermenge l	Wassertemperatur °C	Stückzahl und Gesamtgewicht
Forellen 4–6 cm	15	10	800 Stck. 800–1000 g
Forellen 6–9 cm	15	10	300 Stck. 1000–1200 g
Forellen 9–12 cm	15	10	150 Stck. 1300–1500 g
Forellen 12–15 cm	15	10	70 Stck, ca. 1800 g
Hechte 4–7 cm	15	10	1000 Stck, 800–1200 g
Zander 3–5 cm	15	10	1500 Stck, 500–600 g
Karpfen 3–4 cm	15	10	1500 Stck, ca. 1500 g

an, muss die Temperierung sehr langsam vor sich gehen, und man braucht, wie zuvor erwähnt, unbedingt eine Wanne und eine komplette Sauerstoffvorrichtung. Dass in diesem Fall die Sauerstoff-, die Temperatur- und die pH-Werte zuvor kontrolliert werden, ist selbstverständlich. Bei Transporten in Plastikbeuteln bis zu drei Stunden Dauer mit ständiger Bewegung und Wassertemperaturen von 8–10 °C kann das Fisch-Wasser-Verhältnis wie beim Fischtransport in dicht schließenden Transportbehältnissen gewählt werden (Ausnahme: Zander).

In einen großen Plastiksack mit rund 150 l Inhalt gehören normalerweise 25 kg fangfähige Karpfen, 25 kg Wasser und rund 60 l Sauerstoff, der Rest des Volumens geht beim Zubinden verloren. Dieser Beutel mit Wasser und Fischen wird beim Ausladen in eine Wanne umgestülpt.

Bei Fischtransporten von 12 Stunden Dauer nimmt der Versender nur 15 kg Karpfen, 25 kg Wasser und etwa 70 l Sauerstoff. In diesem Fall muss aber auch auf gute Isolierung geachtet werden. Die meisten Fischtransporte in Plastikbeuteln, besonders mit kleineren Fischen, werden nach den Angaben gemäß Tabelle 13 durchgeführt. Die Fische sind in Plastikbeuteln von etwa 60 l Inhalt stets zuverlässig, also doppelt verpackt. Nach dem Verpacken bleiben als Nutzinhalt etwa 45 l. Davon sind 1/3 Wasser einschließlich der Fische und 2/3 reiner Sauerstoff (Abb. 165).

15.5 Transport empfindlicher Fischarten

15.5.1 Zander und Barsch

Beides sind Kammschupper und mit zunehmendem Alter wird die Oberfläche dieser Fischarten immer rauer. Wird das Transportwasser durch Schwanken geschüttelt, beschädigen sich die Fische gegenseitig an der empfindlichen Schleimhaut. Anschließend gibt es erhebliche Verluste durch Verpilzung. Damit das Wasser ruhiger steht, müssen die Behälter ganz gefüllt und mit wasserdicht schließenden Deckeln versehen sein. Da die Transportbehälter meist rechteckig gebaut sind, sollten sie quer zur Ladefläche aufgestellt und befestigt werden, da das Wasser dann bei der Fahrt und beim Bremsen weniger schwankt. Züchter, die sich auf Zandertransporte spezialisiert haben, verwenden auch oft runde Behälter mit einem kuppelartigen Überbau („Dom"). Dann schwankt das Wasser überhaupt nicht, da dieser Dom restlos mit Wasser gefüllt werden kann und so kein Luftpolster vorhanden ist, das Wasserbewegungen zulässt.

Viel praxisnäher und auch praktischer zu handhaben ist die Konstruktion von Fischermeister Ladendorf. Es handelt sich dabei im Prinzip um die üblichen rechtwinkligen Transportbehälter. Als Besonderheit ist um den Rand der Behälteröffnung herum durchgehend eine freistehende Wand kragenartig angebracht. Dieser Kragen ist etwa 20 cm hoch und steht schräg nach außen ab (Abb. 166).

Für den Transport wird der Behälter bis zum Deckel gefüllt. Eine Luftblase, die das Schwanken des Wassers ermöglichen könnte, ist nicht vorhanden. Beim herkömmlichen Transportbehälter ohne Kragenrand würde während des Transportes Wasser austreten und verloren gehen. Außerdem entstünde eine immer größer werdende Luftkammer, und die Schwankungen des Wasserkörpers würden zunehmen. Durch den zusätzlichen Kragenrand fließt das ausgetretene Wasser immer wieder in den Behälter zurück. Abgesehen davon, dass somit Schwankungen verhindert werden, kann auch kein Wasser auf die Straße gelangen. Aus eigener, schmerzlicher Erfahrung wissen wir, dass die Polizei im Winter empfindliche Strafmandate austeilt, wenn Wasser vom Fischtransporter auf die Straße fließt und dort unter Umständen zu Glatteis gefriert.

Zander und Barsche müssen immer mit Wasser gewogen werden. Dafür wird eine ungelochte Wanne mit Wasser gefüllt und auf 40 kg austariert.

Dann stellt man die Waage auf 65 kg ein und kann schonend 25 kg Zander abwiegen. Die Kescherbeutel für Zander und Barsche müssen flach sein, damit sich diese Fische gegenseitig möglichst wenig verletzen und nicht dicht gepackt aufeinander liegen. Die Wassertemperatur für den Versand liegt unter 10 °C, aber über 4 °C, da sich sonst die dann fast bewegungslosen Zander aneinander reiben.

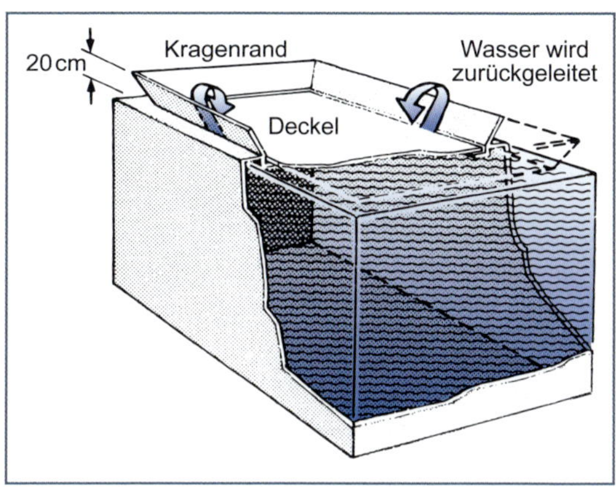

Abb. 166 Transportbehälter mit Kragenrand zur Vermeidung von Lufträumen und Wasserverlust (Glatteisgefahr im Winter!). Der schräge Kragen erleichtert das Keschern.

15.5.2 Aal

Aale brauchen wenig Sauerstoff. Sie sind bei hohen Temperaturen aber sehr empfindlich gegen ihren eigenen abgesonderten Schleim, an dem sie leicht ersticken. Bei Begasung mit Sauerstoff schleimen Aale stärker als mit Luft. Gleichzeitig versuchen die Aale, sich am Boden zu verkriechen. Ist der Ausströmer nicht befestigt, heben sie ihn hoch und ersticken trotz funktionierendem Ausströmer darunter. Für weitere Transporte verwendet man deshalb Behälter mit einem Siebboden, der ca. 6–8 cm über dem eigentlichen Boden befestigt ist. Unter dem Siebboden befindet sich der Ausströmer. Der Schleim setzt sich dann unter diesem Siebboden ab, und die Aale haben bedeutend bessere Sauerstoff- und Wasserverhältnisse. Berufsmäßige Transporteure verwenden zur Begasung ein Gemisch aus Sauerstoff und Luft, häufig auch nur Luft. Die Luftmenge ist so groß, dass die Aale ständig in Bewegung gehalten werden, sodass sich am Boden keine Aalknäuel bilden können. Deshalb ist es besonders wichtig, die Ausströmer über den ganzen Boden gleichmäßig zu verteilen, damit keine toten Winkel entstehen. Im Sommer hat Druckluft aber den großen Nachteil, dass sich das Transportwasser rasch erwärmt. Dann müssen weite Transporte nachts durchgeführt werden.

16 Hältern und Wintern

16.1 Hältern

Um die erzeugten Fische zu einem einigermaßen akzeptablen Preis vermarkten zu können, sind Hälterungen unbedingt erforderlich und müssen gleich wie der Teichbau gefördert werden. Eine Hälteranlage bietet zum einen Vorteile bei der Vermarktung. Die Fische müssen nicht unmittelbar nach der Abfischung zu einem Dumpingpreis an den Händler verkauft werden, sondern können auf Nachfrage abgegeben werden. Die Möglichkeit, Fische nach Arten und Größenklassen sortiert zu halten und anzubieten, garantiert grundsätzlich auch bessere Preise. Besonders bei der Produktion von Nebenfischen ist dies sehr wichtig. Zum anderen können die Fische in der Hälterung Kiemen und Darm entleeren, ausnüchtern für den Transport und bei Bedarf auch gegen Ektoparasiten gebadet werden. Bei den tiefen Temperaturen der Hälterung sinkt der Energiebedarf der Fische auf etwa ein Viertel, die Schleimhäute werden stabiler und widerstandsfähiger. Gleichzeitig reduzieren sich Reizaufnahme und Stressreaktionen (Abb. 167 und 168).

Der Bau einer Hälterung hängt von einer Reihe positiv zu bewertender Voraussetzungen ab. Die wichtigste davon, Qualität und Menge des Zulaufwassers, wird zuerst geklärt. Die Überprüfung der Wasserqualität sollte sich über einen möglichst langen Zeitraum erstrecken, am bes-

Abb. 167 Überdachte und isolierte Fischhälterung: Witterungsunabhängig, absperrbar und leichtes Entnehmen der Fische (Foto: Reil).

ten von Herbst bis Frühjahr. Fast ausschließlich in dieser Zeit wird nämlich gehältert, und gerade im Winterhalbjahr ist die Gefahr des direkten Eintrags nicht abgebauter Abwässer, z. B. Gülle, besonders groß. Industrie- und Kläranlagenabwässer dürfen ohnehin nicht in den Zulauf geraten. Bei den laufenden Wasseruntersuchungen sind in erster Linie Sauerstoffgehalt (möglichst Sättigung), pH-Wert (6,5–8,0) und Ammoniakgehalt (max. 0,02 mg/l) zu bestimmen. Reines Quellwasser ist nicht immer ideal. Hier muss generell eine zusätzliche Untersuchung auf Kohlensäure und Eisen angeraten werden. Darüber hinaus hat Quellwasser meist eine Temperatur von 8 °C. Im Frühjahr und Herbst sind die Fische oft einem mehrfachen Wechsel Teich – Transport – Hälterung – Transport usw. ausgesetzt. Werden sie z. B. Ende des Sommers im Extremfall aus einem 20 °C warmen Teich in eine reine Quellwasserhälterung verbracht, so führt dies innerhalb von zwei bis drei Wochen zu schweren Schleimhautzerstörungen und zu Stoffwechselstörungen. Die Fische sterben ohne erkennbare Ursache. Um dies zu vermeiden, müssen Hälterungen für Fische aus Karpfenteichen neben einer Quellwasser- auch eine Bach- oder Teichwasserversorgung haben. Leitungswasser, das normalerweise für den menschlichen Genuss gedacht ist, enthält häufig Chlor. In diesem Fall darf es nicht zur Fischhälterung verwendet werden. Um den Übergang vom Teich- zum Hälterwasser nicht schlagartig zu gestalten, sollte die Möglichkeit des geregelten Verschneidens von Quell- und Teichwasser geschaffen werden.

Das Zulaufwasser hat in erster Linie die Aufgabe, den Fischen genügend Sauerstoff zuzuführen. Die Mindestmenge richtet sich nach der Menge der Fische und nach der Wassertemperatur:

Abb. 168 Separate Becken mit optimaler Wasserversorgung (Foto: Reil).

Diese Angaben wurden nach Knösche für Zulaufwasser guter Qualität und bei völliger Sauerstoffsättigung ermittelt. Sie enthalten bereits einen kleinen Sicherheitszuschlag. Bei guter Belüftung kann die zulaufende Wassermenge etwas reduziert bzw. können mehr Fische gehältert werden. Allerdings darf die Belüftung die Fische nicht beunruhigen. Das Zulaufwasser hat neben der Sauerstoffzufuhr noch die Aufgabe, die Ausscheidungen der Fische wie Ammoniak, Schleim etc. abzuleiten. So kann es trotz Belüftung und ausreichender Sauerstoffversorgung bei zu geringer Zulaufmenge zu einer Anreicherung von Schadstoffen und damit zur Schädigung der Fische kommen. Eine zu hohe Zulaufmenge kann die Fische, die bei den niederen Hältertemperaturen bewegungsarm sind, dennoch zu Energie zehren-

1000 kg Karpfen benötigen bei einer Wassertemperatur von	8 °C	2 l	Zulaufwasser pro Sekunde
	10 °C	3 l	
	12 °C	4 l	

Abb. 169 Einhängbare Netzkäfige, sinnvoll beim Sortieren oder bei der Direktvermarktung (Foto: Drechsler).

den Schwimmbewegungen gegen die Strömung zwingen. Hier ist genaue Beobachtung gefragt. Ein guter Ansatzpunkt, die Qualität des Zulaufregimes zu überprüfen, ist die Kontrolle des Ablaufwassers. Der Sauerstoffgehalt sollte bei mindestens 3 bis 5 mg/l liegen und der Ammoniakgehalt nicht über 0,02 mg/l, bzw. nicht wesentlich über dem Einlaufwert.

Neben der zur Verfügung stehenden Zulaufmenge spielt auch noch das Hältervolumen eine wichtige Rolle. Je nach Hälterdauer sollten folgende Besatzdichten bei zwei- und dreisömmerigen Karpfen nicht überschritten werden (nach Knösche):

Hälterungsdauer	Besatzdichte
wenige Tage	max. 300 kg/m^3
bis zu 2 Monaten	max. 200 kg/m^3
2–3 Monate	max. 150 kg/m^3

Für den praktischen Betrieb empfiehlt es sich, zur Sicherheit 150 kg/m^3 nicht zu überschreiten. Müssen Fische länger als 2 oder 3 Monate gehältert werden, sollte man den Erdhälterteich vorziehen (Abb. 170). Die Höchstbesatzdichte liegt hier bei etwa 50–100 kg/m^3. Sicher sind Erdhälterteiche für sehr lange Hälterzeiten die fischgerechtere Lösung. Falls nötig, können Fischpartien mit dem Zugnetz entnommen werden. Bei fachgerechter Ausführung besteht auch bei Hälterbecken nicht die Gefahr von Verletzungen. Entweder werden gekaufte Plastikbecken verwendet oder Betonbecken angelegt.

Die Innenwände der Betonbecken müssen peinlich glatt sein. Um das zu erreichen, gibt es mehrere Möglichkeiten:

- 3-maliger Anstrich mit lebensmittelechter Kunststoff-Farbe,
- Fliesen im frostfreien Innenbereich,
- Auskleiden mit GFK-Platten,
- Auskleiden mit Glasfasermatten und Kunstharz.

Neue Beton- und Zementbecken müssen vor der Fischhälterung etwa 8 Tage lang mit starkem Wasserdurchfluss ausgespült bzw. gewässert werden, damit fischgiftige Rückstände zuverlässig beseitigt sind.

Frische Zementbecken verursachen hohe pH-Werte im Wasser.

Bei den Beckenbelägen sind helle Farben zu vermeiden, da sonst die gehälterten Fische ebenfalls eine helle Hautfarbe annehmen und schlecht zu verkaufen sind. Der Boden des Hälterbeckens sollte zum Auslauf hin ein Sohlgefälle von etwa 2 % aufweisen. Dadurch werden die Exkremente und Schuppen leichter ausgeschwemmt. Die Oberseite der Becken muss lichtundurchlässig abgeschlossen werden. Dadurch springen die Fische nicht und stehen ruhiger. Eine weitere Maßnahme, um das Aus-dem-Wasser-Springen zu vermeiden, besteht darin, den Zulauf des Frischwassers unter die Wasseroberfläche zu legen. Die Fische verspüren dadurch nicht den Drang, dem einfallenden Wasser entgegenzuspringen. Am günstigsten stehen sich Zulauf und Ablauf so gegenüber, dass die Becken möglichst vollständig durchströmt werden.

Etwas aufwendiger ist der absperrbare Fischhälterkasten. Er hat allerdings den Nachteil, dass die Abdeckung im Winter oft von Eis und Schnee

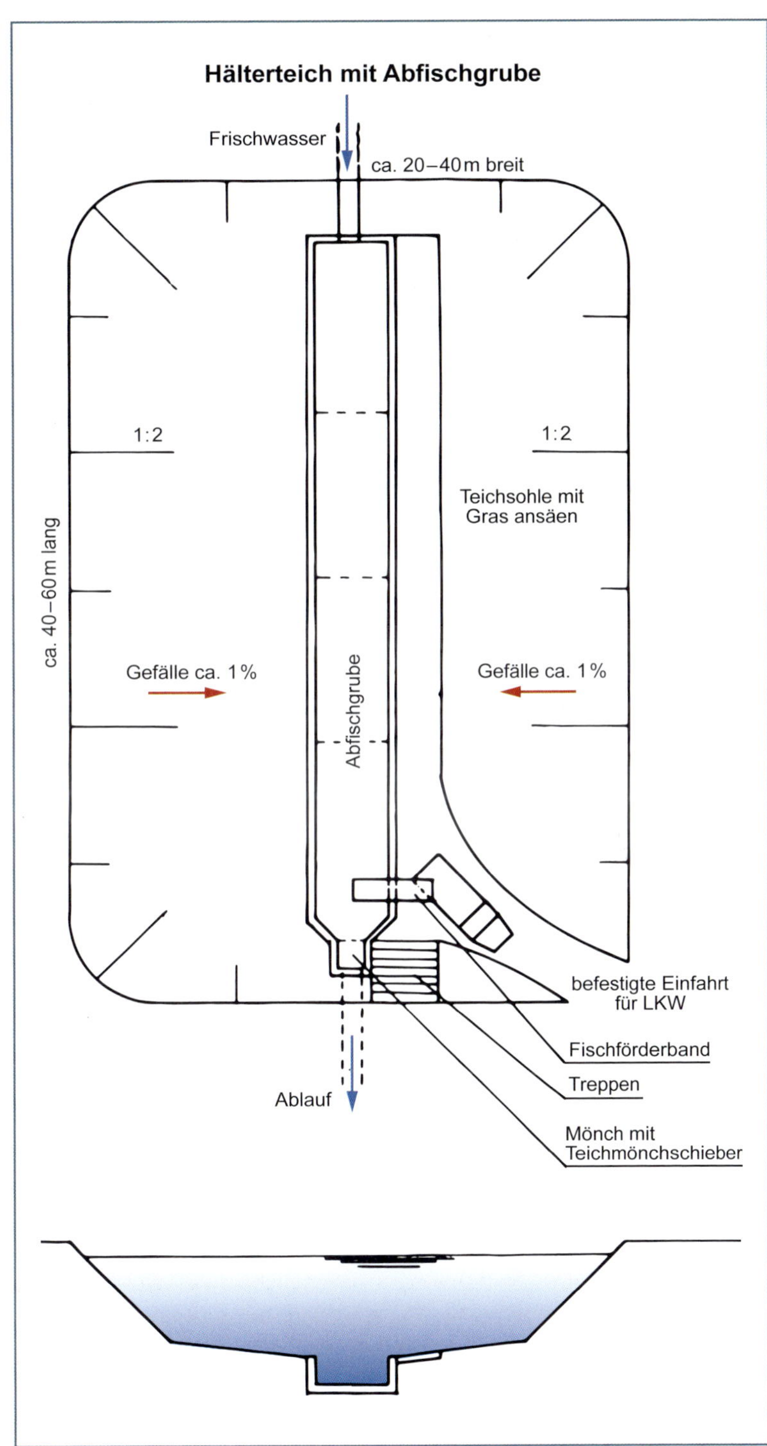

Abb. 170 Kombination aus Abfisch- und Hälterteich, befahrbar (Zeichnung: Städtler nach Reil).

festgefroren ist. Da nur ein Gesamtzulauf für alle Hälterabteile besteht, nimmt die Wasserqualität bei hohem Besatz bis zum Auslauf deutlich ab. Fische mit hohem Sauerstoffbedarf oder empfindliche Fische wie Forellen, Zander und Hechte kommen dann in die ersten Abteile hinter dem Zulauf. Weniger empfindliche Fische wie Karpfen, Schleien und Welse werden in die letzten Abteile gesetzt. Eine wesentliche Verbesserung hingegen stellt der überdachte Fischhälterkasten dar (Abb. 167–169). Durch die Überdachung ist die Hälterung auch bei Schnee stets erreichbar. Zudem kann so ein Unterstellraum für Kescher, Netze, Wannen etc. geschaffen werden. Auch ist an den Stromanschluss und die Erreichbarkeit mit Fahrzeugen zu denken. Ideal wäre ein separater Zu- und Ablauf für jedes Hälterteil. Bei allen Konstruktionen ist stets darauf zu achten, dass scharfe Kanten, raue Oberflächen, herausragende Nägel u. Ä. vermieden werden. Es dürfen auch keine teer- oder phenolhaltigen Farben für Anstriche verwendet werden, da die Fische sonst geschmackliche Einbußen erleiden. Darüber hinaus ist es weder empfehlenswert noch notwendig, Holz-Hälterkästen zu imprägnieren, wenn sie ständig im Wasser sind.

Zweckmäßige Fischhälterungen sind eine gute Voraussetzung zur Verbesserung der Vermarktung. Dies gilt in erster Linie für Speisefische. Satzfische sollten gar nicht oder nur kurz zur Ausnüchterung vor dem Transport gehältert werden.

16.2 Wintern

16.2.1 Sichere Überwinterung für K_2

Es werden keine großen Teichflächen benötigt, da Karpfen in der Winterruhe kaum fressen. Beim wechselwarmen Karpfen hängt also die Stoffwechselaktivität von der Wassertemperatur ab. So schlägt das Herz eines K_2 im Ruhezustand bei 1–2 °C Wassertemperatur am Boden der Winterung nur 2- bis 3-mal pro Minute, bei Temperaturen um 25 °C etwa 40- bis 80-mal und eines K_1 bis zu 200-mal.

Durch diese Anpassung verbrauchen Karpfen bei optimalen Bedingungen im Winter sehr wenig Sauerstoff und Energie, und sie nehmen trotz der langen Fastenperiode von 4–5 Monaten nur etwa 5–10 % an Gewicht ab. Die Fische dürfen jedoch nicht von Schlittschuhläufern oder durch gut gemeintes Eisaufhacken aufgeschreckt werden. Außerdem darf es am Boden des Winterlagers nicht zu hell sein. Die Mindesttiefe der Winterung sollte deshalb 1,5–2 m betragen, da dann die Lichtstärke am Boden im Vergleich zur Wasseroberfläche zu über 90 % abgeschwächt ist. Eine tiefe Winterung bietet auch natürlichen Schutz gegen Fischfeinde wie Reiher und anderes Wassergeflügel und ist sehr temperaturstabil. Gegen den Einfall von Kormoranen kann allerdings nur eine engmaschige Drahtüberspannung oder ein Netz schützen. Eine große Wassertiefe gewährt auch ausreichenden Schutz gegen völliges Gefrieren des Teichwassers. Zum Wintern benötigt man beste Wasserqualität, möglichst Quellwasser mit langem Zuleiter. Der Zulauf soll höher als die Winterung liegen und muss ein offener Graben sein, damit das Wasser von Kohlensäure und Stickstoff entgast und mit Sauerstoff angereichert werden kann. Auch soll dadurch das mit 8° C relativ warme Quellwasser abkühlen, um einen Fischaufstand zu vermeiden.

Neben Sauerstoffmangel können aber auch Sauerstoffüberschuss sowie schädliche Kohlensäuregehalte auftreten. An der Oberfläche der Kiemen findet der Gasaustausch statt. Ist nun im Wasser zu viel Kohlendioxid, sprich Kohlensäure vorhanden, fehlt das Konzentrationsgefälle zum Gasaustausch. Die Fische können nicht genügend Kohlendioxid ausatmen und gleichzeitig nur schwer Sauerstoff einatmen. Fischsterben kann also durch Kohlendioxidüberschuss verbunden mit Schwierigkeiten bei der Sauerstoffaufnahme eintreten. Da Kohlendioxid außer durch die Atmung der Fische zur Hauptsache im Teichschlamm durch den Abbau organischer Substanz, insbesondere von Pflanzenresten, produziert wird, sind übermäßige Schlammschichten

Abb. 171 Bei strengem Frost sollen einige Quadratmeter eisfrei bleiben (Foto: LfL/IFI).

in der Winterung unerwünscht. Sie wirken überdies stark sauerstoffzehrend und setzen Ammonium bzw. Ammoniak frei. Zu große Pflanzenmassen sollten deshalb vor dem Aufstauen sorgfältig entfernt werden. Zur Vorbeugung hat es sich bewährt, die Winterung im Sommer für den Speisekarpfennachwuchs zu verwenden und diese als Frühkarpfen, also zum Verzehr im September, abzufischen. Jetzt wird der Teich sorgfältig desinfiziert und bleibt mindestens 3 Wochen lang völlig trocken liegen. Die Winterung wird erst kurz vor dem Besatz aufgestaut, sodass sich Pflanzen wie auch Algen nur schwach entwickeln können. Als optimaler Teichboden hat sich bei einer Winterung lehmiger Sand erwiesen. Der Teichboden darf nicht steinig und hart sein, sondern muß eine Schlammauflage von 10 bis max. 30 cm aufweisen. Tiefere Faulschlammschichten zehren Sauerstoff und entwickeln Faulgase. Nahe der Winterung können wegen des Laubeinfalls und des Windschattens Bäume und Sträucher in größerer Zahl nicht geduldet werden.

Das Zulaufwasser soll ausreichend, mindestens 2 l/ha und s und gleichmäßig sein. Quellwasser ist auch deswegen optimal, weil es weitgehend frei von Krankheitserregern und organischer Belastung ist. Das Zulaufwasser soll den Teich längs oder diagonal durchqueren. Besteht Hochwassergefahr, speziell durch Schmelzwasser, ist ein Umlaufgraben zwingend notwendig. Am Zulauf sollte möglichst eine Fläche von 5–10 m^2 eisfrei bleiben (Abb. 171). Dadurch kann überschüssiges Kohlendioxid entgasen, gleichzeitig wird bei Lichteinfall durch die Assimilation der Pflanzen, besonders der Algen, ein wenig Sauerstoff produziert. Fühlen sich Karpfen unwohl, schwimmen sie unruhig am Einlauf und am Teichrand hin und her. Der Teichwirt muss dann sofort die Ursache feststellen, wie z. B. auf Parasitenbefall oder Sauerstoffmangel untersuchen, und Abhilfe schaffen.

Für die meisten Winterungen gibt es kein Quellwasser oder zumindest keine ausreichende Menge davon. Durch geschickte Wasserführung verstärkt der Teichwirt den Effekt des Eisfreihaltens, indem der Zufluss mit einem Rohr waagerecht auf die Wasseroberfläche der Winterung geleitet wird. Durch die entstehende Wasserströmung bleibt dann eine 3- bis 4-mal größere Fläche ständig eisfrei, im Gegensatz zu einem normalen Zufluss, bei dem das Wasser, optisch zwar höchst wirksam, in den Teich fällt und laut plätschert. Keinesfalls soll Quellwasser unterm Eis einströmen, da es dann nicht entgasen kann. Dränagenwasser ist, obwohl es sauber aussieht, für die Winterung nicht geeignet, da meist stark überdüngt. Die Gefahr des Eintrags von Gülle ist gerade im Winter sehr groß. Ebenso gefährlich ist saures Zulaufwasser aus Nadelwäldern oder Moorgebieten. Hier kann Kohlensaurer Kalk im Zulaufgraben Abhilfe schaffen. Wer keine andere Wahl hat, muss oberhalb der Winterung einen Wasseraufbereitungsteich anlegen, um durch Kalken mit fein gemahlenem Branntkalk den pH-Wert des Wassers zu erhöhen. Die optimalen pH-Werte 6,5–7,5 sind durch laufendes Messen und entsprechendes Nachkalken einzustellen. Heute wird die Wasserqualität kaum mehr mit dem Auge beurteilt. Schon vor der Planung einer Winterung muss das Wasser auf pH-Wert, SBV, Sauerstoffgehalt und Temperatur untersucht werden. Obwohl die Messungen sehr einfach sind, sollte der Planer für die Beurteilung zur Winterungseignung des Wassers einen Fachmann hinzuziehen. Dies können ein Fachberater für Fischerei, ein Fischereiinstitut oder ein erfahrener Teichwirt sein. Darüber hinaus bewährt sich die Lebensweisheit „Probieren geht über Studieren". Der Züchter wird deshalb die Winterung im ersten Jahr nur schwach und nicht mit empfindlichen K_1 besetzen.

Wichtigste chemische und physikalische Anforderungen an einen Winterteich sind:

- Der pH-Wert soll nicht unter 6 absinken und nicht über 8 ansteigen.
- Der O_2-Gehalt soll nicht unter 4 mg/l sinken, gefährlich wird es ab 2 mg/l.
- Die Temperatur am Teichboden darf nie kälter als 1 °C werden.

Der pH-Wert lässt sich ja teilweise über Kalkung steuern (siehe Kap. 2, Das Teichwasser). O_2-Mangel wird meistens durch Überbesatz, Futter- und Pflanzenreste oder von einem belasteten Vorfluter verursacht. Während der Teichwirt die ersten Ursachen vorbeugend verhindern kann, ist er vor einer Abwassereinleitung, z. B. von Gülle, nie ganz sicher. Es ist dann besser, den Zulauf abzustellen und den Teich zu belüften.

Da Wasser bei 4 °C am schwersten ist, besteht die Gefahr, dass bei Zulaufwasser, kälter als 4 °C, das wärmere Bodenwasser durch den Mönch abläuft und der Teich unterkühlt wird. Beim Zulauf von Schmelzwasser unter 0 °C kann dies daher rasch zur Bildung von Grundeis führen. Der Teich vereist jetzt vom Boden her, wenn das unterkühlte Wasser zur Ruhe kommt. Sofortiges Fischsterben ist die Folge. Der Zulauf stark unterkühlten Wassers muss also rechtzeitig unterbunden werden. Gleichzeitig zieht der Teichwirt das Wasser nicht am Teichboden, sondern an der Oberfläche ab, indem das Absperrgitter oben in den Mönch eingesetzt wird. Normalerweise baut man allerdings das Absperrgitter im Mönch unten ein, damit das sauerstoffarme Bodenwasser abfließt.

Weitere Informationen über Temperaturschichtung des Teichwassers siehe Kapitel 13.3.

16.2.2 Vorbereiten der Fische und Besatzdichte der Winterungen

Selbst bei guten Winterungsbedingungen stehen die Fische bei den Vorbereitungen unter starkem Stress. Verluste durch Parasitenbefall und Krankheiten treten nur dann in geringerem Maße auf, wenn die Fische während der ganzen Winterungsperiode gute Kondition behalten.

Deshalb werden sie lange vor der Herbstabfischung regelmäßig auf Ernährungszustand und Parasiten wie Bandwürmer, Läuse oder Egel untersucht. Dann behandelt sie der Teichwirt z. B. durch Verabreichung von Konditionsfutter (siehe Kap. 6.4 und 6.5) und nach der Abfischung aus den Streckteichen mit Bädern.

Teichwirte, die die Fische im Herbst nach dem Abfischen längere Zeit hältern, die verlangten Verkaufsgrößen aussortieren, um schließlich die unverkäuflichen Fische mit Schleimhautschäden und Parasitenbefall in die Winterung zu entlassen, schaffen somit Voraussetzungen für katastrophale Winterungsverluste. Da Fische im Frühjahr immer in schlechterer Verfassung sind als beim herbstlichen Einsetzen in Winterteiche, kommen derartige Behandlungsfehler teuer zu stehen. Auch Speisefische müssen, allein schon unter dem Aspekt des Tierschutzes, aus ihren Abwachsteichen schonend abgefischt werden.

Bei Satzfischen, die überwintert werden, müssen noch folgende weitere Punkte beachtet werden: Im Herbst wird rasch, dennoch schonend, abgefischt. Transportkübel sollten stets etwa zu ⅓ mit Wasser gefüllt sein. Bei Frostwetter dürfen Satzfische auf keinen Fall abgefischt werden, denn irgendwann kommen sie doch an die eiskalte Luft, was sofort zum Erfrieren der Oberhaut führt. Derartige Erfrierungen treten auf, wenn die Fische auch nur ganz kurzzeitig, z. B. beim Keschern, an der Luft liegen. Der Teichwirt lässt aber die Fische stets im Wasser und bringt sie nur bei unvermeidbarem Keschern sekundenschnell an die Luft. Ist der Teich mit einer dünnen Eisschicht bedeckt, darf er bei Lufttemperaturen unter 0 °C nicht abgefischt werden, da die Schleimhaut der Fische sonst bei Berührung mit dem unterkühlten, scharfkantigen Stückeneis oder, wie gesagt, von der kalten Luft geschädigt wird. Wartet der Teichwirt dagegen bis Mittag, beginnt das Eis bei Lufttemperaturen über 0 °C durch die Bewegung der Fische und des Wassers rasch zu tauen, und die Fische werden nicht verletzt, auch wenn es jetzt noch stumpfe Eisbrocken im Wasser gibt.

Um Stress und damit Abmagerung gering zu halten, darf die Besatzdichte der Winterteiche nicht zu hoch sein. Bei optimalen Bedingungen empfiehlt Schäperclaus

- 30 K_1/m^2
- 4 K_2/m^2
- 1 kg S_3/m^2

Dies entspricht einem Fischgewicht bis zu 10 t/ha.

Da nur wenige Teichwirte optimale Winterungen haben, sollte nur mit einem Drittel oder der Hälfte obiger Maximalzahlen besetzt werden.

Es ist zu bedenken, dass die Bedingungen der Winterungsphase die Kondition der Fische bestimmen, mit der sie im Frühjahr in die neue Wachstumsperiode gehen. Ein in optimalen Wasserverhältnissen und möglichst geringer Besatzdichte gewinterter Fisch kann sich im nächsten Frühjahr auch am besten gegen gefürchtete Viruserkrankungen wie SVC und KHV zur Wehr setzen.

16.2.3 Kontrollen und Maßnahmen bei Gefahrensituationen

In harten Wintern wird der Mönch fest vom Eis umschlossen. Durch den Wasserzulauf kann dies zum leichten Anheben des Eises und des Mönchs führen. Bei Mönchen, die in ein starres Beton- oder Steingutrohr münden, führt dies zu Rissen und zu Wasserverlusten. Auch kann das steigende Eis Mönchbretter festhalten und nach oben ziehen. Es gibt Fälle, bei denen der Teich dadurch unter Eis viel Wasser verlor.

In strengen Wintern besteht bei unzureichendem Wasserzulauf oder schlechter Wasserqualität die Gefahr, dass Fische aus dem Winterlager aufstehen und Luft schnappend am Zufluss oder an den Rändern des Teiches erscheinen. Bevor ein solcher Fischaufstand droht oder bereits vorliegt, sind spezielle Maßnahmen zu empfehlen.

Regelmäßige Untersuchung des Teichablaufwassers auf Sauerstoffgehalt, pH-Wert und Temperatur. Solange die Sauerstoffgehalte über 6 mg/l und die pH-Werte zwischen 6–8 liegen, unternimmt der Teichwirt nichts und lässt die

Fische in Ruhe. Gegen Schlittschuhläufer stellt man Schilder auf – „Betreten verboten, Lebensgefahr – Eltern haften für ihre Kinder". Bei Klareis und schönem Wetter, das für Schlittschuhläufer besonders verlockend ist, kann man vorsorglich Kohlensauren Kalk oder Sand auf die Eisfläche streuen. Den Zulauf stellt der Teichwirt, wie erwähnt, so ein, dass dort mindestens 20–30 m^2 Teichfläche eisfrei bleiben. Um Ärger mit den Wintersportlern zu vermeiden, trifft der Teichwirt Schutzmaßnahmen schon rechtzeitig am Morgen, bevor sich die Leute auf dem Eis tummeln. Optimal ist es, wenn man von mehreren Teichen den attraktivsten nicht besetzt, flach anstaut, den Wintersport dort aus Rechtsschutzgründen zwar durch Schilder verbietet, gegen den Verstoß aber nichts unternimmt. So werden gefährdete, dicht besetzte Winterteiche am besten entlastet.

Es bewährt sich auch, vorsorglich Winterteiche anfangs 10–20 cm höher als notwendig aufzustauen. Bevor die Eisdecke sicher trägt, senkt man das Wasser um 10–20 cm ab. Das Eis bekommt dann Sprünge, knistert beim Betreten kräftig und schreckt wirksam ab. Die Teiche dürfen dann nicht mehr aufgestaut werden, damit sich keine zweite Eisschicht bildet. Gleichzeitig wird der flach angestaute und sicher tragende Teich zum Schlittschuhlaufen „angeboten".

Bei Klareis und schöner Witterung freuen sich viele Teichwirte, wenn die Messprobe des Sauerstoffs weit über 10 mg Sauerstoff je l liegt, und kehren zufrieden heim. Die Gefahr, dass das Wasser auch zu viel Sauerstoff haben kann, die Fische also stark gasblasengefährdet sind, wird oftmals nicht erkannt. Besonders Teiche mit viel Unterwasserpflanzen oder Phytoplankton neigen bei den besonderen Witterungsbedingungen dazu, Sauerstoffwerte bis weit über 30 mg O_2/l zu erreichen. Das sind mehr als 200 % O_2-Übersättigung. Hier die Erklärung: Die Pflanzen erzeugen bei Klareis und Sonnenlicht viel Sauerstoff, und die O_2-Blasen können unter der Eisdecke nicht entweichen. Da Sauerstoff sich besonders gut in kaltem Wasser löst, können hierbei ganz natürlich Übersättigungen bis 350 % erreicht werden, das sind etwa 50 mg O_2/l Wasser. Zur Abhilfe müssen fast die gleichen Mittel wie zur Belüftung

Abb. 172 Abräumen des Schnees, um dem Phytoplankton Licht zur Sauerstofferzeugung zu geben (Foto: Geldhauser).

bei Sauerstoffmangel angewendet werden. Am Zufluss muss eine möglichst große Fläche eisfrei gehalten werden, damit das Teichwasser wenigstens hier natürlich entgasen kann. Zusätzlich belüftet man den Teich. Beim Überschreiten der Gassättigung (Kap. 2, Das Teichwasser) bewirkt Belüftung keinen Eintrag, sondern den Austrag von Gasen.

Intensive Belüftung wie in der Forellenzucht mit großen Gebläsen und Oberflächenbelüftern ist optisch wirkungsvoll und teuer. Hierzu wird aber ein Stromanschluss oder ein Stromaggregat gebraucht. Es besteht außerdem die Gefahr der Wasserunterkühlung. Darüber hinaus werden die Fische stark beunruhigt. Derart intensive Maßnahmen sind nur bei akuter Gefahr von Fischsterben angebracht, da sie rasch wirken.

Viel billiger und für die Fische schonender ist es, schwach, aber regelmäßig zu belüften, sobald der Sauerstoffgehalt unter 6 mg/l sinkt. Der Teichwirt bohrt ein Loch in das Eis, gerade so groß, dass der Belüftungsschlauch hineinpasst. Bei kleinen Winterungen mit bis zu 1 t Fischbesatz genügt ein kleines Luftgebläse, Leistung etwa 200 l Luft pro Stunde, das im Aquarienhandel weniger als 80 € kostet. Eine Schlepperbatterie, in einem Styroporkarton geschützt, betreibt den Luftkompressor 3 bis 4 Tage lang, bis sie nachgeladen werden muss. Der Trick dabei ist, dass der Belüftungsschlauch nicht tief eintaucht, da dann durch das warme Bodenwasser das Eis auftauen würde. Der Effekt wäre gering, denn es löst sich nur wenig Sauerstoff im Wasser. Reicht der Schlauch ohne Ausströmer dagegen nur kurz unter das Eis und das Eisloch, in dem der Schlauch steckt, wird mit Schnee gut abgedichtet, die Luft kann nicht entweichen. Unter der Eisfläche des ganzen Teiches entsteht eine große Luftblase. Der Sauerstoff löst sich dann fast vollständig im Wasser. Gleichzeitig wirkt die Luftblase isolierend. Auch bei großer Kälte wird das Eis jetzt nicht besonders dick und taut dann entsprechend früher auf. Bei großen Winterungen nimmt der Teichwirt entsprechend leistungsfähigere Luftpumpen. Der Aufwand ist insgesamt gering, und, was besonders wichtig ist, die Fische werden nicht beunruhigt und der Teich nicht unterkühlt. Dass die Sauerstoffwerte weiterhin wöchentlich kontrolliert werden, ist selbstverständlich. Zu beachten ist, dass der Luftschlauch bei dem kleinen Kompressor nur 1–2 m lang ist. Wäre er länger, würde die warme Luft des Kompressors abkühlen und Kondenswasser bilden. Dieses gefriert und verschließt den Luftschlauch.

Nach strengen Wintern mit dicker Eisdecke kann das Auftauen im Frühjahr um einige Wochen beschleunigt werden, indem der Teichwirt sofort, wenn die Außentemperaturen auf über 0 °C steigen, durch Tiefenbelüftung mit dem nun aufsteigenden warmen Bodenwasser eine größere Eisfläche auftaut. Hat der Wind eine Angriffsfläche, taut der ganze Teich in kurzer Zeit auf. Die Fische können dann entsprechend früher angefüttert werden und erholen sich rascher. Mancher erhofft den gleichen Effekt, indem er bei der Schneeschmelze mehr Wasser einleitet. Dieses Schneewasser ist aber meist sauer und stark unterkühlt. Es hilft den Fischen also nicht, sie werden zusätzlich nur stark gestresst. Dies ist auch die Erklärung dafür, dass viele Fischsterben im Winter nicht in mit Eis bedeckten Teichen auftreten, sondern erst beim Eisaufgang. Die von der Winterung geschwächten Fische können jetzt durch zusätzliche Belastung rasch eingehen.

Vielfach wird empfohlen, im Winter große Flächen auf dem Klareis schneefrei zu kehren oder gar zu enteisen. Durch Pulverschnee geht indes selbst bei 40 cm dicker Schicht noch so viel Sonnenlicht hindurch, dass die Pflanzen ausreichend assimilieren. Aber bereits 10 cm dickes Milcheis oder Pappschnee lassen nicht mehr genügend Licht für die Assimilation durch. Da bei Enteisungsmaßnahmen die Fische beunruhigt werden, hat sich gezeigt, dass das Wichtigste vor jeder Maßnahme das Messen des Sauerstoffgehaltes und dann bei wirklich drohendem Sauerstoffmangel die „sanfte“ Belüftung am schonendsten für die Fische ist. Kleinere Winterungen können mit der Schneeschaufel zu einem

Viertel der Fläche vom Pappschnee befreit werden (Abb. 172).

Bisweilen wird empfohlen, Sauerstoffanreicherung durch Wasserumpumpen zu erreichen. Das ist zwar wirkungsvoll, gleichzeitig aber auch überaus gefährlich. Dies gilt besonders bei extrem kalten Außentemperaturen. Würde das relativ warme (4 °C) Bodenwasser gegen kälteres Pumpwasser ausgetauscht, entstünde Grundeis. Der Teich würde von unten her gefrieren. Muss bei akutem Sauerstoffmangel belüftet werden, so beseitigt der Teichwirt zunächst das Eis auf wenigen Quadratmetern. Dann wird mit einer kleinen Pumpe oder mit dem zapfwellengetriebenen Belüftungspropeller das Wasser in der wärmeren Mittagszeit an der Oberfläche vorsichtig bewegt. Bei Temperaturen über 0 °C verkleinert sich dadurch auch die Eisfläche.

Fischaufstand kann noch andere Ursachen haben. Bei den häufiger werdenden milden Wintern beginnen die Fische zu ziehen. Den dadurch entstehenden Energiebedarf decken sie aus der eigenen Körpersubstanz (Fett und Protein), was zur Verschlechterung der Kondition führt; sie werden mager und krankheitsanfällig. In diesem Fall muss mit eiweiß- und energiereichem Konditionsfutter gefüttert werden. Es genügen Mengen von etwa 20 % der Sommerfütterung. Mehr würde das Verdauungssystem über- und das Wasser belasten.

Bewohnt ein Biber die Winterung, kann das zu Fischaufständen unter dem Eis führen, die oft erst im Frühjahr bei der Abfischung festgestellt werden. Das sind dann große Verluste von bis zu 100 %. Erkennbar sind Biberaktivitäten, wenn sich direkt unter dem Eis ganze Straßen von Luftblasen bilden, die der Biber beim häufigen Tauchen hinterlässt.

17 Vermarktung und Rentabilität

1990, ein Jahr nach dem Zusammenschluss der beiden deutschen Staaten, wurden in Gesamtdeutschland ca. 20 250 t Karpfen produziert und 1558 t importiert. Die Produktion ging dann bis 1998 auf 10 647 t zurück und der Import stieg auf 3485 t. Die ehemals sehr hohe Produktionsintensität der damaligen DDR passte sich den betriebs- und marktwirtschaftlichen Zwängen des freien Marktes an.

War die Statistik zu diesen Zeiten noch einigermaßen verlässlich, so haben sich mittlerweile größere Unsicherheiten eingestellt. Am genauesten waren noch die Angaben der sogenannten Binnenfischereierhebung. Sie wurde seit den 1960er-Jahren alle 10 Jahre durchgeführt und veröffentlicht. Bis einschließlich der Erhebung 1994 waren die Zahlen genau und verlässlich, da die Daten von regionalen Fachleuten im persönlichen Gespräch mit den Teichwirten erhoben wurden. Die Binnenfischereierhebung 2004 ergab dann leider unbrauchbare Ergebnisse, weil die Erfassung der Daten erstmalig nur über versandte Formulare erfolgte, die der Teichwirt selbst ausfüllen sollte. Eine Verbesserung des Verfahrens erübrigte sich, da mit der Verordnung (EG) 762/2008 aus dem Jahr 2008 und dem Agrarstatistikgesetz 2009 ab 2012 eine jährliche Erhebung stattfinden muss. Diese kurzfristigen Wiederholungen des Ausfüllens von aufwendigen Formularen, obendrein nur übers Internet, lässt gerade die große Zahl der kleineren Betriebe mit Angaben eher zurückschrecken. Zudem wurde 2015 eine Kappungsgrenze eingeführt, sodass die Zahlen eher noch unrealistischer geworden sind. Die aus der damaligen soliden Binnenfischereierhebung abgeleiteten Zahlen für die Karpfenteichwirtschaft in Deutschland sind (Bayern in Klammern):

- Fläche: ca. 40 000 (20 000) ha; Betriebe ca. 11 500 (8500); Speisekarpfen ca. 9600 (5500) t/Jahr.

Im Vergleich dazu nun die Werte der aktuellen und offiziellen statistischen Erhebungen:

- Fläche: 23 200 (7250) ha; Betriebe: 1650 (1424); Speisekarpfen 4600 (1900) t/Jahr.

Selbst bei dem langen Zeitraum, der dazwischen liegt, dürfte klar sein, dass sich die Strukturen nicht so stark geändert haben können. In dieser vollkommenen Unterschätzung der Erzeugungsmengen und -strukturen liegt die Gefahr, dass diese Zahlen, die selbstverständlich an die EU-Kommission gemeldet werden müssen, zu einer geringeren Zuteilung an Fördermitteln führen können.

Doch konnte mit der sinnvollen Verwendung der EU-Mittel bislang wenigstens ein Rückgang der Teichwirtschaft einigermaßen verhindert werden. Gewiss mag sich die produktive Teichfläche und die Erzeugungsmenge seit der letzten verlässlichen Binnenfischereierhebung geringfügig verringert haben. Doch hat sich durch den geförderten Bau von Hälterungen, Schlacht-, Kühl- und Verkaufseinrichtungen sowie von Räucheröfen eine gesunde Direktvermarktung etabliert, der einzige Weg, um den wirtschaftlichen Erfolg zu sichern.

Die Produktion von Speisekarpfen ohne Direktvermarktung ist eigentlich unrentabel, da selbst abgeschriebene Teiche ohne Belastung mit Zins und Tilgung Erzeugungskosten nahe des Verkaufspreises haben, selbst, wenn die Arbeitszeiten nicht mit eingerechnet werden – der Erlös beim Großhandel liegt bei höchstens 2,30 € pro kg. Mit Pacht und Arbeitszeit errechnen sich Erzeugungskosten von ca. 4,50 €/kg.

In Tabelle 14 wird der Deckungsbeitrag der Speisekarpfenerzeugung bei einer Besatzdichte von 650 K II pro ha errechnet. Weil das Verlustgeschehen enorm variieren kann, wurde zur Vereinfachung angenommen, dass die Verluste in allen Varianten bei einem Stückgewicht von

0,5 kg eintraten; der FQ wurde durchgehend mit 2,5 angesetzt.

Der Deckungsbeitrag ergibt sich aus der Marktleistung – hier dem Verkauf der Speisekarpfen – nach Abzug der variablen Kosten. Mit dem Deckungsbeitrag sind dann noch die Fixkosten, z. B. die Teichpacht, und eigentlich auch die Arbeitszeit der Familienarbeitskräfte abzugelten. Es ist schnell zu erkennen, dass die Speisekarpfenerzeugung unter den hier gesetzten realistischen Annahmen die eigene Arbeit nicht entlohnt und schnell zum Minusgeschäft werden kann. Bei den Kalkulationen in Tabelle 14 wurden drei verschiedene Verlustraten angenom-

Tab. 14 **Erzeugungskosten und Deckungsbeitrag für Speisekarpfen 2020 (Bruttowerte, Angaben pro ha). Besatz 650 K_2 à 0,25 kg.**

			20 % Verluste	**30 % Verluste**	**50 % Verluste**
Marktleistung			**1755 €**	**1536 €**	**1315 €**
K_3 € 2,70/kg			520 K_3 à 1,25 kg	455 K_3 à 1,25 kg	325 K_3 à 1,50 kg
Variable Kosten					
162 kg K_2	à € 4,40		712 €	712 €	712 €
300 kg Kalk	à € 18,00/100 kg		54 €	54 €	54 €
1188 kg, 985 kg bzw. 780 kg Getreide	à € 15,00/100 kg		177 €	148 €	125 €
0 kg Mischfutter, pelletiert	à € 40,00/100 kg		0	0	0
15 h Schlepper (ohne Fahrer)	à € 11,50/h		172 €	172 €	172 €
0,75 h, 0,9 h bzw. 1,0 h Mähboot (ohne Fahrer)	à € 45,00/h		34 €	40 €	45 €
1 h Dammpflege, Mulchgerät (ohne Fahrer)	à € 50,00/h		50 €	50 €	50 €
2,5 h, 2,5 h bzw. 3,0 h Entlandungsgerät (mit Fahrer)	à € 80,00/h		200 €	200 €	240 €
Geräte (Kescher, Netze, Wannen usw.)		pauschal	30 €	30 €	30 €
11 h, 10 h bzw. 9 h Lohnkosten Fremd-AK à € 13,50/h			148 €	135 €	121 €
Tierarzt, Gesundheitsvorsorge		pauschal	30 €	30 €	30 €
Summe der variablen Kosten			**1607 €**	**1571 €**	**1579 €**
Deckungsbeitrag (Marktleistung – variable Kosten)			**148 €**	**–35 €**	**–264 €**
Erzeugungskosten (variable Kosten/kg K_3)			2,47 €/kg	2,76 €/kg	3,24 €/kg
70 h **Lohnansatz Familien-AK** à € 13,50/h			945,00 €	945,00 €	945,00 €

Zahlengrundlage Dr. Oberle u. a.

men; bereits ab 30% Verluste wird der Deckungsbeitrag negativ. Krankheiten, Sauerstoffmangel oder Kormorane können also sehr schnell zum wirtschaftlichen Ausfall eines Karpfenjahres führen. Im Vergleich zur 20%-Variante wurden bei den variablen Kosten für die 30%- und 50%-Variante die Futtermenge reduziert und der Aufwand für das Mähboot erhöht; auch sinken die Lohnkosten für die Fremd-Arbeitskräfte etwas, da einfach weniger Fische abzufischen sind. Darüber hinaus hat ein 50%-Verlust ein größeres Stückgewicht bei der Abfischung zur Folge und verursacht auch stärkere Verlandungsprozesse und damit höhere Entlandungskosten.

Die zum Teil enormen Fraßverluste durch Schadvögel und Fischotter oder sonstige Schäden durch Biber etc. sind nicht eingerechnet, da sie örtlich sehr unterschiedlich sind. Die Verluste schwanken grundsätzlich zwischen 5% und 100%. Weiterhin wirken in vielen Fällen die Auflagen von Schutzgebietsverordnungen ertragsmindernd, wenn sie die Bewirtschaftung beschränken, z. B. mit Besatzobergrenzen, oder wenn sie den Abschuss des Kormorans bürokratisch behindern. Andererseits werden häufig auch Zuschüsse aus Extensivierungsprogrammen gezahlt, was den Deckungsbeitrag wieder anheben kann.

Sinkt der Verkaufspreis von 2,70 auf 2,40€/kg, so geht bei der 20%-Verlust-Variante der Deckungsbeitrag schon mit 50€ ins Minus. Auch hat die Besatzdichte spürbaren Einfluss auf den Deckungsbeitrag. Niedrigere Besatzdichten als im vorliegenden Beispiel lassen ihn sinken, höhere steigen. Doch sind hier Grenzen nach oben gesetzt, denn ab einem bestimmten Punkt genügt die Naturnahrung nicht mehr und es nehmen das Risiko und die Höhe der Verluste drastisch zu. Auch können bei zu hoher Karpfendichte keine empfindlichen und wirtschaftlich interessanten Nebenfische gehalten werden.

Wer mit dem Gedanken spielt, Biokarpfen zu erzeugen, sollte die von den Ökoverbänden vorgegebenen Bedingungen genau lesen und diese mithilfe der Tabelle 14 durchkalkulieren. In aller Regel werden eine Besatzdichte von 500 oder 600 K_2 und die Verfütterung von teurerem Biogetreide vorgeschrieben. Man legt sich einen angestrebten Deckungsbeitrag zugrunde und kann daraus den dafür notwendigen Verkaufspreis der Speisekarpfen ermitteln. Mit Pacht- und Lohnanteil steigen hier die Erzeugerkosten ab Teich auf über 5€/kg an. Zu beachten ist auch, dass noch laufende Kosten für die regelmäßige Zertifizierung hinzukommen.

Die Zahlenwerte in Tabelle 14 sind von den jeweiligen Betriebsbedingungen bestimmt und können also stark variieren. Wer mit seinen eigenen Werten kalkulieren möchte, kann diese in eine von Oberle dazu geschaffene Maske im Internet unter dem Link www.stmelf.bayern.de/idb/karpfen3.html einsetzen.

Für viele Nebenerwerbsbetriebe in der Karpfenteichwirtschaft ist die Direktvermarktung schwierig, da die Hauptproduktionsgebiete Bayerns und Sachsens fern von den großen Absatzmärkten liegen. Fehlen Hältermöglichkeiten, dann drückt die große Angebotsspitze im Herbst den Preis, sodass auch der Verkauf an Händler unrentabel ist. Für Haupt- und Nebenerwerbsteichwirte rentiert der Verkauf von Besatzfischen an Angler. Ein Problem dabei ist häufig die zu kleine Angebotsmenge und die geringe Artenvielfalt.

Es ist aber zu befürchten, dass in Zukunft wegen der Kormoranproblematik viele Teichwirtschaften aufgeben müssen und die Teiche trocken liegen bleiben. Die Bedeutung der vielen Teiche für die Wasserrückhaltung und für die artenreiche Tier- und Pflanzenwelt wird heute zwar allgemein anerkannt – aber leider nicht genügend honoriert. Nur finanziell gesunde Betriebe werden auf Dauer überleben und die Teichkulturlandschaft erhalten. Hoffnungsvoll stimmt, dass der Karpfenpreis in letzter Zeit gestiegen ist. Erfolgreich sind auch die Werbewochen für Karpfen in Sachsen, Franken und in der Oberpfalz angelaufen, siehe auch Kapitel 1.2, Marketingfragen. Dabei kommen Zehntausende

Besucher zu den Fischbauern und verzehren täglich sehr viele Karpfen. Gute Werbung und gute Küche verändern Essensgewohnheiten in kürzester Zeit. Die Qualität muss aber stimmen. Enttäuschte Kunden sind verlorene Kunden.

Den gleichen Erfolg erzielen andere Betriebe mit Hoffesten oder auf Bauernmärkten. Neben dem Kauf der Speisefische suchen begeisterte Kunden immer ein Erlebnis. Dies erreicht man am sichersten, wenn Kinder und Enkelkinder den Kauf oder die Schauabfischung miterleben und auch lebende Fische anfassen dürfen. Dies erzeugt eine intensive Bindung mit dem Produkt Fisch. Preise sind dann zweitrangig und liegen häufig 100–300 % über dem Preis ab Teich, aber immer noch unter den Preisen von Fischgeschäften oder Fischgaststätten. Voraussetzung ist, dass die Fische von bester Qualität sind, d.h. nicht zu fett sind, kerniges Fleisch haben und mindestens eine Woche in sauberem Wasser gehältert wurden. Daneben erwartet die Kundschaft freundliche Beratung mit vielen einfachen Rezepten und ein durchgehendes Angebot verschiedener Fischarten wie Karpfen, Schleien, Waller, Forellen und Saiblinge. Freundliche Bedienung und küchenfertige Zubereitung der Fische fördern den lukrativen Detailverkauf. Dabei hat es sich bewährt, die Preise je nach Bearbeitung zu staffeln. Folgende Beispiele zeigen, wie sehr die Direktvermarktung die Einkünfte steigern kann:

- Karpfen an Handel, lebend ab Teich 2,30–3,00 €/kg
- Karpfen geschlachtet 6,00 €/kg
- Karpfen geschlachtet und gespalten 7,00 €/kg
- Karpfenfilet, Gräten geschnitten 18,00 €/kg
- Karpfenfilet, geräuchert 20,00 €/kg

Die Preise beinhalten die Mehrwertsteuer. Sie entsprechen den Bedingungen eines realen Teichgebietes, variieren aber je nach Region, Qualität, Teilnahme an „geschützter geografischer Angabe“ (g. g. A.) etc. Beim Preisvergleich wird klar, dass ein gutes Zusatzgeschäft zu machen ist, wenn Karpfen küchenfertig als Filet oder geräuchert angeboten werden. Der Absatz, besonders an Festtagen wie Weihnachten oder Ostern, ist erstaunlich, und jetzt können auch Karpfen vermarktet werden, die zu groß oder zu klein geraten sind.

Größere Karpfen ab 1,5 kg, besser ab 2,0 kg, können leicht filetiert werden. Die Filets sind vom Kunden zu Hause viel leichter zuzubereiten als der ganze Karpfen. Lässt man die Filets noch durch den Grätenschneider (siehe Kap. 18, Karpfenrezepte) laufen, kann der Kundenkreis spürbar erweitert werden; auch grätenscheue Verbraucher greifen dann mal zum heimischen Karpfen und nicht zum Pangasius. Der Wegfall des Vermarktungsweges über die Gastronomie während der Corona-Pandemie hat findige Teichwirte zu einer verstärkten Direktvermarktung veranlasst. Unter dem Motto „Fisch to go“ konnten vorgebackene, panierte und z. B. grillfertige Fische den Absatz spürbar anheben.

Jeder Vermarkter von geschlachteten Speisefischen muss die Vorschriften einer Reihe von EU-Verordnungen und deutscher Gesetze befolgen. Eine Umfrage der Zeitschrift „Fischer und Teichwirt“ ergab, dass die größte Sorge der Teichwirte in der überbordenden Bürokratie liegt. Da diese Verordnungen sehr umfangreich und kompliziert sind, wurden sie vom Institut für Fischerei, Starnberg, in einer Broschüre zusammengefasst („Empfehlungen für die Anwendung des EU-Hygienepaketes bei der Erzeugung, Verarbeitung und Vermarktung von Fischereierzeugnissen in Bayern“). Diese Broschüre ist dort erhältlich oder im Internet unter ihrem Titel abrufbar. Die hygienerechtlichen Auflagen richten sich grundsätzlich nach dem Grad der Verarbeitung und der Menge vermarkteter Fische. Wer nur „Primärerzeugnisse“ (geschlachtete, ausgenommene Fische) in kleinen Mengen direkt vermarktet, der benötigt weder eine Registrierung noch eine Zulassung. Wer „verarbeitete Produkte“ (filetierte, gespaltene, zerkleinerte, geräucherte usw.) Fische verkauft, muss sich registrieren lassen. Ab einer bestimmten Menge muss der Vermarkter eine Zulassung beantragen, die mit umfassenden Hygiene- und Dokumentationspflichten verbunden ist. Daneben gilt auch die Verordnung zur Verbraucherinformation (EU) 1379/2013, nach der die genaue Bezeichnung („Karpfen"), die Erzeugungsmethode („Aquakultur"), das Land („Deutschland"), die Angabe, ob aufgetaut wurde, und das Mittlere Haltbarkeitsdatum dem Kunden lesbar dargestellt werden müssen. Dies trifft aber nur bei einem Verkaufswert von über 50 € pro Kunde und Tag zu. Dann ist da noch die Lebensmittelinhaltsverordnung, nach der zusätzlich Angaben zum Hersteller und zur Aufbewahrung zu machen sind. Ist die Ware vorverpackt, z. B. vakuumiert, dann müssen noch die Zutaten und Nährwerte genannt werden. Weil die Vorschriften zur Direktvermarktung immer umfangreicher und komplizierter werden, hat das Bayerische Staatsministerium für Ernährung, Landwirtschaft und Forsten sie in einer Broschüre verständlich zusammengefasst. Sie ist unter dem Link www.landwirtschaft.bayern.de/direktvermarktung veröffentlicht und ist natürlich für Teichwirte aller Bundesländer nützlich.

Gleiches gilt für die betriebswirtschaftliche Kalkulation der Verarbeitung von Fischen. Auch dazu hat Oberle eine Maske erstellt, die im Internet unter dem Link www.stmelf.bayern.de/idb/karpfenverarbeitung.html genutzt werden kann.

Bedeutende Absatzmöglichkeiten bieten auch Fischer- oder Anglerfeste, bei denen gebackene sowie frisch geräucherte Fische angeboten werden. Die Vermarktung frischer Fische nimmt besonders bei der Gastronomie und bei Festen zu, weil viele Hausfrauen Abneigung vor der Zubereitung von Fischen haben und keine entsprechenden Töpfe und Fritteusen besitzen. Da die wenigsten Gaststätten große Hältermöglichkeiten für lebende Fische haben und die Wassergelder sehr hoch sind, kann ein zuverlässiger Lieferant auch dort gute Preise erzielen, besonders wenn er küchenfertig geschlachtete Fische anbietet.

Für die Planung eines Teichneubaus gilt: Da Zins und Tilgung mindestens 7 % ausmachen und ein positiver Deckungsbeitrag bei Speisekarpfen ohne Direktvermarktung kaum zu erzielen ist, müssen pro ha Neuanlage jährlich bis zu 2000 € je ha aus betriebsfremden Einkommen zugeschossen werden. Viele optimistische Neuteichwirte, aber auch manche Berater haben diese finanziellen Konsequenzen nicht ausreichend durchdacht. Reichen die privaten oder betriebsfremden Einnahmen nicht aus, die Verluste abzudecken, kommt es zu Eigenkapitalverlusten der Betriebe, wie sich aus den Bilanzen ablesen lässt. Statt die Verluste durch Verpachtung oder durch Direktvermarktung zu höheren Preisen zu beseitigen, werden viele Betriebe durch hohe Zuschüsse noch ermuntert, die Produktion mit Fremdkapital weiter aufzustocken.

Dadurch wächst die Verschuldung, und die Zinslast verzehrt einen großen Teil des Roheinkommens. Die Eigenkapitalverluste wachsen ständig an. Wenn die Banken nicht mehr bereit sind, die anschwellenden Verluste durch neue Kredite zu finanzieren, folgt der finanzielle Herzinfarkt und dann ein Teil- oder Vollverkauf der Teichwirtschaft. Diese Entwicklung hat zunehmende Tendenz.

Eine wesentliche Verbesserung der Karpfenpreise ist im Wiederverkauf für die meisten Teichwirte in den nächsten Jahren nicht zu erwarten, da der Handel nicht in der Lage ist, den Erzeugern kostendeckende Preise anzubieten. Es kann deshalb jedem haupt- und nebenberuflichen Teichwirt nur geraten werden, das finanzielle Wagnis eines Teichneubaues gut durchzurechnen und die Vermarktungsmöglichkeiten eingehend zu prüfen. Nur, wo eine Vermarktung zu kostendeckenden Preisen möglich ist, sind Teichneubauten sinnvoll. Der eher lukrative Verkauf an Angler wird z. B. erleichtert, wenn neben den Karpfen auch die mitabgefischten Nebenfische wie Schleien, Rotaugen, Hechte und Zander angeboten werden.

Die Gewässerwarte der Angelvereine sind geschult und wissen, dass aus seuchenbiologischen Gründen Fischbestände nicht gemischt werden sollen. Wenn also den Vereinen alle gewünschten Fische aus einer Hand angeboten werden, kann der Teichwirt für die Besatzfische bedeutend höhere Preise erzielen. Finanziellen Erfolg bringen in der Regel auch Aufzuchtteiche und Winterungen, denn es ist bekannt, dass bei der Produktion von K_1 und K_2 die Deckungsbeiträge wesentlich höher sind. Voraussetzung ist, dass Verluste durch Kormorane und andere Fisch fressende Tiere begrenzt werden.

Der haupt- und nebenberufliche Teichwirt lebt nun aber nicht vom Deckungsbeitrag, sondern vom Betriebsgewinn. Um diesen zu erhalten, muss man vom Deckungsbeitrag noch die Festkosten wie Zinsen und Abschreibungen abziehen. Ein landwirtschaftlicher Betrieb, der Gewinn erzielt, kann Zinsen als Betriebsausgaben beim Finanzamt geltend machen, also von dem zu versteuernden Einkommen absetzen. Für diesen Betrieb ist der Neubau eines Teiches für K_1 bei gesichertem Absatz wirtschaftlich sinnvoll. Wenn kein Gewinn anfällt, also auch keine Einkommenssteuer bezahlt werden muss, ist der Neubau eines gleichen Teiches selbst für K_1 jedoch nur eine Quelle neuer Verluste.

Der Trend zu Frischfisch, die Herkunftsnachweispflicht und stark steigende Transportkosten verbessern die Marktstellung der Direktvermarkter. Bei weiter anziehenden Preisen kommen wir dem wichtigsten Betriebsziel, einen nachhaltigen ausreichenden Betriebsgewinn zu erreichen, näher.

Da die Möglichkeiten, die Lebenshaltungskosten einzuschränken, meist gering sind, erreicht der Teichwirt die Sicherung seines Betriebseinkommens am besten, indem er konsequent in allen Bereichen Sparmöglichkeiten sucht. Dies ist z. B. erreichbar durch Einsparung von Löhnen, durch Rationalisierung der Betriebsabläufe und dadurch, dass einfache Reparaturen im Betrieb selbst durchgeführt werden. Darüber hinaus muss jeder haupt- und nebenberufliche Teichwirt lernen, wie ein Unternehmer zu denken, und dabei lautet die wichtigste Geschäftsregel: „Im Einkauf liegt der Gewinn“. Deshalb müssen für alle Anschaffungen und Investitionen mehrere Angebote eingeholt werden. Rasche Kaufentschlüsse werden meistens teuer bezahlt. Beim Preisvergleich von Futter- und Düngemitteln und beim überlegten Kauf von Arbeitsgeräten und Fahrzeugen verdient der Teichwirt sein Geld sicherer als mit schwerer körperlicher Arbeit. Kostengünstige gebrauchte Maschinen, z. B. Bagger, Radlader oder Holzrückewagen, leisten in der Teichwirtschaft immer noch gute Dienste, wenn sie aus dem harten Geschäft im Tiefbau oder Forst freigestellt wurden. Außerdem ist durchzurechnen, ob es nicht günstiger ist, Spezialarbeiten wie Grabenräumen und Böschungsmähen von einem Maschinenring durchführen zu lassen, als kaum genutzte eigene Spezialmaschinen zu kaufen. Kurzum: Der Teichwirt muss mindestens genauso viel mit dem Kopf wie mit den Händen arbeiten.

Die unsicheren wirtschaftlichen Aussichten für die Masse der haupt- und nebenberuflichen Teichwirte gelten aber nicht für die große Zahl der Hobbyteichwirte und Angler. Diese suchen in der Teichwirtschaft keinen gewinnbringenden Nebenerwerb, sondern eine sinnvolle Freizeitgestaltung. Ohne finanziellen Druck können sie sich neben der Beschäftigung mit den Fischen auch an der Vielfalt der Tier- und Pflanzenwelt in und um den Teich erfreuen. Marktschädigend aber wirkt es sich aus, wenn sie ihre Satz- oder Speisefische zu Niedrigstpreisen auf dem freien Markt anbieten, nur, um sie loszuwerden. Auch solche Billigangebote einheimischer Teichwirte drücken die Preise unter die Rentabilitätsgrenze. Dadurch wird die Situation der Teichwirte, die vom Verkauf ihrer Fische leben müssen, verschlechtert.

18 Karpfenrezepte

Nach all den Anstrengungen, die mit Theorie und Praxis der Teichwirtschaft verbunden sind, wenden wir uns einer angenehmeren Seite der Fischerei zu. Der Karpfen und seine Nebenfische sind Nahrungsmittel höchster Qualität. Das Fleisch dieser Fische ist kalorienarm, eiweißreich und enthält wichtige Vitamine und Mineralstoffe. Das Vorurteil, der Karpfen sei fett, wird durch den Vergleich mit anderen Fleischsorten widerlegt, wie Tabelle 15 zeigt.

Nicht nur der geringe Fett- und damit Energieanteil im Karpfenfleisch ist hervorzuheben, sondern auch die besondere Zusammensetzung. Aufgrund des hohen Anteils ungesättigter Fettsäuren entspricht das Fischfett, auch das der Süßwasserfische, in seiner Qualität wertvollen pflanzlichen Ölen. Untersuchungen deutscher und skandinavischer Ärzte haben ergeben, dass durch Fischkost das Risiko des Herzinfarktes verringert werden kann.

Ein verschwindend kleiner Anteil der Speisekarpfen mooselt, besitzt also einen brackig modrigen Geschmack. Ursache hierfür sind bestimmte Blaualgen des Teichwassers, die z. B. Geosmin ans Wasser abgeben, was zu dem störenden Geschmack führt. Die meisten Fischhändler wässern ihre Fische ohnehin vor dem Verkauf, sodass dieser Geschmacksfehler kaum auftreten dürfte. Die Karpfen sollten ja nach der Abfischung bis zum Schlachten einige Tage, besser ein bis zwei Wochen, in frischem fließenden Wasser gehältert werden. Auch wenn die Überschrift „Karpfenrezepte" heißt, so sind die folgenden Hinweise und Rezepte auch für alle anderen Fischarten geeignet. In gewisser Weise sind diese Ausführungen auch als Hilfe zur Direktvermarktung zu verstehen, also um Kunden zu gewinnen, die dem Problem „Fischzubereitung" eher skeptisch gegenüberstehen.

Das Einfrieren von Karpfen ist wenig sinnvoll. Schon nach wenigen Wochen bekommen sie einen ranzigen Geschmack, weil die ernährungsphysiologisch wertvollen ungesättigten Fettsäuren rasch oxidieren. Außerdem schleimt die Haut beim Auftauen stark.

Dem Verbraucher fällt es leichter, ein Filet zu Hause zu verarbeiten als einen ganzen Karpfen. Filets gewinnt man durch einen Schnitt mit dem Messer, das vom Rücken aus auf jeweils einer Seite der Rückenflosse bis zur Wirbelsäule geführt wird. Von dort aus wird das Fleisch entlang der Rippenbögen bis zum Bauch abgelöst. Anschließend werden die Flossen und eventuelle Fettränder abgeschnitten. Falls gewünscht, kann auch die Haut entfernt werden. Dazu legt man das Filet mit der Hautseite auf ein Küchenbrett, drückt das Schwanzende mit den Zinken einer Gabel darauf fest und fährt mit einem scharfen Messer von der Gabel aus exakt zwischen Haut und Fleisch in Richtung ehemaliges Kopfende. Hautfreie Filets können vakuumiert gut eingefroren werden, da sie nicht so leicht ranzig werden. Sie sind jedoch weniger geschmacksintensiv als Filets mit Haut.

Karpfen und andere Cypriniden wie Schleien und Rotfedern, aber auch Hechte, besitzen zahlreiche Zwischenmuskelgräten, die wegen ihrer Form auch Y-Gräten genannt werden. Diese un-

Tab. 15 Eiweiß- und Energiegehalt verschiedener Fleischarten je 100 g.

	Rohprotein in g	Energie in kJ
Karpfen	17,0	640
Rindfleisch mager	17,5	417
Rindfleisch fett	15,0	1016
Schweinefleisch mager	18,5	706
Schweinefleisch fett	8,5	1312

angenehmen Gräten können mit folgenden Methoden „unschädlich“ gemacht werden.

Einschneiden

Am besten wird dazu ein Filet mit Haut verwendet. Man legt es mit der Hautseite auf ein Küchenbrett. Nun wird das Filet mit einem scharfen Messer senkrecht zur Kopf-Schwanz-Achse alle 2–3 mm tief bis etwa 5 mm über der Haut eingeschnitten. Die Schnitte sind immer dann erfolgreich, wenn ein leises Knacken das Durchschneiden der Y-Gräten anzeigt. Zwar lässt sich das Filet jetzt aufklappen wie ein Buch, doch bleibt es beim Backen oder Braten kompakt. Die in kleinste Stücke zerschnittenen Y-Gräten sind unschädlich und beim Verzehr so gut wie nicht spürbar.

Es werden mittlerweile auch Geräte, sogenannte „Grätenschneider“, angeboten, die diese Arbeit gerade bei größeren Filetmengen hervorragend ausführen. Die Filets werden im Handel als „grätenfrei“ bezeichnet.

Musen

Hautfreies Filet in Stücke geschnitten und dann in einer Küchenmaschine der Art „Moulinette“ zermust. Dabei werden die Y-Gräten extrem zerkleinert. Diese Masse eignet sich für Frikadellen, Klößchen, Würste oder Füllungen.

Abb. 173 Verteilung der Y-Gräten im Karpfenfilet; a = grätenfrei; b = mit Y-Gräten.

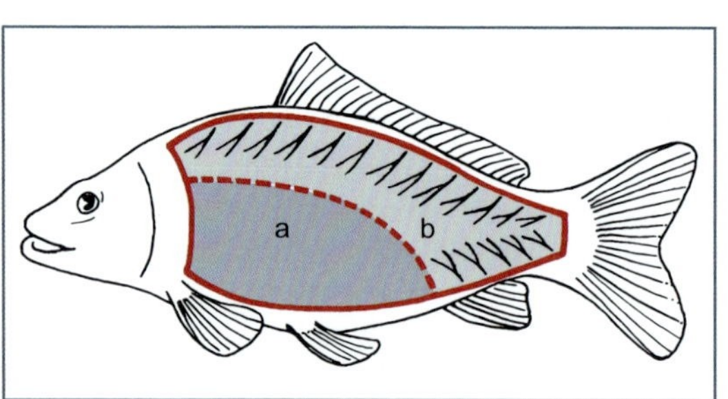

Verwenden des Bauchlappens

Die Y-Gräten verteilen sich nur in der Rücken- und Schwanzmuskulatur. Wie Abbildung 173 zeigt, ist ein Teil (a) des Filets, der als Bauchlappen bezeichnet wird, frei davon. Bei richtiger Schnittführung können so Filetteile gewonnen werden, die keine Y-Gräten enthalten. Ein Knacken während des Schnittes deutet auf das Überschreiten der optimalen Linie hin.

Sauer einlegen

Der verbleibende Rücken- und Schwanzteil (b) des hautfreien Filets oder auch das gesamte Filet kann in 1 cm breite und 2 bis 5 cm lange Streifen geschnitten und sauer eingelegt werden. Durch die Säure des Essigsuds werden innerhalb von 12 Stunden die Y-Gräten nahezu aufgelöst und sind nicht mehr wahrnehmbar.

18.1 Kalte und warme Zubereitung des Karpfens

Von Karpfen, Grasfischen u. a. lassen sich eine Reihe köstlicher und überraschender Varianten für ein kaltes Büffet herstellen.

Bunter Karpfensalat

2–4	Filets ohne Haut
je 1	rote, gelbe, grüne Paprikaschote
2–3	blaue Zwiebeln
je 2 TL	Salz und Zucker
2 EL	Salatöl
2 EL	fränkischer oder italienischer Weißweinessig

Für den Sud:

0,25 l	fränkischer oder italienischer Weißweinessig
0,5 l	Wasser
2 EL	Salz
5	Lorbeerblätter
10	Wacholderbeeren
1 TL	Senfkörner

Karpfenfilets in 0,5 cm breite und 2–3 cm lange Gabelbissen zerteilen, etwa 12 Stunden in kaltem Sud einlegen, danach abseihen.

Abb. 174 Bunter Karpfensalat (Foto: Geldhauser).

Paprika und Zwiebel klein schneiden, mit den Gabelbissen vermischen und mit den restlichen Zutaten abschmecken (Abb. 174).

Karpfen in Dillsoße

2–4 Filets ohne Haut in Gabelbissen zerteilen und in Sud einlegen wie beschrieben. Abseihen und einmischen in

- ½ Becher Crème fraîche
- 1 Becher Joghurt
- ½ Becher Rahm

1–2 TL Salz
2 TL Zucker
1 TL Dillspitzen

Karpfen „indische Art“

4 grätenfreie Bauchlappen (siehe (a) in Abb. 173)
1 Banane
5 Scheiben Ananas

- ½ Becher Crème fraîche
- 1 Becher Joghurt
- 3 TL Salz
- 2–4 TL Curry

Die Bauchlappen in Gabelbissen schneiden und etwa 2 min in fast kochendem Salzwasser garen, abseihen, mit kühlem Wasser spülen und abtropfen lassen. Dann Banane und Ananas in kleine Stücke schneiden, mit den restlichen Zutaten vermischen und am Schluss die zerbrechlichen Gabelbissen sehr vorsichtig unterheben.

Abb. 175 Creme aus Räucherkarpfen auf Bagel, nach Resi Oberle (Foto: LfL/IFI).

Karpfensalat „chinesisch"

Grätenfreie Bauchlappen zerteilen und garen wie beschrieben.

Einen Salat herstellen aus

200 g	Mung- oder Sojabohnensprösslingen
1–2 EL	Sojasoße
1–2 EL	Essig
je 2 TL	Zucker und Salz
	etwas frischem Ingwer

Die Gabelbissen vorsichtig unterheben.

Creme aus Räucherkarpfen (nach Resi Oberle, Kosbach)

2	geräucherte Karpfenfilets
1 Becher	Crème fraîche
5–10	Stängel Petersilie
½	Zwiebel
1 EL	Butter
1 Prise	Pfeffer

Das Fleisch von der Haut lösen, im Mixer zermusen und in eine Schüssel geben.

Klein gehackte Zwiebel in Butter glasig dünsten und zusammen mit dem Räuchermus, der gehackten Petersilie und den anderen Zutaten gut verrühren (Abb. 175). Ein fantastischer Brotaufstrich!

Zu guter Letzt sollten nicht zwei Klassiker aller Fischrezepte fehlen, die für Fischkenner die „einzig wahre" Zubereitungsart darstellen.

Fische in Blausud (nach Helena Gerstner, Hauswirtschaftsmeisterin, Obervolkach)

Zutaten für 4 Personen: ca. 1,6 kg (Lebendgewicht) Forelle, Lachs, Saibling oder Schleie, von Waller und Karpfen ca. 2,5–3 kg. Benötigt werden etwa 2,5 l Sud; pro Sud 2 l Wasser, ½ l Weißwein, ⅛ l Essig, ¼ Stange Lauch in Stücken, 2 Karotten in Scheiben, 2 mittlere Zwiebeln in Ringen, 2 Selleriescheiben, 15 Pfefferkörner, 2 Lorbeerblätter, 5 Wacholderbeeren, 2 Nelken, ½ TL Zucker, 2 ½ EL Salz, 2 TL gekörnte Brühe und 1 TL Maggi.

Sud mit den Zutaten (ohne Fische) ansetzen, ca. 15 min köcheln, damit sich die Gewürze entfalten. Die Fische nach Entfernen der Kiemen in den kochenden Sud legen und bei schwacher Hitze 20 min ziehen, nicht kochen lassen. Die Fische müssen vom Sud bedeckt sein. Nach der halben Zeit noch ½ l fränkischen Weißwein hinzugeben. Anschließend Fische entnehmen und auf einer vorgewärmten Platte mit heißer Butter oder Sahnemeerrettich und Petersilienkartoffeln servieren. Dazu den heißen Sud mit dem Gemüse anbieten.

Der Sud wird durch mehrfachen Gebrauch immer besser. Vor dem Einfrieren Zutaten abseien; nach dem Auftauen die fehlende Flüssigkeit ergänzen und mit frischen Gewürzen und Gemüse erhitzen, 15 min köcheln lassen und wieder abschmecken.

Karpfen, fränkisch gebacken

Halbierte Karpfen (gespalten) von allen Seiten kräftig salzen und etwas pfeffern und anschließend gut mit Mehl, am besten Wiener Griessler oder Instantmehl, bestreuen. Die Fische lässt man nun etwa eine halbe Stunde ziehen. In manchen Regionen werden dann, wenn das Mehl durchgezogen ist, noch etwas Grieß oder Semmelbrösel darüber gestreut. Nun fasst man die Karpfenhälfte an der Maulspalte, schüttelt lockeres Mehl ab und legt sie in eine sehr heiße Fritteuse. Die Backzeit beträgt etwa 5–10 Minuten. Beim Entnehmen das Frittierfett abtropfen lassen. Man kann auch Karpfenfilet mit Haut, naturbelassen oder „grätenfrei", in ca. 3 auf 5 cm große Happen schneiden und genauso zubereiten.

Dazu werden Kartoffelsalat und z. B. kräftiger Krautsalat serviert.

19 Zum Abschluss

Am Ende des Buches, nach einer langen Reise durch alle fachlichen Gebiete der Karpfenteichwirtschaft, wollen wir einen Blick auf ihre Situation oder auch ihre Sonderstellung werfen. Wie keine andere Form der Aquakultur, also gezielter Fischerzeugung, blieb sie im Prinzip seit über tausend Jahren unverändert. Sie war und ist stets ein Teil der Natur; die Teiche bilden uralte Kulturlandschaften, die ganze Regionen und die Menschen darin prägen. Lange bevor der Begriff der Nachhaltigkeit entstand, schonte sie die Ressourcen und die Natur insgesamt, und sie tut dies immer noch. Auf eine bewundernswert komplexe Weise schenkt sie dem Menschen durch die schonende Nutzung von Boden, Wasser und Sonnenenergie ein gesundes Lebensmittel, den Karpfen, aber auch seine Nebenfische. Karpfenteiche bieten die fast noch einzig gebliebenen Flachwasserzonen, die so wertvolle Lebensräume für zahlreiche gefährdete Pflanzen- und Tierarten sind. Nicht umsonst bilden Karpfenteiche häufig den Kern von Naturschutzgebieten. Auf der anderen Seite aber ist die Teichwirtschaft dadurch zunehmend Bewirtschaftungsauflagen und dem Fraßdruck fischfressender Wildtiere ausgesetzt. Eine wachsende Menge an Vorschriften und die damit verbundene Bürokratie erschweren die Bewirtschaftung um ein Weiteres. Doch die Schönheit der Naturteiche, das ganze Leben in ihnen und schließlich auch die erwartungsvolle Spannung bei der Abfischung sind Motiv genug, weiterzumachen. Gegen all‘ die mit industriemäßiger Intensität erzeugten Arten, wie z.B. Pangasius, Dorade oder Lachs, besitzt der Karpfen einen großen Trumpf – es sind seine Regionalität, seine Frische und seine Nachhaltigkeit.

Stichwortverzeichnis

E

F

G

H

Impressum

Titelfoto: ARGE-Fisch_Foto Otto Fürst

Die in diesem Buch enthaltenen Empfehlungen und Angaben sind von den Autoren mit größter Sorgfalt zusammengestellt und geprüft worden. Eine Garantie für die Richtigkeit der Angaben kann aber nicht gegeben werden. Autoren und Verlag übernehmen keine Haftung für Schäden und Unfälle. Bitte setzen Sie bei der Anwendung der in diesem Buch enthaltenen Empfehlungen Ihr persönliches Urteilsvermögen ein.
Der Verlag Eugen Ulmer ist nicht verantwortlich für die Inhalte der im Buch genannten Websites.

Anmerkung zur Schreibweise (Gendering): Gendergerechtigkeit und Inklusion sind bei uns gelebte Praxis – bei der Auswahl unserer Themen, bei der Recherchearbeit, in der Gestaltung. Unsere Texte meinen alle. Damit unsere Inhalte jedoch gut lesbar bleiben, verzichten wir in diesem Werk auf die jeweilige Mehrfachnennung oder Anpassung der Schreibweise bestimmter Bezeichnungen an die weibliche, männliche oder diverse Form.

Bibliografische Information der Deutschen Nationalbibliothek
Die Deutsche Nationalbibliothek verzeichnet diese Publikation in der Deutschen Nationalbibliografie; detaillierte bibliografische Daten sind im Internet über http://dnb.d-nb.de abrufbar.

Das Werk einschließlich aller seiner Teile ist urheberrechtlich geschützt. Jede Verwertung außerhalb der engen Grenzen des Urheberrechtsgesetzes ist ohne Zustimmung des Verlages unzulässig und strafbar. Das gilt insbesondere für Vervielfältigungen, Übersetzungen, Mikroverfilmungen und die Einspeicherung und Verarbeitung in elektronischen Systemen.

© 2022 Eugen Ulmer KG
Wollgrasweg 41, 70599 Stuttgart (Hohenheim)
E-Mail: info@ulmer.de
Internet: www.ulmer.de
Projektleitung: Pia Fehrenbach
Lektorat: Ulrike Andres
Herstellung: Birgit Heyny
Umschlaggestaltung: Verlag Eugen Ulmer
Satz und Zeichnungen: Bernd Burkart; www.form-und-produktion.de
Reproduktion: time:ray, Jettingen
Druck und Bindung: Pustet; Regensburg
Printed in Germany

ISBN 978-3-8186-0565-0